微积分基础

（第二版）

主　编　黄宽娜　牟谷芳
副主编　刘　徽　谢贻美

西南交通大学出版社
·成　都·

图书在版编目（C I P）数据

微积分基础 / 黄宽娜，牟谷芳主编. —2 版. —成都：西南交通大学出版社，2019.1（2024.7 重印）

ISBN 978-7-5643-6651-3

Ⅰ. ①微… Ⅱ. ①黄… ②牟… Ⅲ. ①微积分－高等学校－教材 Ⅳ. ①O172

中国版本图书馆 CIP 数据核字（2018）第 290895 号

微积分基础
（第二版）

主编　黄宽娜　牟谷芳

责任编辑　张宝华
封面设计　何东琳设计工作室

印张：15.75　　字数：393千
成品尺寸：185 mm × 260 mm
版次：2019年1月第2版
印次：2024年7月第3次
印刷：成都中永印务有限责任公司
书号：ISBN 978-7-5643-6651-3

出版发行：西南交通大学出版社
网址：http://www.xnjdcbs.com
地址：四川省成都市二环路北一段111号
西南交通大学创新大厦21楼
邮政编码：610031
发行部电话：028-87600564　028-87600533
定价：39.00元

课件咨询电话：028-87600533
图书如有印装质量问题　本社负责退换

第二版前言

2016 年出版的第一版《微积分基础》，是依据教育部颁发的“关于高等应用院校微积分课程的教学基本要求”，以培养应用型科技人才为目标而编写的．然而近三年来，随着教育信息化的深入，尤其是 MOOC、SPOC 等在线课程带来的教学模式与教学方法的改革，使得微课程越来越被高校教育工作者所关注．面对这样一个变化趋势，本教材组成员对此进行了大量的研讨和教学实践．在 2015 年和 2016 年，本教材组成员连续两年获得全国高校数学微课程教学设计竞赛全国一等奖，之后，于 2017 年开始着手编著基于微课程教学设计的第二版智能化教材．

与第一版相比，本书对如下内容进行了较大的更新：

第一，源于教育信息化的发展趋势，增加了基于微课程教学设计的配套教学微视频，以利于教师混合式教学，同时也便于学生自主学习．

第二，根据教育部关于大学数学微积分课程教学核心内容的要求，对有些章节进行了调整：第一章增加了反三角函数的知识点；第二章补充了常用的泰勒公式，并增加了弧微分、曲率等知识点，强调了它们在工程技术领域中的应用；第三章删减和调整了定积分在经济学领域应用的部分内容；第五章增加了欧拉方程求解的内容；第七章对数学实验内容进行了重组．通过调整可以使整本教材的中心更突出，知识体系更清晰，知识点分布更合理．

第三，对习题进行了大量更新，以使基础习题覆盖的知识点更全面，同时对综合习题补充了 2016 年以来的研究生入学考试真题．

在第二版的编写过程中，视频材料除了由教材主编黄宽娜、牟谷芳，副主编刘徽、谢贻美提供之外，罗天琦老师和张立老师也参与了视频录制，在此表示感谢．同时，向我们参阅的教材和资料的作者表示感谢．

由于编者水平有限，书中难免还有不足或不当之处，恳请同行专家和读者来函批评指正．

作者邮箱：huangkuanna@126.com

编　者

2018 年 10 月

第一版前言

《微积分基础》是由乐山师范学院长期从事数学教学的教师，依据教育部颁发的“关于高等应用院校微积分课程的教学基本要求”，以培养应用型科技人才为目标而编写的．全书注重基础，将数学文化知识与数学应用问题有机结合在一起．内容共分7章，包括微积分的理论基础——极限、一元函数的导数与微分、一元函数的积分及其应用、多元微积分、微分方程初步、无穷级数和微积分数学实验；每节后面配有适当的基础习题，这些内容和习题是普通高等本科院校经济管理类专业学生依照基本要求必须掌握的知识；每章后面配有综合习题，这些综合习题均改编自近三年来的研究生入学考试真题，以方便不同层次的读者需要．

本书具有如下特色：

第一，作者充分考虑了普通高等本科院校经济管理类专业学生的特点和培养要求，在内容编排上遵循针对性强、循序渐进、由浅入深的教学规律，在难度和深度的把握上比较准确．在教材体系和章节的安排上力求通俗易懂，既注重体现数学文化思想，又在专业深度上比重点本科有所降低；既考虑将知识覆盖面相对拓宽，但又不盲目将内容加深加多，而是尽量做到深浅适中、难易适度．

第二，为了提高学生综合运用所学知识分析问题和解决问题的能力，内容涉及方方面面，并力争做到理论联系实际，以帮助学生理解所学的知识，达到学以致用的目的，从而让数学知识不只是停留在书本上，而是应用到实际生活中，使学生体会到数学思想、数学方法无处不在．

第三，本书内容通俗易懂，层次清晰，重视应用．本书第七章将专业知识与微积分理论知识结合起来并配有相应的数学实验．

本书适合普通高等本科院校经济管理类专业和文科专业的学生使用，既可作为普通高等专科院校的微积分教材，也可作为高职高专学生的教材．

本书由黄宽娜编写第一章、第四章，牟谷芳编写第三章和第七章，刘徽编写第五章和第六章，谢贻美编写第二章，全书由黄宽娜统稿．在本书的编写过程中，我们参阅了大量的教材和资料，在此向这些作者表示感谢．

由于编者水平有限，书中难免有不足或不当之处，恳请同行专家和读者来函批评指正．

作者邮箱：huangkuanna@126.com

编　者

2016年1月

《微积分基础（第二版）》资源目录

序号	章　节	资源名称	资源形式	页码位置
1	绪论	绪论	微课视频	封面
2	第一章第二节	数列极限的概念	微课视频	7
3	第一章第二节	数列极限的计算	微课视频	8
4	第一章第三节	函数极限	微课视频	13
5	第一章第五节	两个重要极限	微课视频	23
6	第一章第五节	无穷小	微课视频	25
7	第一章第六节	函数的连续性	微课视频	27
8	第二章第一节	导数的定义	微课视频	36
9	第二章第三节	微分的定义	微课视频	52
10	第二章第三节	微分近似计算	微课视频	56
11	第二章第四节	微分中值定理	微课视频	57
12	第二章第四节	罗尔定理	微课视频	57
13	第二章第四节	拉格朗日中值定理	微课视频	57
14	第二章第四节	泰勒公式	微课视频	62
15	第二章第五节	最优化问题举例	微课视频	74
16	第二章第五节	曲率	微课视频	79
17	第二章第五节	习题 2.5 习题解答	微课视频	79
18	第二章综合习题	极限计算专题	微课视频	82
19	第三章第一节	定积分的定义	微课视频	86
20	第三章第一节	定积分的几何意义	微课视频	87
21	第三章第一节	定积分的性质	微课视频	88
22	第三章第三节	不定积分的定义	微课视频	96

序号	章　节	资源名称	资源形式	页码位置
23	第三章第四节	积分换元运算	微课视频	102
24	第三章第四节	分部积分法	微课视频	104
25	第四章第一节	二元函数的极限	微课视频	126
26	第四章第一节	习题 4.1	微课视频	128
27	第四章第二节	多元函数的偏导数	微课视频	128
28	第四章第二节	多元函数的全微分	微课视频	132
29	第四章第三节	二重积分的概念	微课视频	141
30	第四章第三节	二重积分计算	微课视频	145
31	第四章第三节	习题 4.3	微课视频	152
32	第四章综合习题 14	格林公式	微课视频	153
33	第五章第二节	分离变量法	微课视频	161
34	第五章第二节	可化为分离变量的微分方程	微课视频	162
35	第五章末	微分方程应用案例	微课视频	181

目　录

绪 论

数学不是为了研究而进行研究，而是为了应用而进行研究；喜欢研究是因为数学中有无穷的乐趣，是因为数学本身是件极美妙的事儿.

——**亨利·庞加莱**

数学是研究现实世界中的数量关系与空间形式的一门学科. 由于实际的需要，数学在古代就产生了，现在已发展成为一个分支众多的庞大系统. 大致来说，数学分为初等数学和高等数学. 初等数学基本上是常量的数学；而高等数学包含了丰富的内容，比如研究线性方程组及其相关问题的线性代数，研究方程求根问题的微分方程，研究随机现象的概率论与数理统计. 这本教材以研究变速运动及曲边形的求积问题为代表，也属于高等数学的范畴.

本书的学习，读者将从微积分学的核心概念——极限的认识开始，逐步了解微积分的发展与应用. 极限是由公元前古希腊的"穷竭法"思想发展而来，人们用来求圆的面积和立体的体积. 中国战国时代的学者惠施称"一尺之棰，日取其半，万世不竭"，也是极限思想的体现. 至公元 3 世纪，三国魏人刘徽的"割圆术"更是成为千古绝技，他提出的"割之弥细，失之弥少，割之又割，以至于不可割，则与圆合体而无所失矣"正是积分思想的雏形. 微积分思想经过漫长时期的酝酿，直到 18 世纪工业革命的刺激，终于从牛顿和莱布尼茨的动态分析方法中脱颖而出. 其间也因为微积分的不严密和巨大影响招来了严厉的诘问，比如英国哲学家贝克莱对牛顿推导中"瞬"、"0"的不合逻辑进行了攻击，从而引发了第二次数学危机. 但是经过牛顿和莱布尼茨等著名科学家的努力（主要是柯西用极限的方法定义了无穷小量），微积分理论得以发展和完善，从而使数学大厦变得更加辉煌美丽！微积分被科学家喻为人类思维最伟大的成果之一，近百年来，微积分已成为世界各大学的一门重要的基础课，且为高等教育一个非常有效的重要工具.

微积分来源于实践，也应用于实践，在自然科学、工程技术、经济学乃至社会科学中都有着重要的应用. 纵观微积分的发展，其主要解决的就是我们这本教材将要给大家介绍的四个核心问题：

（1）运动中速度、加速度与距离之间的问题，尤其是非匀速运动，使瞬时变化率的研究成为必要的问题之一；

（2）求曲线上的切线问题；

（3）类似于确定炮弹的最大射程，求行星轨道的近日点、远日点等提出的求函数极大值、极小值问题；

（4）千百年来人们一直研究的长度、面积、体积问题.

问题（1）、（2）、（3）的研究引出了微分的概念，问题（4）的研究引出了积分的概念. 自牛顿和莱布尼茨之后，微积分得到了突飞猛进的发展，人们将微积分应用到自然科学的各个方面，建立了不少以微积分方法为主的分支学科，如常微分方程、偏微分方程、级数等，本教材也有初步的介绍，读者可以根据情况选学.

第一章 微积分的理论基础——极限

在高等数学中，几乎所有的概念都是通过极限来定义的，或是用极限来研究的．因此，极限概念的学习显得非常重要．

在我国古代对极限概念的研究中有一个大家所熟悉的例子——圆周率 π 的计算．圆周率 π 就是平面上圆的周长与直径的比值，但是 π 的计算却很复杂，直到今天仍有不少数学家热衷于 π 的数值计算．中国古代数学家刘徽（约 225—295）用“割圆术”计算 π 的数值一直被认为是极限概念的典型例子．单位圆的面积是 π，假设单位圆的内接正 n 边形的面积为 S_n，当边数逐渐增多的时候，内接正 n 边形的面积 S_n 就越来越接近于该单位圆的面积，在学了极限概念后，就可以说圆的内接正 n 边形面积的极限就是圆面积．大约公元 3 世纪，古代数学家刘徽利用圆的内接正 192 边形的面积近似计算出了 π 的数值 3.14，进而又计算出 $\pi \approx 3.1416$．大约在公元 5 世纪，我国著名数学家祖冲之（429—500）通过计算得出了 π 的 7 位小数的数值 $\pi \approx 3.1415926$．我国古代数学家关于 π 的计算的这些结论在世界上一直处于领先地位，直到一千多年之后，国外才有了相应的数据．

第一节 预备知识

微积分是以函数为研究对象、以极限为研究手段的数学学科．函数作为研究客观世界变化规律最基本、最重要的数学工具之一，在学习极限之前有必要对其基本知识进行复习和梳理，以便为后续学习打下基础．在中学阶段的学习中，我们已经清楚地知道了函数的基本概念、基本性质以及反函数等相应概念，这里不再重述，本节重点给读者介绍一些在今后的学习中常见的概念及经济应用中常用的函数．

一、邻 域

在初等数学中，通常用区间来表示函数自变量变化范围的集合，区间的端点一般来说是常数，比如 $[a,b]$ 或 (a,b)．而实数集 $\mathbf{R}$ 的区间表示为 $(-\infty,+\infty)$，这里的 ∞（读做“无穷大”）只是一个数学符号，是不能进行运算的，因为它是一个变量．在高等数学中，需要定义以点 a 为圆心，半径无限接近于零的区间（用记号 δ 表示半径，$\delta>0$）．注意，这里的 δ 也是一个变量，表示无限接近于零的变量（后面章节将定义其为无穷小），称这样的区间 $(a-\delta,a+\delta)$ 为点 a 的邻域，记作

$$U(a,\delta)=\{x|a-\delta<x<a+\delta\}.$$

在实际问题中，有时此类邻域中不能包含其圆心 a，称这样的邻域为去心邻域，记为

$$\mathring{U}(a,\delta)=\{x|a-\delta<x<a+\delta,x\neq a\}.$$

二、初等函数

定义 1.1 称常量函数、幂函数、指数函数、对数函数、三角函数与反三角函数这六类函数为基本初等函数.

在中学数学中，读者已经熟悉了常量函数、幂函数、指数函数、对数函数与三角函数. 那么，什么是反三角函数？反三角函数的概念由欧拉提出，并且是他首先使用“arc+函数名”的形式来表示反三角函数. 反三角函数是反正弦函数、反余弦函数、反正切函数、反余切函数、反正割函数、反余割函数的统称，其符号分别为：$\arcsin x$，$\arccos x$，$\arctan x$，$\operatorname{arccot} x$，$\operatorname{arcsec} x$，$\operatorname{arccsc} x$，而且各自表示其反正弦、反余弦、反正切、反余切、反正割、反余割为 x 的角.（比如，$y=\arcsin x$，则满足 $x=\sin y$）. 但是反三角函数并不能狭义的理解为三角函数的反函数，因为它是多值函数. 三角函数的反函数不是单值函数，它并不满足一个自变量对应一个函数值的要求，其图像与其原函数关于函数 $y=x$ 对称.

今后学习中常见的反三角函数有：

$$y=\arcsin x,\ \left(x\in[-1,1], y\in\left[-\frac{\pi}{2},\frac{\pi}{2}\right]\right);$$

$$y=\arccos x,\ (x\in[-1,1], y\in[0,\pi]);$$

$$y=\arctan x,\ \left(x\in(-\infty,+\infty), y\in\left(-\frac{\pi}{2},\frac{\pi}{2}\right)\right);$$

$$y=\operatorname{arccot} x,\ (x\in(-\infty,+\infty), y\in(0,\pi)).$$

定义 1.2 假设函数 $y=f(u)(u\in U)$，函数 $u=\varphi(x)(x\in D, u\in U_1)$，若 $U_1\subset U$，则称

$$y=f(\varphi(x))\quad (x\in D)$$

为 $y=f(u)$ 和 $u=\varphi(x)$ 的复合函数，其中 u 称为中间变量.

定义 1.3 由基本初等函数经过有限次的四则运算和复合运算，并能用一个数学解析式表示的函数为初等函数.

三、分段函数

在实际生活中，类似于电费、水费、出租车车费等，就不能用一个数学解析式来表示自变量与因变量之间的依赖关系，将这样的函数关系定义如下：

定义 1.4 若函数 $y=f(x)$ 在定义域的不同区间（或者是不同的点）上有不同的表达式，则称之为分段函数.

例如，绝对值函数为（见图 1.1）

$$y=|x|=\begin{cases}x, x\geqslant 0\\ -x, x<0\end{cases}.$$

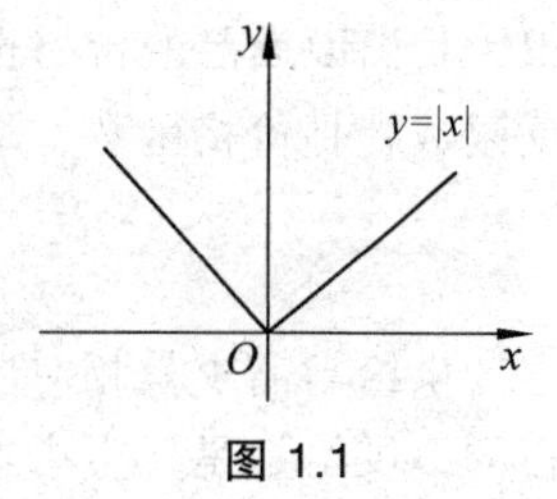

图 1.1

又如，符号函数（见图 1.2）

$$y=\operatorname{sgn} x=\begin{cases}-1, x<0\\ 0, x=0\\ 1, x>0\end{cases}.$$

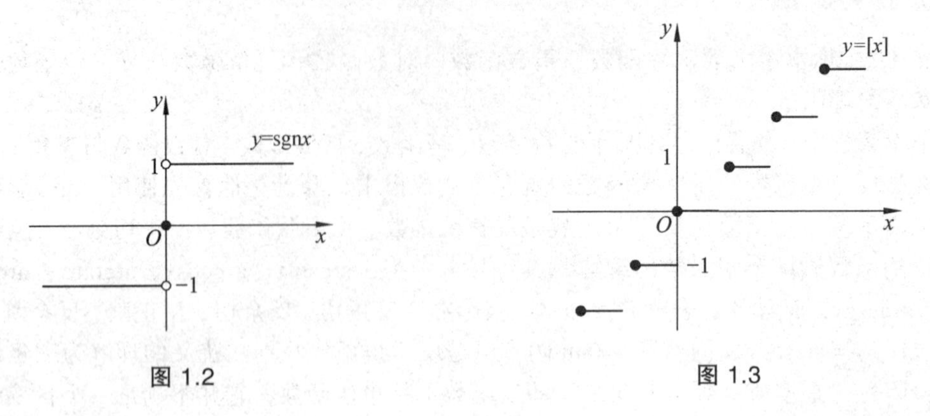

图 1.2

图 1.3

再如，取整函数为（见图 1.3）

$$y=[x]$$

其中 y 为不大于 x 的最大整数.

取整函数也称为高斯函数，是以“数学王子”高斯的名字命名的. 取整函数是连接连续变量与离散变量的一个重要桥梁，读者可以在后续学习中体会到.

图 1.4 C. F. Gaus（1777—1855）

四、经济学中常用的函数

数学来源于实践也应用于实践，用数学方法解决实际问题，或者说把实际问题化成数学问题，就是寻找函数关系建立数学模型的过程. 下面介绍一些在经济学研究中经常用到的几个函数，以帮助解决经济学应用问题.

1. 需求函数与供给函数

在当今商品经济的社会里，一种商品的市场需求量主要受商品价格的影响，因此，可以把需求量看作以价格为自变量的函数. 若设 D 为需求量，p 为价格，则有函数关系

$$D=D(p) .$$

一般地，价格下降会使需求量增加，价格上升会使需求量减少，即需求函数是价格的单调递减函数. 在实际应用中需做出需求函数的图形，我们称其为需求曲线. 根据对需求函数的认识，我们说商品的价格也与市场的需求情况有着密切的关系. 实际上，需求函数 $D=D(p)$ 的反函数就是价格函数，记作

$$p=D^{-1}(D) .$$

供给与需求是相对应的概念. 需求是相对于消费者而言的，而供给则是相对于生产者而言的. 供给量是指生产者在适当的价格条件下，可能出售的产品数量，其中包括已有的存货数量和新提供的产品数量. 对于供给量，也可以建立以价格为自变量的函数关系. 假设 S 为供给量，p（$p>0$）为价格，则

$$S = S(p)$$

称之为供给函数. 对供给函数而言，价格上升往往会促使供给量也上升，价格下降促使供给量也下降，因此供给函数一般来说是单调递增函数. 供给函数的图形称为供给曲线.

需求函数与供给函数密切相关. 若市场上需求量与供给量相等，则该商品的供需达到平衡，此时的商品价格称为均衡价格. 此时的需求量或供给量称为均衡商品量.

2. 成本函数、收益函数与利润函数

在实际经济问题中，除了需求量、供给量与价格之间的关系外，还有一个关系也是非常重要的，那就是成本函数. 生产产品需要消耗经济资源，如劳动力和生产资料等，这一切就构成了成本. 成本 C 是产量 Q 的函数，它包括固定成本 C_0 和可变成本 $C_1(Q)$，因此

$$C(Q) = C_0 + C_1(Q) .$$

而 $\dfrac{C(Q)}{Q}$ 称为平均成本函数.

收益是指生产者生产的商品售出后的收入. 生产者销售某种商品的收益取决于该商品的销量和价格. 如果 $p(Q)$ 表示价格是销量的函数，那么收益函数为

$$R(Q) = Q \cdot p(Q) ,$$

平均收益为

$$\overline{R}(Q) = \frac{R(Q)}{Q} .$$

利润是指生产者的收益减去成本后的剩余部分. 如果收益 R 的成本 C 都看成产量 Q 的函数，那么利润也是产量的函数，用 $L(Q)$ 表示，即

$$L(Q) = R(Q) - C(Q) .$$

3. 单利、复利和连续复利问题

在社会经济活动中，向银行存款或贷款是常见的金融活动，而存款、贷款都是与利息密切相关的. 一般地，利息的计算方式有单利和复利两种.

单利是在原来的本金上计算利息，其公式为

$$\text{利息} = \text{本金} \times \text{利率} \times \text{计息次数} .$$

若设初始本金为 p，利率为 r，计息次数为 t，则第 t 期后本利和 S 为

$$S = p(1 + rt) .$$

复利是将本金与到期利息相加，并入一起作为下次本金来重新计算，也就是通常所说的“利滚利”. 若设初始本金为 p，利率为 r，计息次数为 t，则第 t 期后本利和公式为

$$S = p(1 + r)^t .$$

单利和复利是金融活动中的传统计息方式，其计息间隔往往为一年一次计息．发展到今天，人们更加关心的是当计息间隔无限缩短的时候，即计息次数无限增大的时候，这种计息方式我们称为连续复利．曾经有银行为了吸引顾客存钱，打出广告“我们每时每刻都在为您计算利息”，听起来是不是很诱人呢？结果究竟会是怎样的呢？学了极限之后再揭晓答案．

习题 1.1

1. 某通信公司是从一条东西流向的河南岸 A 点向河北岸 B 点铺设地下光缆．已知从点 A 向东直行 1000 m 到 C 点，而 C 点距其正北方向的 B 点也恰为 1000 m．根据工程的需要，铺设线路是先从 A 点向东铺设 x m$(0 \leqslant x \leqslant 1)$，然后直接从河底直线铺设到河对岸的 B 点．已知地下每米的铺设费用为 16 元，河底每米的铺设费用为 20 元，试求铺设总费用 $C(x)$ 的表达式．

2. 生产与销售某产品总的收入 R 是产量 x 的二次函数．经统计得知：当产量 $x=0,2,4$ 时，总收入 $R=0,6,8$．试确定总收入 R 与产量 x 的函数关系．

3. 某厂生产某种产品的固定成本为 10000 元，每生产一单位产品，成本增加 100 元，求该厂的总成本函数及平均成本函数．

4. 设某商品的需求量 D 是价格 p 的线性函数 $D=a-bp$，已知该商品的最大需求量为 10000 件，最高价格为 10 元/件，并假定市场均衡，求该商品的收益函数．

5. 若投资 1 元滋生利息，年利率为 r，试推导对任意计息间隔（一年 n 次计息，约定计息均匀）一年后的本息和公式．

第二节　数列的极限

一、数列的概念

什么是数列？我国古代，有这样一段关于数列研究的史料．公元前 4 世纪，哲学家庄子（约公元前 369—公元前 286）在其名著《庄子·天下篇》中有这样一句话“一尺之棰，日取其半，万世不竭”．用现代数学的方式可以表达为

第 1 天取 $x_1=\dfrac{1}{2}$；

第 2 天取 $x_2=\dfrac{1}{2^2}$；

……

第 n 天取 $x_n=\dfrac{1}{2^n}$；

……

如上所示，可以令以正整数为自变量的函数 $y=f(n)$，当 n 依次取 $1,2,3,\cdots$ 时所得到的数值

$$x_1=f(1),\ x_2=f(2),\ x_3=f(3),\ \cdots,\ x_n=f(n),\ \cdots$$

称为**无穷数列**，简称**数列**．数列中的每个数称为数列的**项**，$x_n = f(n)$ 称为数列的**通项**，数列一般记为 $\{x_n\}$．

例 1.1　通项为 $x_n = \dfrac{n}{n+1}$ 的数列 $\{x_n\}$：

$$x_1 = \frac{1}{2},\ x_2 = \frac{2}{3},\ x_3 = \frac{3}{4},\ \cdots,$$

依次类推，可以表示成

$$\{x_n\} = \left\{\frac{1}{2}, \frac{2}{3}, \frac{3}{4}, \cdots, \frac{n}{n+1}, \cdots\right\}.$$

可以看出，随着下标 n 越来越大，对应项 x_n 就无限趋近于常数 1.

二、数列极限的概念与性质

数列极限的概念

根据“一尺之棰，日取其半，万世不竭”这句话，若理论条件允许，“万世不竭”表示这个过程可以无休止地进行下去，也就是说，n 可以趋于无穷大．问题是，当 n 趋于无穷大时，其通项 x_n 有什么变化趋势？可以发现：当 n 无限增大时，x_n 无限接近于常数 0．又如，引言中当单位圆内接正 n 边形的边数 n 无限增大时，内接正 n 边形的面积 S_n 就无限接近于单位圆面积，即常数π．因此，我们称这种数列在变化过程中所具有的稳定变化趋势为数列的极限．

定义 1.5　在数列 $\{x_n\}$ 中，当 n 无限增大时，如果通项 x_n 无限接近于一个确定的常数 a，则称 a 为数列的极限．记为

$$\lim_{n\to\infty} x_n = a \quad 或 \quad x_n \to a(n\to\infty),$$

此时也称数列 $\{x_n\}$ 是收敛的．否则称数列 $\{x_n\}$ 是发散的．

从前面的讨论中，由该定义有

$$\lim_{n\to\infty} \frac{1}{2^n} = 0.$$

例 1.2　判断以下数列是否收敛：

（1）$\{x_n\} = \{(-1)^{n-1}\}$；　（2）$\{x_n\} = \{1+n^2\}$；

（3）$\{x_n\} = \left\{1-\dfrac{1}{3^n}\right\}$；　（4）$\{x_n\} = \left\{\dfrac{(-1)^{n-1}}{n}\right\}$.

解　数列（1）按通项公式展开为

$$\{1,-1,1,-1,\cdots,(-1)^{n-1},\cdots\},$$

可以看出，该数列各项取常数1或 -1，与无限趋于一个确定的常数矛盾，故该数列发散．

数列（2）中，虽然通项也有着无限增大的趋势，但却不是趋于常数，故数列发散．

数列（3）展开为

$$\left\{1-\frac{1}{3},1-\frac{1}{3^2},1-\frac{1}{3^3},\cdots,1-\frac{1}{3^n},\cdots\right\},$$

其通项无限接近于一个确切的常数1，故数列收敛，记为

$$\lim_{n\to\infty}\left(1-\frac{1}{3^n}\right)=1.$$

同理，数列（4）展开为

$$\left\{1,-\frac{1}{2},\frac{1}{3},-\frac{1}{4},\cdots,\frac{(-1)^{n-1}}{n},\cdots\right\},$$

其通项无限接近于常数 0，故数列收敛，记为

$$\lim_{n\to\infty}\frac{(-1)^{n-1}}{n}=0.$$

从极限定义及例 1.2 的分析，容易得出收敛数列具有如下性质.

性质 1 如果数列**收敛**，则该数列的极限是**唯一**的.

此外，根据函数的概念，可以把数列看成自变量 n 与因变量 a_n 的一种函数依赖关系，也就是说，将数列看成一种特殊的函数. 这样，对于收敛数列的通项 x_n，一定存在正数 M，使其函数值对一切正整数 n，恒有 $|x_n|\leqslant M$，称这样的数列是有界的.

性质 2 如果数列**收敛**，则该数列**有界**.

数列收敛则该数列有界，反之，有界的数列是否收敛呢？什么样的数列收敛呢？本书将在后面的章节进行讨论，本节先来学习数列极限的一些计算方法.

三、数列极限的计算

数列极限的计算

例 1.3 求数列 $\{x_n\}$： $x_n=\sqrt[n]{2}$ 的极限.

解 类似于例 1.2 中数列的展开，通过计算有

$$x_{10}=\sqrt[10]{2}=1.0718,$$

$$x_{100}=\sqrt[100]{2}=1.0070,$$

$$x_{1000}=\sqrt[1000]{2}=1.0007,$$

$$x_{5000}=\sqrt[5000]{2}=1.0001,$$

$$\cdots\cdots$$

即随着 n 的无限增大， x_n 无限接近于 1. 因此，由极限定义知数列 $\{x_n\}$ 的极限是 1，即

$$\lim_{n\to\infty}\sqrt[n]{2}=1.$$

事实上这是可以证明的. 更一般的，对于数 $a(a>0)$，也有相应的结论

$$\lim_{n\to\infty}\sqrt[n]{a}=1\ (a>0).$$

例 1.4 求数列 $\{x_n\}$ 的极限，其中 $x_n=\sqrt[n]{n}$.

解 观察数值得

$$x_{10}=\sqrt[10]{10}=1.2589,$$

$$x_{100}=\sqrt[100]{100}=1.0071,$$

$$x_{1000}=\sqrt[1000]{1000}=1.0069,$$

$$x_{10000}=\sqrt[10000]{10000}=1.0009,$$

……

可以发现，这个通项值无限接近 1 而不会低于 1，可以证明

$$\lim_{n\to\infty}\sqrt[n]{n}=1.$$

以上两个例题的结论在今后的学习中可直接使用.

通过前面的讨论发现，数列的极限可以通过计算数值结果进行观察. 此外，还可以利用四则运算来计算数列极限. 接下来介绍数列极限的四则运算法则.

数列极限的四则运算　设 $n\to\infty$ 时，数列 $\{x_n\}$ 和 $\{y_n\}$ 分别收敛于常数 a 和 b，则：

（1）$\lim\limits_{n\to\infty}(x_n\pm y_n)=\lim\limits_{n\to\infty}x_n\pm\lim\limits_{n\to\infty}y_n=a\pm b$；

（2）$\lim\limits_{n\to\infty}(x_n\cdot y_n)=\lim\limits_{n\to\infty}x_n\cdot\lim\limits_{n\to\infty}y_n=a\cdot b$；

（3）$\lim\limits_{n\to\infty}\dfrac{x_n}{y_n}=\dfrac{\lim\limits_{n\to\infty}x_n}{\lim\limits_{n\to\infty}y_n}=\dfrac{a}{b}\ (b\neq 0)$.

实际上，四则运算法则可以记成“和、差的极限等于极限的和、差”“乘积的极限等于极限的乘积”“商的极限等于极限的商”.

例 1.5　求下列数列的极限.

（1）$\lim\limits_{n\to\infty}\dfrac{2n^2+1}{3n^2-1}$；　（2）$\lim\limits_{n\to\infty}\left(\dfrac{1}{n^2}+\dfrac{2}{n^2}+\cdots+\dfrac{n}{n^2}\right)$；

（3）$\lim\limits_{n\to\infty}(\sqrt{n+1}-\sqrt{n})$；　（4）$\lim\limits_{n\to\infty}\left(\dfrac{1}{2}+\dfrac{1}{2^2}+\dfrac{1}{2^3}+\cdots+\dfrac{1}{2^n}\right)$.

解　（1）$\lim\limits_{n\to\infty}\dfrac{2n^2+1}{3n^2-1}=\lim\limits_{n\to\infty}\dfrac{2+\dfrac{1}{n^2}}{3-\dfrac{1}{n^2}}=\dfrac{2+0}{3-0}=\dfrac{2}{3}$.

（2）$\lim\limits_{n\to\infty}\left(\dfrac{1}{n^2}+\dfrac{2}{n^2}+\cdots+\dfrac{n}{n^2}\right)=\lim\limits_{n\to\infty}\dfrac{n(n+1)}{2n^2}=\dfrac{1}{2}$.

（3）$\lim\limits_{n\to\infty}(\sqrt{n+1}-\sqrt{n})=\lim\limits_{n\to\infty}\dfrac{(n+1)-n}{\sqrt{n+1}+\sqrt{n}}=\lim\limits_{n\to\infty}\dfrac{1}{\sqrt{n+1}+\sqrt{n}}=0$.

（4）$\lim\limits_{n\to\infty}\left(\dfrac{1}{2}+\dfrac{1}{2^2}+\dfrac{1}{2^3}+\cdots+\dfrac{1}{2^n}\right)=\lim\limits_{n\to\infty}\dfrac{1}{2}\cdot\dfrac{1-\left(\dfrac{1}{2}\right)^n}{1-\dfrac{1}{2}}=\dfrac{1}{2}\cdot\dfrac{1-0}{\dfrac{1}{2}}=1$

本章第四、第五两节还将继续介绍数列极限的其他计算方法.

四、斐波拉契数列

首先做一个拼图游戏．准备两个直角边分别为 3 和 8 的直角三角形以及两个上、下底分别为 3 和 5 的直角梯形，如图 1.5，拼成一个边长为 8 的正方形和长宽分别为 5，13 的长方形．计算拼好后的两个图形的面积．问题出来了，由相同的几个小图形所拼成的两个大图形的面积居然不相等，即 $64\neq65$？少了的 1 个面积到哪儿去了？

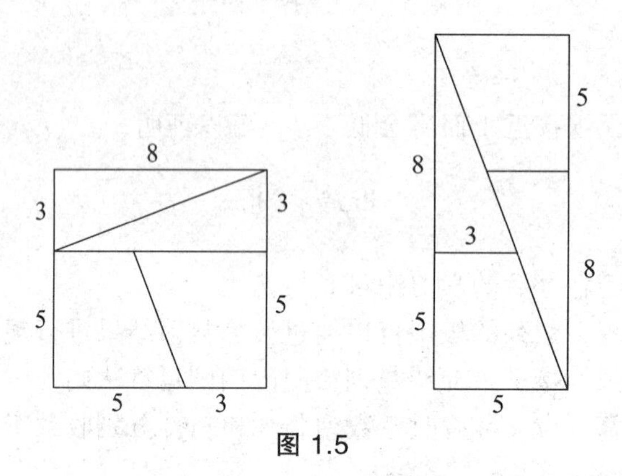

图 1.5

这是由 3，5，8，13 这组数字得到的特殊规律还是一般规律？现在就来认识一个特殊的数列——斐波拉契数列．斐波拉契数列源于有趣的兔子问题．

兔子问题 假设每对兔子每月能生下一对小兔子（一雌一雄），该对小兔子从第三个月开始每月都生下一对小兔．请问：若不计病死，一对小兔子一年后能繁殖多少对兔子？

由兔子问题所提出的假设，我们可以对应求出每月兔子对数，如表 1.1 所示．

表 1.1

月份	1	2	3	4	5	6	7	8	9	10	11	12
兔子（对）	1	1	2	3	5	8	13	21	34	55	89	144

可以发现：

$$\text{每月兔子对数}=\text{上月兔子对数}+\text{上上个月兔子对数}.$$

若用 F_n 表示 n 个月后的兔子对数，则有 $F_0=F_1=1$，当 $n>1$，有

$$F_n=F_{n-1}+F_{n-2}.$$

我们称具有这样规律并且推广到无穷多项的数列为**斐波拉契数列**．数列中的数称为斐波拉契数，比如刚才游戏中的 3, 5, 8 就是一组相邻的斐波拉契数．

通过递推关系 $F_n=F_{n-1}+F_{n-2}$，还可以得出斐波拉契数列的通项公式：

$$F_n=\frac{1}{\sqrt5}\left(\frac{1+\sqrt5}{2}\right)^n-\frac{1}{\sqrt5}\left(\frac{1-\sqrt5}{2}\right)^n.$$

这个通项公式的奇特之处在于将有理数和无理数巧妙地结合在一起．除此之外，它还有许多神奇之处．比如，读者试着计算极限

$$\lim_{n\to\infty}\frac{F_{n-1}}{F_n},$$

可以得到什么结果？通过前面介绍的极限计算方法，容易得出

$$\lim_{n\to\infty}\frac{F_{n-1}}{F_n}=\frac{\sqrt{5}-1}{2}\approx 0.618 .$$

这就是著名的**黄金比**.

事实上,还可以发现任何相邻的 3 个斐波拉契数列具备如下性质：

$$F_n^2-F_{n-1}\cdot F_{n+1}=(-1)^{n-1}.$$

比如在刚才的拼图游戏中，选取出的数为 5, 8, 13，则有

$$8^2=64,\quad 5\times 13=65 .$$

那么多出的 1 个面积究竟在哪儿了？我们通过建立直角坐标系，就能发现在长方形图形中的 A, B, C 三点是不共线的,其间存在一条狭小的细缝，而该细缝的面积正好是 1（见图 1.6）. 利用斐波拉契数列的这条性质，选择的 3 个相邻的斐波拉契数越大，拼成的图形中间那条缝隙就越细，就越不容易被发现.

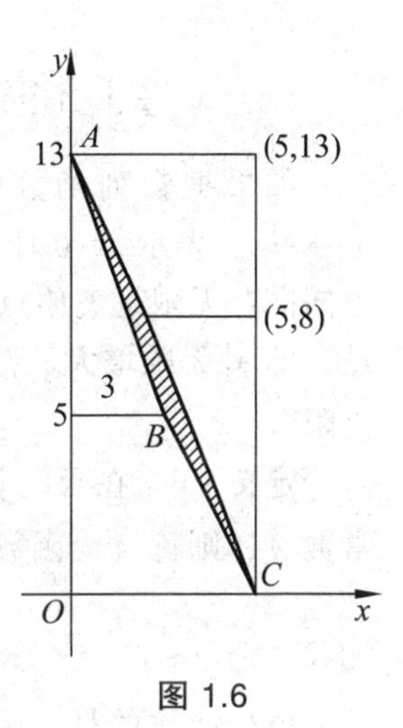

图 1.6

斐波拉契数列的几何特征与数值特征体现在生活的方方面面，小到植物的生长，大到太阳系，都能找到它的存在，更多神奇的现象留给读者自己去发现.

习题 1.2

1. 观察下列数列，指出当 $n\to\infty$ 时它们是否有极限？有极限时指出其极限值:

（1）$\{x_n\}=\left\{\frac{n-1}{n+1}\right\}$；　（2）$\{x_n\}=\left\{\left(\frac{8}{7}\right)^{n-1}\right\}$；

（3）$\{x_n\}=\left\{\left(\frac{7}{8}\right)^{n-1}\right\}$；　（4）$\{x_n\}=\{n+n^2\}$.

2. 计算下列数列的极限.

（1）$\lim\limits_{n\to\infty}\frac{3n+1}{5n-1}$；　（2）$\lim\limits_{n\to\infty}\frac{3n^2+1}{5n^2-1}$；

（3）$\lim\limits_{n\to\infty}\frac{2^n-1}{2^n}$；　（4）$\lim\limits_{n\to\infty}\frac{2n}{2n^2-1}$；

（5）$\lim\limits_{n\to\infty}\left(\frac{1}{n^2}+\frac{2}{n^2}+\cdots+\frac{n}{n^2}\right)$；　（6）$\lim\limits_{n\to\infty}[\sqrt{1+2+\cdots+n}-\sqrt{1+2+\cdots+(n-1)}]$；

（7）$\lim\limits_{n\to\infty}\frac{1+2+3+\cdots+n}{1+3+5+\cdots+(2n-1)}$；　（8）$\lim\limits_{n\to\infty}\left(\frac{3}{10}+\frac{3}{10^2}+\frac{3}{10^3}+\cdots+\frac{3}{10^n}\right)$.

第三节 函数的极限

在上节，数列可视为自变量为 n 的函数，即 $x_n = f(n)$，下面研究当 n 趋近于无穷大时，数列通项 $x_n = f(n)$ 随 n 的变化趋势. 对于自变量为连续变量 x 时，其函数值 $y = f(x)$ 有什么变化趋势？函数的极限又是怎样定义的？

一、x 趋于无穷大时，函数的极限

如果把数列函数中的 n 替换为 x，数列极限自然就变成 $x \to +\infty$ 时的函数极限. 而 $x \to +\infty$，表示 $x > 0$ 时，x 沿 x 轴的正方向向右无限远离原点；同理，$x < 0$ 时，x 沿 x 轴的负方向向左无限远离原点，称此变化为 $x \to -\infty$. 这两种情况可以统一看作 x 沿 x 轴无限远离原点，即 $|x|$ 无限增大，称为 $x \to \infty$. 类似数列极限的定义，可以定义 x 趋于无穷大时，函数的极限.

定义 1.6 在函数 $y = f(x)$ 中，当 $|x|$ 无限增大时，如果函数值 $f(x)$ 无限接近于一个确定的常数 A，则称 A 为函数的极限. 记为

$$\lim_{x \to \infty} f(x) = A \quad 或 \quad f(x) \to A(x \to \infty).$$

值得注意的是，函数若有极限，其极限一定唯一存在. 而 $x \to \infty$ 是指既有 $x \to +\infty$ 又有 $x \to -\infty$，所以在讨论 x 趋于无穷大时，若函数的极限为 A，则一定有结论：

$$\lim_{x \to -\infty} f(x) = \lim_{x \to +\infty} f(x) = A.$$

定理 1.1 $\lim\limits_{x \to \infty} f(x) = A$ 的充要条件是

$$\lim_{x \to -\infty} f(x) = \lim_{x \to +\infty} f(x) = A.$$

例 1.6 讨论以下极限是否存在？

（1）$\lim\limits_{x \to \infty} \arctan x$；（2）$\lim\limits_{x \to \infty} \dfrac{1}{x}$；（3）$\lim\limits_{x \to \infty} \sin x$.

解 （1）观察 $y = \arctan x$ 的图形（见图 1.7），有 $\lim\limits_{x \to -\infty} \arctan x = -\dfrac{\pi}{2}$，但是 $\lim\limits_{x \to +\infty} \arctan x = \dfrac{\pi}{2}$，故 $\lim\limits_{x \to \infty} \arctan x$ 不存在.

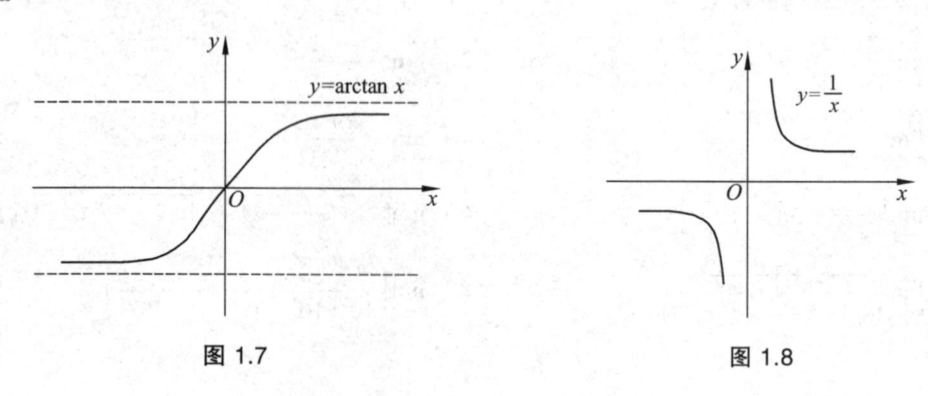

图 1.7　　图 1.8

（2）观察 $y=\dfrac{1}{x}$ 的图形（见图 1.8），有 $\lim\limits_{x\to-\infty}\dfrac{1}{x}=0$，且 $\lim\limits_{x\to+\infty}\dfrac{1}{x}=0$，故函数极限存在，$\lim\limits_{x\to\infty}\dfrac{1}{x}=0$.

（3）从函数 $y=\sin x$ 的图像（见图 1.9）可以看出，当 $|x|$ 无限增大时，函数值 $f(x)$ 不能稳定地接近于一个确定的常数，则该函数极限不存在.

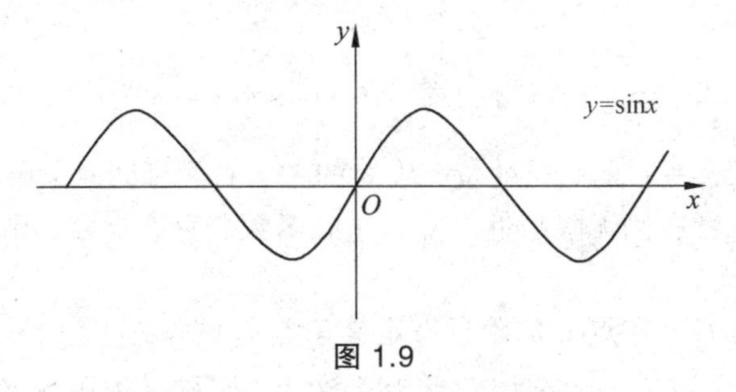

图 1.9

二、x 趋于固定点 x_0 时，函数的极限

函数极限

函数自变量 x，除了可以无限地远离原点，还可以无限地接近于某个确切的常数 x_0.

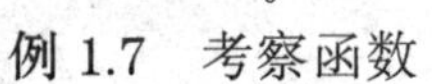

例 1.7　考察函数

（1）$y=f(x)=x+1(x\in\mathbf{R})$；

（2）$y=g(x)=\dfrac{x^2-1}{x-1}(x\in\mathbf{R},x\neq1)$，

当自变量 x 无限接近于常数 $x_0=1$（记作 $x\to1$）时，函数值的变化趋势.

解　（1）写出函数在点 $x_0=1$ 附近（可以包含1）的自变量 x 与它对应的函数值 $f(x)$ 的值，并列成表 1.2.

表 1.2

x	0.9	0.99	0.999	0.9999	1	1.0001	1.001	1.01	1.1
$f(x)=x+1$	1.9	1.99	1.999	1.9999	2	2.0001	2.001	2.01	2.1

可以发现，当 x 从点 $x_0=1$ 的左、右两旁接近于1的时候，函数 $f(x)$ 的值接近于常数 2 .

而（2）中的函数与（1）中函数的不同之处在于函数（2）在点 $x_0=1$ 处无定义，当 $x\neq1$ 时，$x-1\neq0$，故函数

$$g(x)=\frac{x^2-1}{x-1}=x+1$$

仍可以写出函数在点 $x_0=1$ 附近（不包含1）的自变量 x 与函数值 $g(x)$ 的对应值，如表 1.3 所示.

表 1.3

x	0.9	0.99	0.999	0.9999	1.0001	1.001	1.01	1.1
$g(x)=x+1$	1.9	1.99	1.999	1.9999	2.0001	2.001	2.01	2.1

虽然表 1.3 比表 1.2 少了 $x=1$ 时的取值，但是结论并没有改变，即当 x 从点 $x_0=1$ 的左、

右两旁接近于1的时候，函数 $f(x)$ 的值接近于常数 2．这就是说，当讨论 $x \to x_0$ 时，函数 $y = f(x)$ 在点 x_0 处是否有极限，与函数在点 x_0 是否有定义是没有关系的.

定义 1.7　设函数 $f(x)$ 在点 x_0 的附近有定义（点 x_0 可除外），当自变量 x 无限的趋近于该确定值 x_0 时，若函数值 $f(x)$ 无限趋近于一个确定的常数 A，则称 A 为当 $x \to x_0$ 时函数 $f(x)$ 的极限，记作

$$\lim_{x \to x_0} f(x) = A \quad 或 \quad f(x) \to A(x \to x_0)\ .$$

注意这里的 $x \to x_0$，考察的是自变量 x 从 x_0 的左、右两旁同时无限趋近于 x_0．如果自变量 x 只从点 x_0 的左侧或者右侧无限趋近于 x_0，这时函数若存在极限，则分别称其为左极限或者右极限.

定义 1.8　设函数 $f(x)$ 在点 x_0 的附近有定义（点 x_0 可除外），如果自变量 x 从点 x_0 的左（右）侧趋近于 x_0 时，函数值 $f(x)$ 无限趋近于常数 A，则称 A 为函数 $f(x)$ 当 $x \to x_0^-$（$x \to x_0^+$）时的左（右）极限，记为

$$\lim_{x \to x_0^-} f(x) = A \ \left(\lim_{x \to x_0^+} f(x) = A \right).$$

同理，根据极限存在的唯一性，函数 $f(x)$ 在点 x_0 有极限 A 的充要条件是函数在该点的左、右极限都为 A.

定理 1.2　$\lim\limits_{x \to x_0} f(x) = A$ 的充分必要条件是

$$\lim_{x \to x_0^-} f(x) = \lim_{x \to x_0^+} f(x) = A\ .$$

例 1.8　讨论符号函数 $y = \operatorname{sgn} x$ 在点 $x_0 = 0$ 处的极限.

解　如图 1.10 所示，因为

$$\lim_{x \to 0^-} f(x) = \lim_{x \to 0^-} (-1) = -1\ ,$$

而

$$\lim_{x \to 0^+} f(x) = \lim_{x \to 0^+} (1) = 1\ ,$$

左、右极限不相等，故函数 $y = \operatorname{sgn} x$ 在点 $x_0 = 0$ 处的极限不存在.

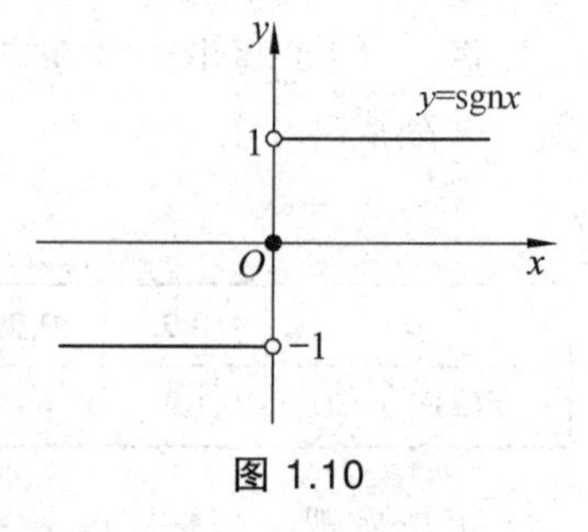

图 1.10

函数极限在存在的情况下，除了具备极限的唯一性外，我们还可以得到它的其他性质．比如在例 1.7 中，当 $x \to 1$ 时，函数的极限值是正数 2，表示函数值无限接近于正数 2，可以说在正数 2 的某个去心邻域聚集了部分函数值，且这些函数值也为正．这就是函数极限存在的局部保号性质．（读者可作图解释）

定理 1.3　如果

$$\lim_{x \to x_0} f(x) = A\ ，且 \quad A > 0 \ （或 A < 0），$$

则存在点 x_0 的某一去心邻域 $\mathring{U}(x_0, \delta)$，在该邻域内

$$f(x) > 0 \ （或 f(x) < 0）.$$

该定理的结论因为仅在点 x_0 的某一去心邻域内成立，所以称为**局部保号性**，并且结论对于 $x \to \infty$ 也是适用的．此外，它还有如下推论.

推论 1　非负函数的极限非负．如果

$$f(x)\geqslant 0\text{，且}\quad \lim_{x\to x_0} f(x)=A\text{，}$$

那么 $A\geqslant 0$.（可用反证法证明）

推论 2　如果

$$\lim_{x\to x_0} f(x)=A\text{，}\ \lim_{x\to x_0} g(x)=B\quad\text{且}\quad A>B\text{（或 }A<B\text{），}$$

则存在点 x_0 的某一去心邻域 $\mathring{U}(x_0,\delta)$，使得在该邻域内有

$$f(x)>g(x)\text{（或 }f(x)<g(x)\text{）.}$$

推论 3　如果 $f(x)$ 在点 x_0 的某去心邻域 $\mathring{U}(x_0,\delta)$ 内有

$$f(x)\geqslant g(x)\text{（或 }f(x)\leqslant g(x)\text{），}$$

且

$$\lim_{x\to x_0} f(x)=A\text{，}\ \lim_{x\to x_0} g(x)=B\text{，}$$

则 $A\geqslant B$（或 $A\leqslant B$）.

三、神奇的无穷之旅

伟大的数学家希尔伯特在一次演讲中，提出了一个非常有趣的“无穷多旅馆”问题. 假设一家旅馆有无穷多房间，每间房里都住满了客人（假定一个房间住一个客人），这时候来了一位新客人，请问这名新客人可以入住吗？在有穷世界里，此问题无法解决. 但在无穷世界里却可以做到：试想将 1 号房间的客人搬到 2 号房间，2 号房间的客人搬到 3 号房间…… n 号房间的客人搬到 n+1 号房间……依次类推，那么新来的客人就可以住进已被腾出的 1 号房间了. 如果来的是无穷多客人呢？按照同样的思路，只需要把 1 号房间的客人搬到 2 号房间，把 2 号房间的客人搬到 4 号房间……把 n 号房间的客人搬到 $2n$ 号房间……如此一来，所有的单号房间都腾了出来，新来的无穷多位客人就可以住进去了. 如此有趣的“无穷多旅馆”也许是所有旅馆从业者的美梦. 无穷多究竟是一个怎样的概念呢？接下来，我们从函数极限的概念进行研究.

例 1.9　讨论极限 $\lim\limits_{x\to 0}\dfrac{1}{x}$ 是否存在？

解　考察函数图形（见图 1.11），无论自变量 $x\to 0^-$，还是 $x\to 0^+$，其函数值都沿着 y 轴无限地远离原点. 按照极限的概念，函数值不能无限接近于一个确定的常数，其极限是不存在的. 但是，它的结果具有这样一个趋势：函数值无限地远离原点. 即当自变量有某种变化趋势时，$|f(x)|$ 无限增大，称这样的函数是在某一变化过程下的**无穷大量**.

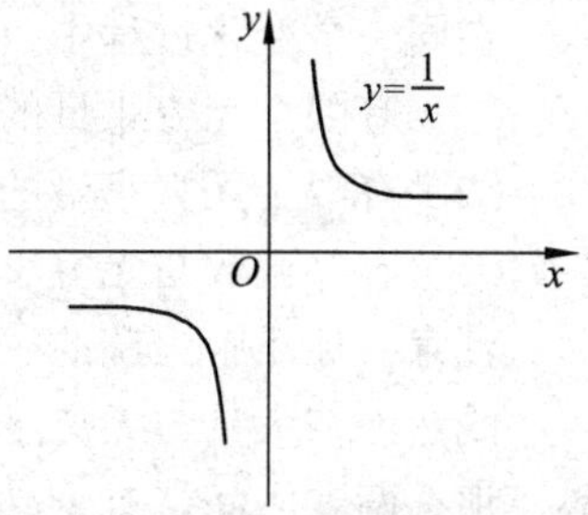

图 1.11

定义 1.9　当 $x\to x_0$（或 $x\to\infty$）时，若 $|f(x)|$ 无限增大，则称 $f(x)$ 是当 $x\to x_0$（或 $x\to\infty$）时的无穷大量，记为

$$\lim_{\substack{x\to x_0\\(x\to\infty)}} f(x)=\infty .$$

值得注意的是，若$|f(x)|$无限增大的结果只考虑正值或负值，这时就记作

$$\lim_{\substack{x\to x_0\\(x\to\infty)}} f(x)=+\infty \quad 或 \quad \lim_{\substack{x\to x_0\\(x\to\infty)}} f(x)=-\infty .$$

而且，无穷大实质上是函数的极限不存在，它只是为了表达函数在自变量的某一变化过程下，函数值的绝对值无限增大这一变化趋势.

与无穷大量相对的另一变量是无穷小量．在实际问题中，会遇到这样一类变量，其绝对值无限接近于零．比如在牛顿的苹果落地问题中，需要研究时间间隔无限接近于零时的平均速度，进而可以求得苹果在某个时间点上的瞬时速度（第三章将会具体介绍）．又如，一盆热水放在恒温的室内，随着热水水温的改变，水温与室温的温差也无限接近于零．具有这样特征的变量称为**无穷小量**．简单地说，无穷小量就是极限为零的量.

定义 1.10　设函数$f(x)$定义在点x_0的某一去心邻域内（或当$|x|$大于某一正数X时有定义），如果

$$\lim_{x\to x_0} f(x)=0 \ （或 \lim_{x\to\infty} f(x)=0 ），$$

则函数$f(x)$是当$x\to x_0$(或$x\to\infty$)时的无穷小量.

无穷小量在数学历史上的地位也是举足轻重的．“无穷小量是零吗？”，它在数学史上时而被引入，时而被忽略，因为人们一度对其没有一致的见解，甚至还称它为“逝去的灵魂”，这些使得以牛顿为代表发展起来的“第一代微积分”理论遭遇了极大的冲击，引发了“第二次数学危机”。直到 19 世纪 20 年代，经过几代数学家的不懈努力，微积分的严格基础才被建立起来.

在函数极限的概念中，函数有极限是指其在自变量的某一变化过程中，函数值无限接近于一个常数．此时，函数值与这个确定的常数之间的距离会有什么变化呢？显然，其距离无限趋近于零.

定理 1.4　$\lim\limits_{\substack{x\to x_0\\(x\to\infty)}} f(x)=A \Leftrightarrow f(x)=A+o(x)$，其中，$o(x)$是$x\to x_0$（或$x\to\infty$）时的无穷小量.

关于无穷小量，还有如下性质.

定理 1.5　无穷小量的性质：

在同一个变化过程中，

（1）有限个无穷小量的和仍是无穷小量.

（2）有限个无穷小量的乘积仍是无穷小量.

（3）有界函数与无穷小量的乘积仍是无穷小量.

注意　性质中强调的“有限”无穷小量，无限个无穷小量的和就不一定是无穷小量.

既然无穷大量与无穷小量都可以看成函数自变量改变时，函数值的绝对值的某种变化趋势，那么两者之间就有着必然的联系.

定理 1.6　若$\lim\limits_{\substack{x\to x_0\\(x\to\infty)}} f(x)=\infty$，则

$$\lim_{\substack{x\to x_0\\(x\to\infty)}} \frac{1}{f(x)}=0 ;$$

反之，若 $\lim\limits_{\substack{x\to x_0\\(x\to\infty)}} f(x)=0\ (f(x)\neq 0)$，则

$$\lim_{\substack{x\to x_0\\(x\to\infty)}}\frac{1}{f(x)}=\infty .$$

习题 1.3

1. 讨论下列极限是否存在，并说明原因:

（1）$\lim\limits_{x\to\infty}\cos x$；　（2）$\lim\limits_{x\to 0}\sin\dfrac{1}{x}$；

（3）$\lim\limits_{x\to\infty}x^2$；　（4）$\lim\limits_{x\to 1}\ln x$.

2. 下列函数在自变量怎样的变化时函数为无穷小或者无穷大?

（1）$y=\dfrac{1}{x^3}$；　（2）$y=\dfrac{1}{x+1}$；

（3）$y=\dfrac{\sin x}{x-1}$；　（4）$y=\ln x$.

3. 求下列函数的极限:

（1）$\lim\limits_{x\to x_0}C$,其中 C 为任意常数；　（2）$\lim\limits_{x\to 3}(2x-3)$；

（3）$\lim\limits_{x\to\infty}\dfrac{2}{x^2}$；　（4）$\lim\limits_{x\to+\infty}\dfrac{\arctan x}{x}$；

（5）$\lim\limits_{x\to 2}\dfrac{1}{x-2}$；　（6）$\lim\limits_{x\to\infty}\dfrac{\sin 2x}{x^2}$；

（7）$\lim\limits_{x\to 0^-}\dfrac{1}{1+\mathrm{e}^{\frac{1}{x}}}$；　（8）$\lim\limits_{x\to 0^+}\dfrac{1}{1+\mathrm{e}^{\frac{1}{x}}}$.

4. 设函数

$$f(x)=\begin{cases}\mathrm{e}^x, & x<0\\ x+1, & 0\leqslant x\leqslant 1\\ 3, & x>1\end{cases},$$

求 $f(x)$ 在 $x\to 0$ 及 $x\to 1$ 时的左、右极限，并说明 $\lim\limits_{x\to 0}f(x)$ 与 $\lim\limits_{x\to 1}f(x)$ 是否存在.

第四节　函数极限的运算法则

在数列极限的计算中，已经介绍了数列极限的四则运算法则，而对函数极限而言，只要在同一个极限过程中，该运算法则也是成立的. 即在极限存在的情况下，和、差、积、商，甚至是幂运算以及复合运算，都可以和极限运算交换次序. 当然，极限的四则运算的前提是各极限都存在. 在分式的极限过程中，要求分母不为零，若分母为零，该法则失效.

一、函数极限的四则运算与复合运算

定理 1.7（函数极限的四则运算法则） 在同一极限过程中，设 $\lim f(x)=A$，$\lim g(x)=B$，则有如下关系：

（1）$\lim[f(x)\pm g(x)]=\lim f(x)\pm\lim g(x)=A\pm B$；

（2）$\lim[f(x)g(x)]=\lim f(x)\lim g(x)=AB$；

（3）$\lim\dfrac{f(x)}{g(x)}=\dfrac{\lim f(x)}{\lim g(x)}=\dfrac{A}{B}(B\neq 0)$.

例 1.10 求下列函数的极限.

（1）$\lim\limits_{x\to 2}(2x^2+x+1)$； （2）$\lim\limits_{x\to 2}\dfrac{x^2-x+1}{x^3-x+1}$.

解 （1）
$$\lim_{x\to 2}(2x^2+x+1)=2(\lim_{x\to 2}x)^2+\lim_{x\to 2}x+\lim_{x\to 2}1=2\times 2^2+2+1=11.$$

（2）
$$\lim_{x\to 2}\frac{x^2-x+1}{x^3-x+1}=\frac{(\lim\limits_{x\to 2}x)^2-\lim\limits_{x\to 2}x+\lim\limits_{x\to 2}1}{(\lim\limits_{x\to 2}x)^3-\lim\limits_{x\to 2}x+\lim\limits_{x\to 2}1}=\frac{2^2-2+1}{2^3-2+1}=\frac{3}{7}.$$

该题直接使用了四则运算. 另外，还可以观察到，这类函数在趋于某点时的极限值就是函数在该点处的函数值.

下面介绍复合函数求极限的法则.

定理 1.8 设 $\lim\limits_{x\to x_0}\varphi(x)=a$，在点 x_0 的某去心邻域内 $\varphi(x)\neq a$，记 $\mu=\varphi(x)$，且 $\lim\limits_{\mu\to a}f(\mu)=A$，则当 $x\to x_0$ 时复合函数 $f(\varphi(x))$ 的极限存在，且有
$$\lim_{x\to x_0}f(\varphi(x))=\lim_{\mu\to a}f(\mu)=A=f(\lim_{x\to x_0}\varphi(x)).$$

例 1.11 求函数极限 $\lim\limits_{x\to 0}\cos(\sin x)$.

解 由复合函数求极限法则
$$\lim_{x\to 0}\cos(\sin x)=\cos(\lim_{x\to 0}\sin x)=\cos 0=1.$$

以上例题中函数在 $x\to x_0$ 时的极限值也是函数在点 x_0 处的函数值，它们之间有什么关系？如果不满足法则的条件，又该如何计算函数的极限呢？下面来分析一些特殊类型的函数极限问题.

二、$\dfrac{0}{0}$ 型函数的极限

例 1.12 求下列函数的极限.

（1）$\lim\limits_{x\to 2}\dfrac{x^2-2^2}{x-2}$； （2）$\lim\limits_{x\to 4}\dfrac{x^2-4^2}{\sqrt{x}-2}$.

解 注意到（1）中函数在点 $x=2$ 时的值是不存在的，或者说当 $x=2$ 时，分母 $(x-2)$ 为零. 这时极限的四则运算失效了，但是，值得注意的是，此时分子的值也为零. 因此，我们

可以先采取分子、分母“**消零因子**”的方法，再求极限．而（2）同样是属于分子和分母同时趋于0的函数（我们称这样的函数极限为$\frac{0}{0}$型函数）．具体解法如下：

（1）$\lim\limits_{x\to 2}\dfrac{x^2-2^2}{x-2}=\lim\limits_{x\to 2}\dfrac{(x-2)(x+2)}{x-2}=\lim\limits_{x\to 2}(x+2)=4$．

（2）$$\begin{aligned}\lim_{x\to 4}\frac{x^2-4^2}{\sqrt{x}-2}&=\lim_{x\to 4}\frac{(x-4)(x+4)(\sqrt{x}+2)}{(\sqrt{x}-2)(\sqrt{x}+2)}\\&=\lim_{x\to 4}\frac{(x-4)(x+4)(\sqrt{x}+2)}{(x-4)}\\&=\lim_{x\to 4}(x+4)(\sqrt{x}+2)=32.\end{aligned}$$

注　此类题型解题的关键是找出“零因子”．读者通过课后练习，也可以总结出“零因子”与自变量x的变化过程$x\to x_0$有关．

三、$\frac{\infty}{\infty}$型函数的极限

例 1.13　求下列函数的极限．

（1）$\lim\limits_{x\to\infty}\dfrac{2x^2+1}{3x^2-1}$；　　（2）$\lim\limits_{x\to\infty}\dfrac{2x^5+4x^2-7}{5x^7+3x^6-x^3+9}$；

（3）$\lim\limits_{x\to\infty}\dfrac{x^3+3x^2-7}{2x}$．

解　观察（1），在数列极限计算中，也遇到过像这样分子、分母都趋近于无穷大的函数（我们称其为$\frac{\infty}{\infty}$型函数）．处理方法是将分子、分母同时除以一个无穷大的因式使分子、分母都存在极限，比如（1）可将分子和分母同时除以x^2后再求极限．而在（2）和（3）中，当分子、分母的最高次幂的次数不相等，一般选择分子、分母各项同时除以最高次幂项．故有：

（1）$\lim\limits_{x\to\infty}\dfrac{2x^2+1}{3x^2-1}=\lim\limits_{x\to\infty}\dfrac{2+\dfrac{1}{x^2}}{3-\dfrac{1}{x^2}}=\dfrac{2}{3}$．

（2）$\lim\limits_{x\to\infty}\dfrac{2x^5+4x^2-7}{5x^7+3x^6-x^3+9}=\lim\limits_{x\to\infty}\dfrac{\dfrac{2}{x^2}+\dfrac{4}{x^5}-\dfrac{7}{x^7}}{5+\dfrac{3}{x}-\dfrac{1}{x^4}+\dfrac{9}{x^7}}=\dfrac{0}{5}=0$．

（3）$\lim\limits_{x\to\infty}\dfrac{x^3+3x^2-7}{2x}=\lim\limits_{x\to\infty}\dfrac{1+\dfrac{3}{x}-\dfrac{7}{x^3}}{\dfrac{2}{x^2}}=\infty$．

在（3）的结论中，当出现分子为非零常数，而分母为无穷小量时，可利用无穷大量与无穷小量的关系得出结果．事实上，读者可以总结出该类型函数的结果取决于分子、分母最高次幂的次数．

$$\lim_{x\to\infty}\frac{a_0x^m+a_1x^{m-1}+\cdots+a_m}{b_0x^n+b_1x^{n-1}+\cdots+b_n}=\begin{cases}\dfrac{a_0}{b_0}, & n=m\\ 0, & n>m\\ \infty, & n<m\end{cases}.$$

四、$\infty-\infty$型函数的极限

例 1.14 求函数极限 $\lim\limits_{x\to2}\left(\dfrac{1}{x-2}-\dfrac{1}{x^2-4}\right)$.

解 如果将 $x=2$ 代入被减式与减式中，得到的函数为无穷大减去无穷大的情形（我们称为 $\infty-\infty$ 型）. 无穷大与无穷大相减为零吗？不一定，因为无穷大是一个变量，变量减去变量有多种结果. 因此，该类型的函数需要先“**通分**”整理. 即

$$\lim_{x\to2}\left(\frac{1}{x-2}-\frac{1}{x^2-4}\right)=\lim_{x\to2}\frac{(x+2)-1}{x^2-4}=\lim_{x\to2}\frac{x+1}{x^2-4}=\infty .$$

本节的讨论使读者认识了一些特殊的函数极限类型，今后称此类型为“**未定式**”函数极限. 后续章节中还将继续讨论这类函数极限的求解方法.

习题 1.4

1. 求下列函数的极限：

（1）$\lim\limits_{x\to1}(x^2+3x-9)$；（2）$\lim\limits_{x\to3}\dfrac{x-3}{2x+1}$；（3）$\lim\limits_{x\to2}\dfrac{x^2-4x+4}{x^2-4}$；

（4）$\lim\limits_{x\to1}\dfrac{x^3-3x+2}{x^4-4x+3}$；（5）$\lim\limits_{x\to7}\dfrac{x^2-2x+1}{x-7}$；（6）$\lim\limits_{x\to\infty}\dfrac{(x+1)^5}{x^5+1}$；

（7）$\lim\limits_{x\to\infty}\dfrac{x^2+5x-3}{x^3-4x^2+6x+5}$；（8）$\lim\limits_{x\to\infty}\dfrac{x^3-8x+1}{3x^2-4x-9}$；（9）$\lim\limits_{x\to+\infty}\dfrac{x^2\arctan x}{2x^2-x}$.

2. 求下列函数的极限：

（1）$\lim\limits_{x\to0}\ln(1+2x)$；（2）$\lim\limits_{x\to+\infty}\ln\left(\cos\dfrac{1}{x}\right)$；（3）$\lim\limits_{x\to\frac{\pi}{2}}\left(\dfrac{\pi}{2}-x\right)\cos\left(\dfrac{\pi}{2}-x\right)$；

（4）$\lim\limits_{h\to0}\dfrac{(x+h)^3-x^3}{h}$；（5）$\lim\limits_{x\to0}\dfrac{x}{\sqrt{1+x}-1}$；（6）$\lim\limits_{x\to1}\dfrac{1-x}{1-\sqrt[3]{x}}$；

（7）$\lim\limits_{x\to0}\dfrac{\sqrt{1+x}-\sqrt{1-x}}{x}$；（8）$\lim\limits_{x\to4}\dfrac{\sqrt{2x+1}-3}{\sqrt{x}-2}$；（9）$\lim\limits_{x\to1}\left(\dfrac{1}{1-x}-\dfrac{3}{1-x^3}\right)$.

第五节 极限存在法则与两个重要极限

前面已经讨论了数列极限和函数极限的定义以及求极限的一些方法. 那么，如何判断一个数列或者一个函数的极限是否存在？本节将给出数列极限存在的两个重要准则，并将其推广到函数极限.

一、数列极限存在准则

收敛数列的性质中曾经提到，数列收敛是数列有界的充分非必要条件. 如果有界数列满足单调的性质后，该数列就一定收敛了.

准则 1　单调增加（减少）有上界（下界）的数列必有极限. 简称单调有界数列必有极限（即单调有界数列收敛）.

如图 1.12 所示，当数列朝着数轴右方单调增加，又不能超出其上界 A（假设 A 为最小上界），那么数列的变化趋势只能是无限接近于该常数 A. 因此，由数列极限的定义可知数列收敛.

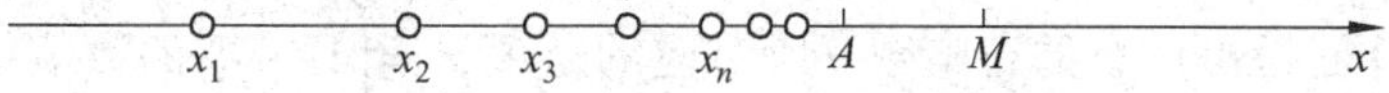

图 1.12

例 1.15　早在 1894 年就已经有了男子 100 m 世界纪录的记载. 如图 1.13 所示，研究者收集了近几十年来男子 100 m 的世界纪录. 可以发现，通过人们的不懈努力，男子 100 m 世界纪录的成绩越来越好. 这些纪录构成了一个单调下降的数列，而且这个数列一定有下界（比如 0）. 根据准则 1，这个纪录是有极限的. 男子 100 m 世界纪录的极限究竟是多少呢？让我们拭目以待.

10.00秒 阿明-哈里(联邦德国) 1960年
9.95秒 吉姆-海因斯(美国) 1968年
9.93秒 卡尔文-史密斯(美国) 1983年
9.86秒 卡尔-刘易斯(美国) 1991年
9.79秒 莫里斯-格林(美国) 1999年
9.74秒 阿萨法-鲍威尔(牙买加) 2007年
9.58秒 乌塞-博尔特(牙买加) 2009年

图 1.13

例 1.16　证明数列 $x_n=\sqrt{2+\sqrt{2+\sqrt{\cdots+\sqrt{2}}}}$（$n$ 重）的极限存在.

证明　由 $x_n=\sqrt{2+\sqrt{2+\sqrt{\cdots+\sqrt{2}}}}$ 可得出数列的一般通项公式为

$$x_1=\sqrt{2},\quad x_n=\sqrt{2+x_{n-1}}\ (n>1).$$

易知此数列为单调递增数列. 下证此数列为有上界的数列.

不妨假设 2 为其上界. 因为 $x_1=\sqrt{2}<2$ 成立，又令 $x_{n-1}<2$ 成立，则对于 x_n，有

$$x_n=\sqrt{2+x_{n-1}}<\sqrt{2+2}=2$$

也成立. 故由数学归纳法得知，2 为其上界.

所以数列 $x_n=\sqrt{2+\sqrt{2+\sqrt{\cdots+\sqrt{2}}}}$ 是单调递增有上界的数列，由单调有界收敛准则知其极限存在.

例 1.17　讨论数列 $\{x_n\}=\left\{\left(1+\dfrac{1}{n}\right)^n\right\}$ 收敛.

分析　数列收敛的证明可以仿照例 1.16，证其单调递增并且有上界就可以了. 单调递增是很容易得到的结论，那么如何来说明上界存在呢？如果单调递增并且上界存在，则由收敛准则，数列有极限，其极限又是多少呢？

该数列的研究源于几千年前巴比伦人的复利利率问题. 在第一节已经了解到复利利率是

指将本金与利息合在一起作为下一期本金计算的依据．比如本金为 p，年利率为 r，t 年后的本息和就应该是 $p(1+r)^t$．若为连续复利，计息次数由一年1次改为一年 n 次，则 t 年后的本息和就应该是 $p\left(1+\frac{r}{n}\right)^{nt}$．当 n 无限增大的时候，结果会怎样？为了计算简便，将本金 p 记为1，年利率 r 记为1，计算1年后的本息和，就得到数列模型 $\{x_n\}=\left\{\left(1+\frac{1}{n}\right)^n\right\}$．

显然，数列是单调递增的．下面用两种方法计算数列的上界．

（1）通过计算器得出任意的正整数 n 所对应的通项 $x_n=\left(1+\frac{1}{n}\right)^n$ 的数值结果．

如表 1.4 所示，随着 n 的无限增大，$\left(1+\frac{1}{n}\right)^n$ 虽然也在增大，但是增长速度却越来越慢．可以说，数列有上界，且其数值与自然常数 e 非常接近．

表 1.4

n	$\left(1+\frac{1}{n}\right)^n$	n	$\left(1+\frac{1}{n}\right)^n$
1	2	11000	2.718158
10	2.593742	13000	2.718177
100	2.704813	15000	2.78191
1000	2.716923	17000	2.718201
10000	2.718145	100000	2.718268

（2）通过数学软件模拟数列的变化过程．

如图 1.14 所示，可以发现，随着 n 的无限增大，数列 $\{x_n\}=\left\{\left(1+\frac{1}{n}\right)^n\right\}$ 是有上界的，且无限接近于自然常数 e.

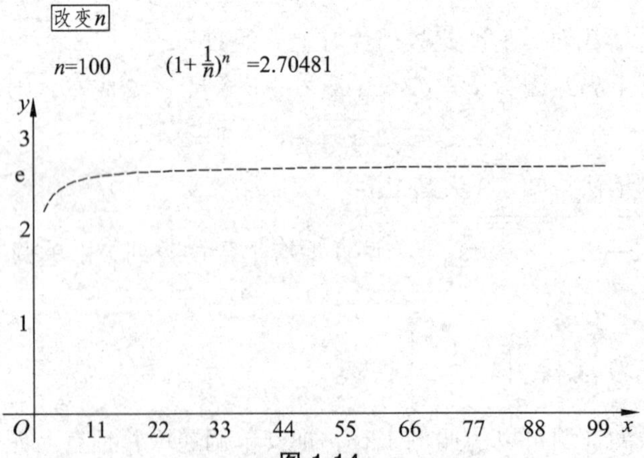

改变n

n=100 $(1+\frac{1}{n})^n$ =2.70481

图 1.14

因此，数列 $\{x_n\}=\left\{\left(1+\frac{1}{n}\right)^n\right\}$ 不会随着 n 的无限增大而膨胀到无穷，它只会在一个固定点

处稳定下来，这个固定点就是自然常数 e（$e=2.718281828459045\cdots$）.

根据准则 1，自然常数 e 为数列 $\{x_n\}=\left\{\left(1+\dfrac{1}{n}\right)^n\right\}$ 在 $n\to\infty$ 时的极限，记作

$$\lim_{n\to\infty}\left(1+\frac{1}{n}\right)^n=\mathrm{e}.$$

上述极限是数学史上第一次用极限来定义的数，并且它还是用有理数来定义的无理数. 古代数学家们在很长一段时间内都认为有理数对应的点布满了整个数轴. 在古希腊，以毕达哥拉斯为代表的学派更是坚信：任何两条线段都是可以公度的. 即对给定的任何两条线段，必定能找到第三条线段，使得给定的线段都是这条线段的整数倍. 简单地说，任何数都能表示成两个整数之比。该学派从而提出了“万物皆依赖于整数”的核心思想. 可是，学派中有人发现这样一个数，边长为 1 的正方形，其对角线的长度为 $\sqrt{2}$，$\sqrt{2}$ 是有理数吗？既然像 $\sqrt{2}$ 这样的数不能写成两个整数之比，那么它究竟怎样依赖于整数，又如何来谈“万物皆依赖于整数”？这个“逻辑的丑闻”被称为数学史上的第一次危机. 当然危机到最后还是解除了. 随着现代实数理论的建立，就像 $\lim\limits_{n\to\infty}\left(1+\dfrac{1}{n}\right)^n=\mathrm{e}$ 的定义，可以用有理数的极限来定义无理数，这样就又恢复了毕达哥拉斯“万物皆依赖于整数”的思想.

图 1.15　毕达哥拉斯
（572 BC—497 BC）

准则 2　假设数列 $\{x_n\},\{y_n\},\{z_n\}$ 满足条件：

（1）$y_n\leqslant x_n\leqslant z_n$；

（2）$\lim\limits_{n\to\infty}y_n=a,\quad \lim\limits_{n\to\infty}z_n=a$，

则数列 $\{x_n\}$ 的极限也存在，且 $\lim\limits_{n\to\infty}x_n=a$.

比如，计算数列 $x_n=\sqrt[n]{2^n+3^n}$ 在 $n\to\infty$ 时的极限. 可以考虑数列 $y_n=\sqrt[n]{3^n}$ 和 $z_n=\sqrt[n]{2\cdot 3^n}$. 显然，在 $n\to\infty$ 时有 $y_n\leqslant x_n\leqslant z_n$，并且 $\lim\limits_{n\to\infty}y_n=3,\quad \lim\limits_{n\to\infty}z_n=3$，所以有 $\lim\limits_{n\to\infty}x_n=3$.

函数极限也有类似定理.

定理 1.9　若函数 $f(x),g(x),h(x)$ 在点 x_0 的某去心邻域 $\mathring{U}(x_0,\delta)$ 内（或当 $|x|>X$ 时）满足条件：

（1）$g(x)\leqslant f(x)\leqslant h(x)$；

（2）$\lim\limits_{\substack{x\to x_0\\(x\to\infty)}}g(x)=A,\ \lim\limits_{\substack{x\to x_0\\(x\to\infty)}}h(x)=A$，

则 $\lim\limits_{\substack{x\to x_0\\(x\to\infty)}}f(x)$ 也存在，且 $\lim\limits_{\substack{x\to x_0\\(x\to\infty)}}f(x)=A$.

二、两个重要极限

两个重要极限

1. 重要极限 1：$\lim\limits_{x\to\infty}\left(1+\dfrac{1}{x}\right)^x=\mathrm{e}$

例 1.18　利用准则 2 和结论 $\lim\limits_{n\to\infty}\left(1+\dfrac{1}{n}\right)^n=\mathrm{e}$，证明 $\lim\limits_{x\to+\infty}\left(1+\dfrac{1}{x}\right)^x=\mathrm{e}$.

证明　首先令 $n=\lfloor x\rfloor$，这样有 $n\leqslant x<n+1$，从而有

$$\left(1+\frac{1}{n+1}\right)^{n}<\left(1+\frac{1}{x}\right)^{x}<\left(1+\frac{1}{n}\right)^{n+1}.$$

故准则 2 的条件（1）成立.

另外，当 $x\to+\infty$ 时，$n\to+\infty$，这时有

$$\lim_{n\to\infty}\left(1+\frac{1}{n+1}\right)^{n}=\lim_{n\to\infty}\left(1+\frac{1}{n+1}\right)^{n+1}\left(1+\frac{1}{n+1}\right)^{-1}=\mathrm{e}\cdot 1=\mathrm{e},$$

$$\lim_{n\to\infty}\left(1+\frac{1}{n}\right)^{n+1}=\lim_{n\to\infty}\left(1+\frac{1}{n}\right)^{n}\left(1+\frac{1}{n}\right)=\mathrm{e}\cdot 1=\mathrm{e}.$$

故准则 2 的条件（2）成立.

故有结论 $\lim\limits_{x\to+\infty}\left(1+\frac{1}{x}\right)^{x}=\mathrm{e}$.

当 $x\to-\infty$ 时，令 $t=-x$，同理可得 $\lim\limits_{x\to-\infty}\left(1+\frac{1}{x}\right)^{x}=\mathrm{e}$.

因此有**重要极限 1**：$\lim\limits_{x\to\infty}\left(1+\frac{1}{x}\right)^{x}=\mathrm{e}$.

例 1.19　利用结论 $\lim\limits_{x\to\infty}\left(1+\frac{1}{x}\right)^{x}=\mathrm{e}$ 求解下列函数的极限.

（1）$\lim\limits_{n\to\infty}\left(1+\frac{r}{n}\right)^{nt}$；　　　　（2）$\lim\limits_{x\to 0}(1+(2x^2))^{\frac{1}{2x^2}}$.

解　（1）$\lim\limits_{n\to\infty}\left(1+\frac{r}{n}\right)^{nt}=\lim\limits_{n\to\infty}\left(1+\frac{1}{\frac{n}{r}}\right)^{\frac{n}{r}\cdot rt}=\lim\limits_{n\to\infty}\left[\left(1+\frac{1}{\frac{n}{r}}\right)^{\frac{n}{r}}\right]^{rt}=\mathrm{e}^{rt}$.

（2）$\lim\limits_{x\to 0}(1+(2x^2))^{\frac{1}{2x^2}}=\lim\limits_{u\to 0}(1+u)^{\frac{1}{u}}=\mathrm{e}$.（令 $u=2x^2$）

2. 重要极限 2：$\lim\limits_{x\to 0}\frac{\sin x}{x}=1$

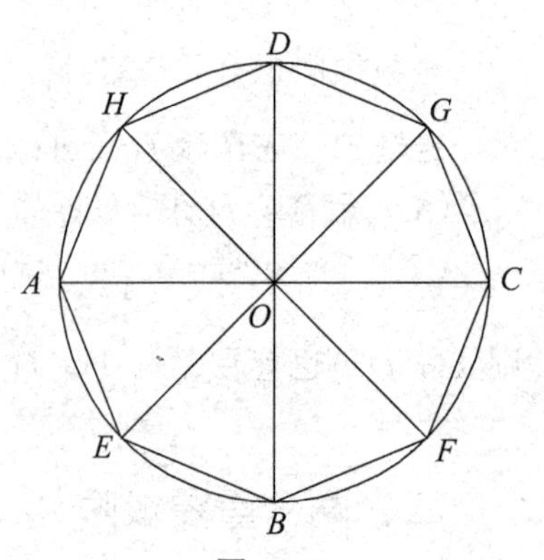

图 1.16

如图 1.16 所示，在一个半径为 R 的圆内，先来计算该圆内接正八边形的面积 A_8.

因为 $S_{\triangle OBF}=\frac{1}{2}\cdot R^2\cdot\sin\frac{2\pi}{8}$，则该内接正八边形的面积为

$$A_8=8\cdot\frac{1}{2}\cdot R^2\cdot\sin\frac{2\pi}{8}.$$

将其推广到圆的内接正 n 边形，可得其面积为

$$A_n=n\cdot\frac{1}{2}\cdot R^2\cdot\sin\frac{2\pi}{n}=\frac{1}{2}\cdot R^2\cdot\frac{\sin\frac{2\pi}{n}}{\frac{1}{n}}=\frac{R^2}{2}\cdot\frac{\sin\frac{2\pi}{n}}{\frac{2\pi}{n}}\cdot 2\pi.\tag{1}$$

由极限的概念，当 $n\to\infty$ 时，圆内接正 n 边形的面积无限接近于圆面积 πR^2．即

$$A_n\to\pi R^2\,(n\to\infty).\tag{2}$$

比较（1）式和（2）式可得：

$$\frac{\sin\frac{2\pi}{n}}{\frac{2\pi}{n}}\to 1\,(n\to\infty).$$

若将 $\frac{2\pi}{n}(n\to\infty)$ 看成整体，记为 $x\,(x\to 0)$，就得到：$\lim\limits_{x\to 0}\frac{\sin x}{x}=1$.

仿照重要极限 1，利用准则 2，可以证明上述结论．记为**重要极限** 2：$\lim\limits_{x\to 0}\frac{\sin x}{x}=1$.

在单位圆中，记圆心角为 x 时，构造 $\sin x, x, \tan x$ 三个函数当 $x\to 0$ 时的大小关系，请读者作为练习自证（见本节习题 6）.

例 1.20　求下列极限.

（1）$\lim\limits_{x\to 0}\frac{\sin(2x^2)}{2x^2}$；　　（2）$\lim\limits_{x\to 0}\frac{1-\cos x}{\frac{1}{2}x^2}$.

解　（1）令 $u=2x^2$，则 $u\to 0(x\to 0)$，所以

$$\lim_{x\to 0}\frac{\sin(2x^2)}{2x^2}=\lim_{u\to 0}\frac{\sin u}{u}=1.$$

（2）$$\lim_{x\to 0}\frac{1-\cos x}{\frac{1}{2}x^2}=\lim_{x\to 0}\frac{2\sin^2\frac{x}{2}}{\frac{1}{2}x^2}=\lim_{x\to 0}\frac{\sin^2\frac{x}{2}}{\left(\frac{x}{2}\right)^2}=\lim_{x\to 0}\left[\frac{\sin\frac{x}{2}}{\frac{x}{2}}\right]^2=1.$$

三、无穷小的比较

无穷小

根据无穷小的性质知，两个无穷小的和、差、积仍为无穷小．两个无穷小的商呢？本节将以比较两个无穷小趋于零的速度的快慢来讨论两个无穷小的商.

例 1.21　求下列函数的极限.

（1）$\lim\limits_{x\to 0}\frac{x^3}{x^2}$；　　（2）$\lim\limits_{x\to 0}\frac{x^2}{x^3}$；　　（3）$\lim\limits_{x\to 0}\frac{2x}{3x}$.

解　（1）$\lim\limits_{x\to 0}\frac{x^3}{x^2}=\lim\limits_{x\to 0}x=0$.

（2）$\lim\limits_{x\to 0}\frac{x^2}{x^3}=\infty$.

（3）$\lim\limits_{x\to 0}\frac{2x}{3x}=\frac{2}{3}$.

注 （1）中分子趋于零的速度明显要比分母趋于零的速度快得多，故称当$x\to 0$时，x^3是x^2的**高阶**无穷小．反之，结合（2）的结果，当$x\to 0$时，称x^2是x^3的**低阶**无穷小．（3）中当极限结果是常数时，可以视为两个无穷小在同一变化过程中趋于零的速度基本相同，此时称它们为**同阶**无穷小．若类似于重要极限2的结论，两个无穷小的商的结果恰好是常数1，此时可视为两个无穷小在同一变化过程中趋于零的速度是一致的，则称它们为**等价**无穷小．

定义 1.11 设 $\lim\limits_{\substack{x\to x_0\\(x\to\infty)}}\alpha=0(\alpha\neq 0), \lim\limits_{\substack{x\to x_0\\(x\to\infty)}}\beta=0$，

（1）若 $\lim\limits_{\substack{x\to x_0\\(x\to\infty)}}\dfrac{\beta}{\alpha}=0$，则称$\beta$是比$\alpha$高阶的无穷小量，记为$\beta=o(\alpha)$；

（2）若 $\lim\limits_{\substack{x\to x_0\\(x\to\infty)}}\dfrac{\beta}{\alpha}=\infty$，则称$\beta$是比$\alpha$低阶的无穷小量；

（3）若 $\lim\limits_{\substack{x\to x_0\\(x\to\infty)}}\dfrac{\beta}{\alpha}=C, C$为不等于零的常数，则称$\beta$与$\alpha$是同阶的无穷小量；

（4）若 $\lim\limits_{\substack{x\to x_0\\(x\to\infty)}}\dfrac{\beta}{\alpha}=1$，则称$\beta$与$\alpha$是等价的无穷小，记为$\beta\sim\alpha$．显然此时$\alpha\sim\beta$．

特别地，对于等价无穷小，还有如下结论．

定理 1.10 设$\alpha\sim\alpha',\beta\sim\beta'$，且 $\lim\limits_{\substack{x\to x_0\\(x\to\infty)}}\dfrac{\alpha'}{\beta'}$存在，则

$$\lim_{\substack{x\to x_0\\(x\to\infty)}}\frac{\alpha}{\beta}=\lim_{\substack{x\to x_0\\(x\to\infty)}}\frac{\alpha'}{\beta'}$$

例 1.22 求函数极限$\lim\limits_{x\to 0}\dfrac{\sin 3x}{\sin 5x}$．

解 因为$x\to 0$时，$\sin 3x\sim 3x, \sin 5x\sim 5x$．由定理1.10得

$$\lim_{x\to 0}\frac{\sin 3x}{\sin 5x}=\lim_{x\to 0}\frac{3x}{5x}=\frac{3}{5}.$$

利用等价无穷小的代换，可以帮助我们化简极限计算．当$x\to 0$时，有下列常见等价无穷小关系：

$$\sin x\sim x,\ \arcsin x\sim x,\ \tan x\sim x,\ \arctan x\sim x\ ;$$

$$\ln(1+x)\sim x,\ \mathrm{e}^x-1\sim x,\ a^x-1\sim x\ln a(a>0)\ ;$$

$$(1+x)^\alpha-1\sim\alpha x\ （\alpha\neq 0\text{且为常数}）;$$

$$1-\cos x\sim\frac{1}{2}x^2\ .$$

习题 1.5

1. 求下列函数的极限．

（1）$\lim\limits_{x\to\infty}\left(1-\dfrac{1}{x}\right)^{x}$；　（2）$\lim\limits_{x\to 0}(1+3x)^{\frac{3}{x}}$；

（3）$\lim\limits_{x\to\infty}\left(\dfrac{2x+3}{2x+1}\right)^{x+\frac{1}{2}}$；　（4）$\lim\limits_{x\to\frac{\pi}{2}}(1+\cos x)^{3\sec x}$．

2. 求下列函数的极限．

（1）$\lim\limits_{x\to 0}\dfrac{\sin\frac{x}{2}}{x}$；　（2）$\lim\limits_{x\to 0}\dfrac{\sin\alpha x}{\sin\beta x}$；　（3）$\lim\limits_{x\to 0}\dfrac{x}{x+\sin x}$；

（4）$\lim\limits_{x\to\infty}x\sin\dfrac{2}{x}$；　（5）$\lim\limits_{x\to 0}\dfrac{\tan 2x}{5x}$；　（6）$\lim\limits_{x\to\pi}\dfrac{\sin x}{\pi-x}$．

3. 求下列函数的极限．

（1）$\lim\limits_{h\to 0}\dfrac{\ln(1+h)}{h}$；　（2）$\lim\limits_{x\to 0}\dfrac{1-\cos 2x}{x\sin x}$；　（3）$\lim\limits_{x\to\infty}x^{3}\sin\dfrac{\pi}{x^{3}}$．

4. 当 $x\to 0$ 时，$2x-x^{2}$ 与 $x^{2}-x^{3}$ 相比，哪一个是较高阶的无穷小？

5. 当 $x\to 1$ 时，无穷小 $1-x$ 和 $\dfrac{1}{2}(1-x^{2})$ 是否同阶？是否等价？当 $x\to 1$ 时，$1-x$ 与 $1-\sqrt[3]{x}$ 呢？

6. 利用准则 2 证明：$\lim\limits_{x\to 0}\dfrac{\sin x}{x}=1$．

第六节　函数的连续性

客观世界的现象和事物都是运动的，且其变化过程是连续不断的，比如连绵不断的长城、层峦叠嶂的山峰、奔腾不息的河水、植物的生生不息等，这些发展变化的事物所展现出来的就是一种连续的现象（见图 1.17）.

函数的连续性

图 1.17

一、函数在点 x_0 处的连续

连续的本质到底是什么？在前面的学习中，求函数极限时，有这样的情况出现，函数在趋于某个点时的极限值就等于函数在该点处的函数值. 如

$$\lim_{x \to 2} x^3 = 2^3 ,\quad \lim_{x \to a} \sin x = \sin a .$$

那么，对于一般的函数而言，是否也有 $\lim\limits_{x \to a} f(x) = f(a)$ 成立？

定义 1.12 设函数 $y = f(x)$ 在点 x_0 的某邻域内有定义，如果满足条件

$$\lim_{x \to x_0} f(x) = f(x_0) ,$$

则称函数 $y = f(x)$ 在点 x_0 处连续，x_0 称为函数 $y = f(x)$ 的连续点.

例 1.23 证明 $f(x) = \begin{cases} x \sin \dfrac{1}{x}, & x \neq 0 \\ 0, & x = 0 \end{cases}$ 在点 $x = 0$ 处连续.

证明 因为 $\lim\limits_{x \to 0} x \sin \dfrac{1}{x} = 0$, 且 $f(0) = 0$，故有 $\lim\limits_{x \to 0} f(x) = f(0)$，则函数在点 $x = 0$ 连续.

由左、右极限的定义，类似可得函数在点 x_0 处的左、右连续的定义.

定义 1.13 设函数 $y = f(x)$ 在点 x_0 的某邻域内有定义，若函数在点 x_0 的左（右）极限等于函数在该点的函数值，即

$$\lim_{x \to x_0^-} f(x) = f(x_0) \ \left(\lim_{x \to x_0^+} f(x) = f(x_0) \right),$$

则称函数在点 x_0 左连续（右连续）.

注 函数在点 x_0 连续的充要条件是函数 $f(x)$ 在点 x_0 处既左连续又右连续.

此外，还可以通过引入**增量**的概念来描述函数在点 x_0 处的连续.

定义 1.14 设函数 $y = f(x)$ 在点 x_0 的某邻域内有定义，当自变量从点 x_0 变到点 x 时，其改变量 $\Delta x = x - x_0$ 就称为自变量在点 x_0 处的增量. 对应的函数值 $f(x_0)$ 变到 $f(x_0 + \Delta x)$，其函数值的差 $\Delta y = f(x_0 + \Delta x) - f(x_0)$ 称为函数的增量.

定义 1.15 设函数 $y = f(x)$ 在点 x_0 的某邻域内有定义，如果当自变量在点 x_0 处的增量 Δx 趋于零时，函数 $y = f(x)$ 的对应增量 Δy 也趋于零，即

$$\lim_{\Delta x \to 0} \Delta y = 0 \quad 或 \quad \lim_{\Delta x \to 0} [f(x_0 + \Delta x) - f(x_0)] = 0 ,$$

则称函数 $y = f(x)$ 在点 x_0 处连续.

例如，$y = \sin x$ 在任一实数点 x_0 处都是连续的. 因为

$$\begin{aligned} |\Delta y| &= |\sin(x_0 + \Delta x) - \sin x_0| = \left| 2\cos\left(x_0 + \frac{\Delta x}{2} \right) \sin \frac{\Delta x}{2} \right| \\ &\leqslant 2\left| \sin \frac{\Delta x}{2} \right| < 2\left| \frac{\Delta x}{2} \right| = |\Delta x|, \end{aligned}$$

故 $\lim\limits_{\Delta x \to 0} \Delta y = 0$.

事实上，函数 $y = \sin x$ 在定义域内的任意点处都连续.

比较函数在点 x_0 处连续的两个定义，因为 $\Delta x = x - x_0$，则当 $\Delta x \to 0$ 时，有 $x \to x_0$，而

$\Delta y = f(x_0+\Delta x) - f(x_0) = f(x) - f(x_0)$，即 $\Delta y \to 0$ 就是 $f(x) \to f(x_0)$．

二、函数在点 x_0 处的间断

前面讨论了函数在点 x_0 处的连续，而函数在点 x_0 处的不连续又有怎样的情况？函数在点 x_0 处的不连续称为函数在点 x_0 处的间断.

例 1.24　讨论函数 $f(x)=\dfrac{x^2-1}{x-1}$ 在点 $x_0=1$ 处是否连续？

解　如图 1.18 所示，因为函数在点 $x_0=1$ 处无定义，则函数在该点不连续．但是该函数在点 $x_0=1$ 时的极限是存在的.

此类间断称为**可去间断**．可去间断还有如下情况.

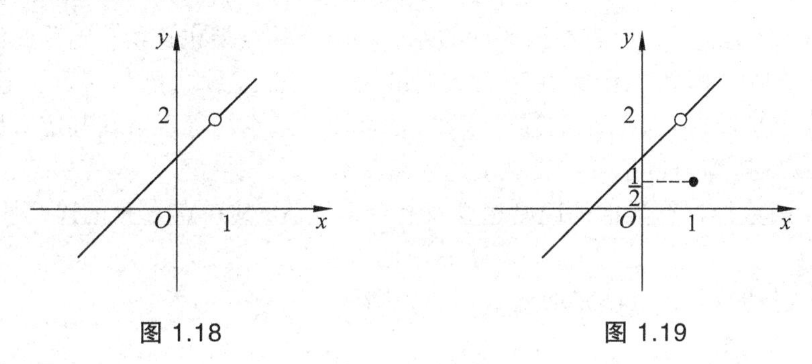

图 1.18　　图 1.19

例 1.25　讨论函数 $f(x)=\begin{cases} x+1, & x\neq 1 \\ \dfrac{1}{2}, & x=1 \end{cases}$ 在点 $x_0=1$ 处是否连续？

解　如图 1.19 所示，有 $\lim\limits_{x\to 1} f(x)=2$，而 $f(1)=0.5$，即函数在点 $x_0=1$ 处的极限存在，但极限不等于函数在该点处的函数值.

类似此情况的间断也称为**可去间断**.

可去间断的特点是函数在点 x_0 处的极限存在，因此可以通过补充函数在点 x_0 处的定义或者改变函数在点 x_0 处的函数值，以使函数在点 x_0 处连续.

例 1.26　讨论函数 $f(x)=\operatorname{sgn}(x)$ 在点 $x_0=0$ 处是否连续？

解　如图 1.20 所示，该分段函数不连续．因为在点 $x_0=0$ 处，有

$$\lim_{x\to 0^+} f(x)=1,\quad \lim_{x\to 0^-} f(x)=-1,$$

故函数的极限不存在.

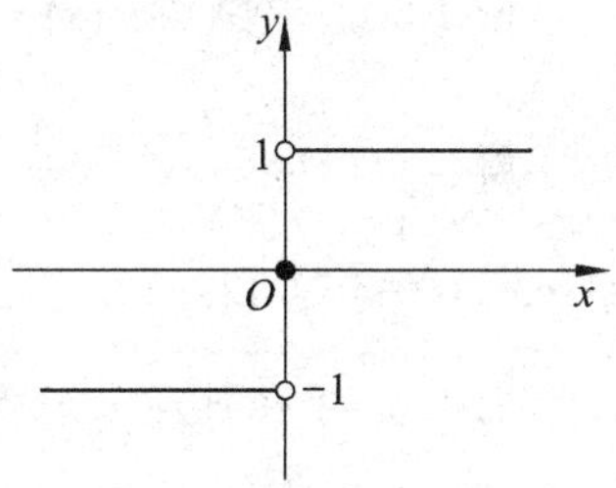

称由左、右极限不相等造成的间断为**跳跃间断**.

跳跃间断的特点就是函数在点 x_0 处的左、右极限存在，但不相等.

图 1.20

例 1.27　讨论函数 $f(x)=\sin\dfrac{1}{x}$ 在点 $x_0=0$ 处是否连续？

解　显然，函数在点 $x_0=0$ 处的极限不存在，故函数在点 $x_0=0$ 处间断.

此类间断称为**第二类间断**．又如，函数 $f(x)=\dfrac{1}{x}$ 在点 $x_0=0$ 处是第二类间断．第二类间断

的特点是函数在点 x_0 处的单侧极限至少有一个不存在.

综上，函数 $f(x)$ 在点 x_0 处的连续可以叙述为必须同时满足以下条件：

（1） $f(x_0)$ 有定义；

（2）函数在点 x_0 处的左、右极限存在且相等；

（3）函数在点 x_0 处的极限等于函数值 $f(x_0)$.

若以上任一条件不满足，则称函数在点 x_0 处间断.

三、初等函数的连续性

前面讨论了函数在点 x_0 处的连续与间断问题，接下来约定函数在某个区间上连续. 如果函数在开区间 (a,b) 内的任意一点都连续，则称此函数为区间 (a,b) 内的连续函数. 如果函数不仅在开区间 (a,b) 内连续，而且在该区间的左、右两个端点处也连续，则称此函数为闭区间 $[a,b]$ 内的连续函数. 即如果函数在定义域内的每个点都连续，则称函数为连续函数. 如 $y=\sin x$ 就是在定义域 $(-\infty,+\infty)$ 上的连续函数. 实际上，基本初等函数在其定义域内的每个点处都连续，即基本初等函数是其定义域上的连续函数.

不难证明，函数经过有限次的四则运算及复合运算后，其在点 x_0 处的连续性是不改变的，即有如下定理.

定理 1.11 若 $f(x)$，$g(x)$ 都在点 x_0 处连续，则

（1） $f(x)\pm g(x)$；

（2） $f(x)g(x)$；

（3） $\dfrac{f(x)}{g(x)}(g(x_0)\neq 0)$，

也在点 x_0 处连续.

定理 1.12 设 $y=f(\varphi(x))$ 是由 $y=f(u), u=\varphi(x)$ 复合而成的，若 $u=\varphi(x)$ 在点 x_0 处连续，$y=f(u)$ 在对应点 $u_0=\varphi(x_0)$ 处连续，则复合函数 $y=f(\varphi(x))$ 在点 x_0 处连续.

根据以上两个定理的结论，容易得出：**初等函数是其定义域上的连续函数**.

例 1.28 求函数 $f(x)=\dfrac{x^2-3x-4}{x^2+x-6}$ 的连续区间，并求极限 $\lim\limits_{x\to 5}f(x)$.

解 $f(x)=\dfrac{x^2-3x-4}{x^2+x-6}=\dfrac{(x-4)(x+1)}{(x-2)(x+3)}$ 在点 $x=2$，$x=-3$ 处无定义，故它的连续区间为 $(-\infty,-3)$，$(-3,2)$，$(2,+\infty)$.

而点 $x=5$ 在其定义域内，故 $\lim\limits_{x\to 5}f(x)=f(5)=\dfrac{1}{4}$.

四、闭区间上连续函数的性质

连续与间断的对立，不同于连续与离散的对立，间断强调的是一种“突变”情况，而离散是一种静止下的不连续，如数列极限中变量 n 就是一种离散的模型. 函数自变量即实数 x 连续变动时，函数值的连续性研究将为后续学习奠定基础，尤其是闭区间上连续函数的一些性质.

定理 1.13（有界性）　闭区间 $[a,b]$ 上的连续函数一定是有界的，即存在实数 $M>0$，对任意 $x\in[a,b]$，有

$$|f(x)|\leqslant M .$$

定理 1.14（最值性）　闭区间 $[a,b]$ 上的连续函数一定存在最大值和最小值.

如图 1.21 和图 1.22 所示，最值可能在区间内部取得，也可能在端点处取得.

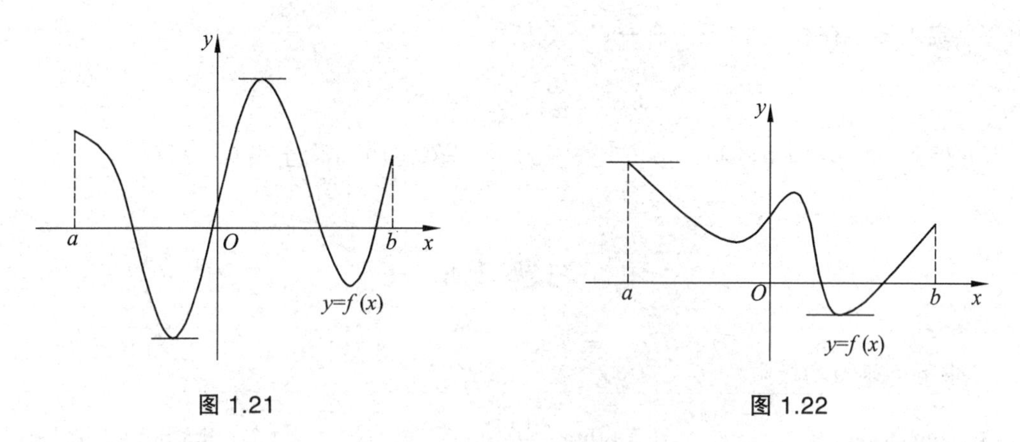

图 1.21　　图 1.22

定理 1.13 和定理 1.14 强调了闭区间上的连续函数值的一个有限性. 如图 1.23 所示，当闭区间上的函数端点处的值分别位于 x 轴的上方和下方时，函数必定要穿过 x 轴才能连接上这两端点，也就是说至少有一个零点存在.

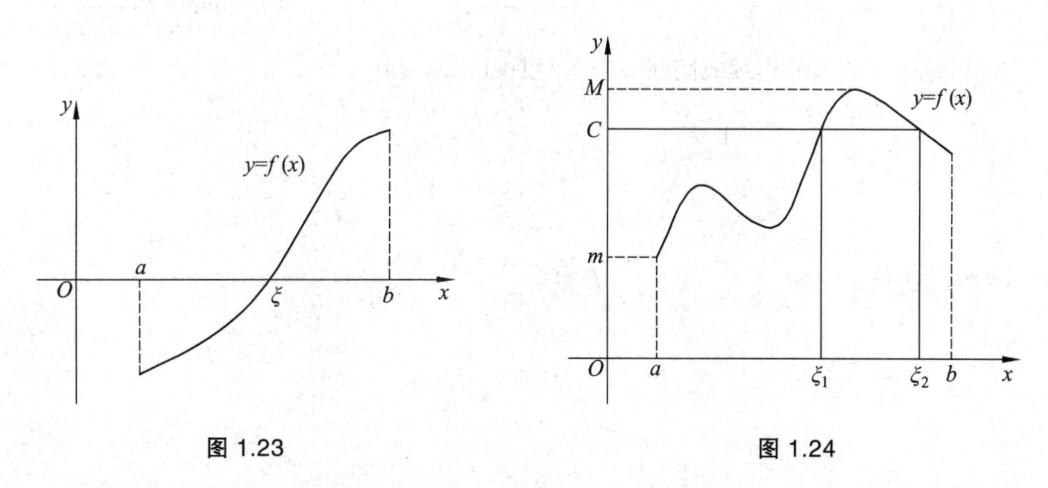

图 1.23　　图 1.24

定理 1.15（零点定理）　设函数 $f(x)$ 在闭区间 $[a,b]$ 上连续，且 $f(a)\cdot f(b)<0$，则至少存在一点 $\xi\in(a,b)$，使得 $f(\xi)=0$.

定理 1.16（介值性）　设函数 $f(x)$ 在闭区间 $[a,b]$ 上连续，且 C 是介于函数 $f(x)$ 的最小值 m 与最大值 M 之间的任一常数，则至少存在一点 $\xi\in(a,b)$，使得 $f(\xi)=C$.

证明　如图 1.24 所示，令函数 $F(x)=f(x)-C$，则函数 $F(x)$ 也是闭区间 $[a,b]$ 上的连续函数. 将 m 和 M 分别代入 $F(x)$，就会得到一对异号的函数值，由零点定理知必存在点 $\xi\in(a,b)$，使得

$$F(\xi)=0 \text{，即 } f(\xi)-C=0 \text{，}$$

则 $f(\xi)=C$.

例 1.29　证明方程 $x^3-2x^2-2=0$ 在区间 $(0,3)$ 内至少有一个根.

证明　因为 $f(x)=x^3-2x^2-2$ 在 $[0,3]$ 上连续，且

$$f(0)=-2<0,\ f(3)=7>0,$$

故由零点定理知，在 $(0,3)$ 内至少有一点 ξ，使得

$$f(\xi)=\xi^3-2\xi^2-2=0,$$

即 ξ 为方程 $x^3-2x^2-2=0$ 的根．故方程 $x^3-2x^2-2=0$ 在 $(0,3)$ 内至少有一根.

习题 1.6

1．求下列函数的极限.

（1）$\lim\limits_{x\to 1}\arcsin x$；　（2）$\lim\limits_{x\to 0}\dfrac{x+1}{\cos x}$；　（3）$\lim\limits_{x\to 0}\ln(3+2x)^{\frac{1}{x+1}}$；

（4）$\lim\limits_{x\to 1}\dfrac{x^2\ln x}{e^x}$；　（5）$\lim\limits_{x\to 0}\dfrac{1-\sin x}{x+\cos x}$；　（6）$\lim\limits_{x\to\infty}x[\ln(x+1)-\ln x]$；

（7）$\lim\limits_{h\to 0}\dfrac{\ln(x+h)-\ln x}{h}$；　（8）$\lim\limits_{x\to 0}\dfrac{\ln(x+1)}{\sin x}$；　（9）$\lim\limits_{x\to 0}\dfrac{1-\cos x}{\ln(1+x)\sin x}$.

2．讨论下列函数的连续或间断，若有间断点，说明其类型.

（1）$f(x)=\begin{cases}\dfrac{x^2-1}{x-1}, & x\neq 1\\ 1, & x=1\end{cases}$；　（2）$f(x)=\begin{cases}1-x, & 0\leqslant x<1\\ 1, & x=1\\ 3-x, & 1<x\leqslant 2\end{cases}$；

（3）$f(x)=\begin{cases}x^2, & x<0\\ \dfrac{x}{2}, & x\geqslant 0\end{cases}$；　（4）$f(x)=\begin{cases}x^2-1, & x\leqslant 0\\ x^2+1, & x>0\end{cases}$；

（5）$f(x)=\dfrac{1}{1+x}$；　（6）$f(x)=\sin\dfrac{1}{x-1}$.

3．讨论 $f(x)=\begin{cases}e^{-\frac{1}{x}}, & x<0\\ 0, & x=0\\ \dfrac{\ln(1+x^3)}{x}, & x>0\end{cases}$ 在点 $x=0$ 处是否连续.

4．确定 a 之值，使函数 $f(x)=\begin{cases}\cos^2 x, & x<0\\ 3a+\sin x, & x\geqslant 0\end{cases}$ 在整个数轴上连续.

5．证明方程 $x^3-4x^2+1=0$ 至少有一个不超过 1 的正根.

综合习题一

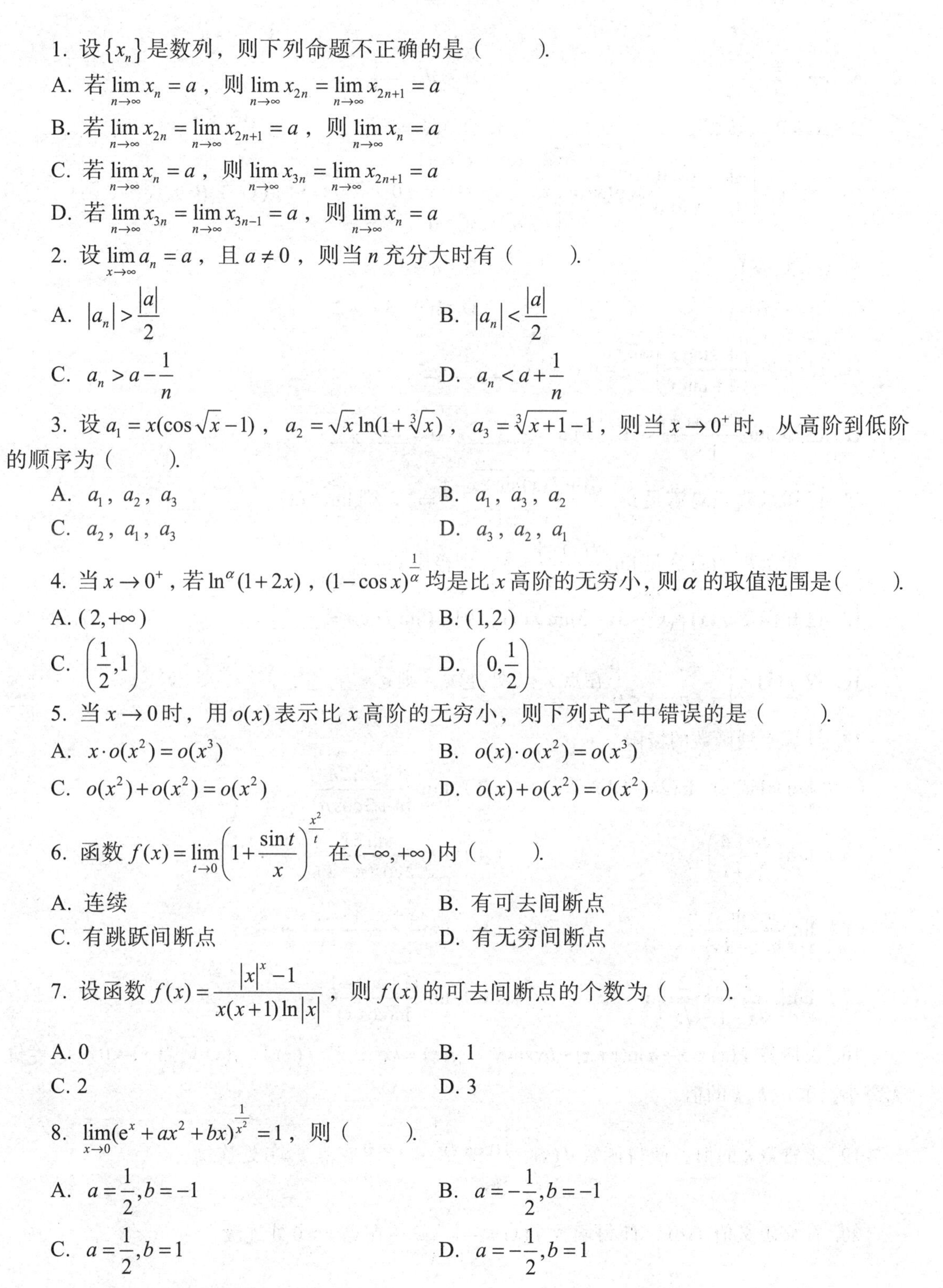

1. 设$\{x_n\}$是数列，则下列命题不正确的是（　　）.

A. 若$\lim\limits_{n\to\infty}x_n=a$，则$\lim\limits_{n\to\infty}x_{2n}=\lim\limits_{n\to\infty}x_{2n+1}=a$

B. 若$\lim\limits_{n\to\infty}x_{2n}=\lim\limits_{n\to\infty}x_{2n+1}=a$，则$\lim\limits_{n\to\infty}x_n=a$

C. 若$\lim\limits_{n\to\infty}x_n=a$，则$\lim\limits_{n\to\infty}x_{3n}=\lim\limits_{n\to\infty}x_{2n+1}=a$

D. 若$\lim\limits_{n\to\infty}x_{3n}=\lim\limits_{n\to\infty}x_{3n-1}=a$，则$\lim\limits_{n\to\infty}x_n=a$

2. 设$\lim\limits_{x\to\infty}a_n=a$，且$a\neq 0$，则当$n$充分大时有（　　）.

A. $|a_n|>\dfrac{|a|}{2}$　　B. $|a_n|<\dfrac{|a|}{2}$

C. $a_n>a-\dfrac{1}{n}$　　D. $a_n<a+\dfrac{1}{n}$

3. 设$a_1=x(\cos\sqrt{x}-1)$，$a_2=\sqrt{x}\ln(1+\sqrt[3]{x})$，$a_3=\sqrt[3]{x+1}-1$，则当$x\to 0^+$时，从高阶到低阶的顺序为（　　）.

A. a_1，a_2，a_3　　B. a_1，a_3，a_2

C. a_2，a_1，a_3　　D. a_3，a_2，a_1

4. 当$x\to 0^+$，若$\ln^\alpha(1+2x)$，$(1-\cos x)^{\frac{1}{\alpha}}$均是比$x$高阶的无穷小，则$\alpha$的取值范围是（　　）.

A. $(2,+\infty)$　　B. $(1,2)$

C. $\left(\dfrac{1}{2},1\right)$　　D. $\left(0,\dfrac{1}{2}\right)$

5. 当$x\to 0$时，用$o(x)$表示比x高阶的无穷小，则下列式子中错误的是（　　）.

A. $x\cdot o(x^2)=o(x^3)$　　B. $o(x)\cdot o(x^2)=o(x^3)$

C. $o(x^2)+o(x^2)=o(x^2)$　　D. $o(x)+o(x^2)=o(x^2)$

6. 函数$f(x)=\lim\limits_{t\to 0}\left(1+\dfrac{\sin t}{x}\right)^{\frac{x^2}{t}}$在$(-\infty,+\infty)$内（　　）.

A. 连续　　B. 有可去间断点

C. 有跳跃间断点　　D. 有无穷间断点

7. 设函数$f(x)=\dfrac{|x|^x-1}{x(x+1)\ln|x|}$，则$f(x)$的可去间断点的个数为（　　）.

A. 0　　B. 1

C. 2　　D. 3

8. $\lim\limits_{x\to 0}(\mathrm{e}^x+ax^2+bx)^{\frac{1}{x^2}}=1$，则（　　）.

A. $a=\dfrac{1}{2},b=-1$　　B. $a=-\dfrac{1}{2},b=-1$

C. $a=\dfrac{1}{2},b=1$　　D. $a=-\dfrac{1}{2},b=1$

9. 若 $f(x)=\begin{cases}\dfrac{1-\cos\sqrt{x}}{ax}, & x>0\\ b, & x\leqslant 0\end{cases}$ 在点 $x=0$ 处连续，则（　　）.

A. $ab=\dfrac{1}{2}$　　　　B. $ab=-\dfrac{1}{2}$

C. $ab=0$　　　　D. $ab=2$

10. $f(x)=\begin{cases}-1, & x<0\\ 1, & x\geqslant 0\end{cases}$，$g(x)=\begin{cases}2-ax, & x\leqslant -1\\ x, & -1<x<0\\ x-b, & x\geqslant 0\end{cases}$，若 $f(x)+g(x)$ 在 $\mathbf{R}$ 上连续，则（　　）

A. $a=3,b=1$　　　　B. $a=3,b=2$

C. $a=-3,b=1$　　　　D. $a=-3,b=2$

11. 已知 $\lim\limits_{x\to 0}\left(\dfrac{1-\tan x}{1+\tan x}\right)^{\frac{1}{\sin kx}}=\mathrm{e}$，则 $k=$______.

12. 已知 $\lim\limits_{x\to 1}\dfrac{x^2+ax+b}{1-x}=1$，则 $a=$______，$b=$______.

13. 已知函数 $f(x)$ 满足 $\lim\limits_{x\to 0}\dfrac{\sqrt{1+f(x)\sin 2x}-1}{\mathrm{e}^{3x}-1}=2$，则 $\lim\limits_{x\to 0}f(x)=$______.

14. 已知函数 $f(x)$ 满足 $\lim\limits_{x\to 3}\dfrac{f(x)-1}{x^2-9}=3$，则极限 $\lim\limits_{x\to 1}f\left(\dfrac{x-1}{\sqrt[3]{x}-1}\right)=$______.

15. 已知函数 $f(x)=x^2+3x-3\lim\limits_{x\to 1}f(x)$，则 $f(\lim\limits_{x\to 2}f(x))=$______.

16. 设 $f(x)=\begin{cases}x^2+2, & x\geqslant 0\\ x+a, & x<0\end{cases}$ 在点 $x=0$ 处连续，则 $a=$______.

17. 计算下列函数的极限.

（1）$\lim\limits_{n\to\infty}n[\ln(2n)-\ln(2n-1)]$；　　（2）$\lim\limits_{n\to\infty}\dfrac{n-\sin 2n}{4n+3\cos n}$；

（3）$\lim\limits_{n\to\infty}\left(\dfrac{3n+4}{3n+1}\right)^{2n-1}$；　　（4）$\lim\limits_{x\to\frac{\pi}{4}}\dfrac{\sin 2x}{2\cos(\pi-x)}$；

（5）$\lim\limits_{x\to 0}\dfrac{\arctan 3x}{\ln(1-2x)}$；　　（6）$\lim\limits_{x\to 1}\dfrac{x+x^2+\cdots+x^n-n}{x-1}$；

（7）$\lim\limits_{x\to 1}\left(\dfrac{1}{\sqrt[4]{x}-1}-\dfrac{2}{\sqrt{x}}\right)$；　　（8）$\lim\limits_{x\to 0}\dfrac{(1+x)^x-1}{\ln(\cos x)}$.

18. 设函数 $f(x)=x+a\ln(1+x)+bx\sin x$，$g(x)=kx^3$，若 $f(x)$ 与 $g(x)$ 是当 $x\to 0$ 时的等价无穷小，求 a,b,k 的值.

19. 求常数 k 的值，使得函数 $f(x)=\begin{cases}(\cos x)^{\frac{1}{x^2}}, & x\neq 0\\ k, & x=0\end{cases}$ 在点 $x=0$ 处连续.

20. 补充定义值 $f(0)$，使得函数 $f(x)=\dfrac{x^2}{\sqrt{1+x^2}-1}$ 在点 $x=0$ 处连续.

21. 如果存在直线 $L: y=kx+b$，使得当 $x\to\infty$（或 $x\to+\infty$，$x\to-\infty$）时，曲线 $y=f(x)$ 上的动点 $M(x,y)$ 到直线 L 的距离 $d(M,L)\to 0$，则称 L 为曲线 $y=f(x)$ 的渐近线．当直线 L 的斜率 $k\neq 0$ 时，称 L 为斜渐近线．

（1）证明：直线 $L: y=kx+b$ 为曲线 $y=f(x)$ 的渐近线的充分必要条件是

$$k=\lim_{\substack{x\to\infty \\ \left(\substack{x\to+\infty \\ x\to-\infty}\right)}}\frac{f(x)}{x},\quad b=\lim_{\substack{x\to\infty \\ \left(\substack{x\to+\infty \\ x\to-\infty}\right)}}[f(x)-kx].$$

（2）求曲线 $y=(2x-1)\mathrm{e}^{\frac{1}{x}}$ 的渐近线．

（3）求曲线 $y=\dfrac{x^3}{1+x^2}+\arctan(1+x^2)$ 的斜渐近线．

（4）下列曲线有渐近线的是（　　）．

A. $y=x+\sin x$　　B. $y=x^2+\sin x$

C. $y=x+\sin\dfrac{1}{x}$　　D. $y=x^2+\sin\dfrac{1}{x}$

第二章　一元函数的导数与微分

微分学的萌芽、产生与发展经历了漫长的时期. 第一章介绍了作为微分学基础的极限理论. 从我国《庄子》的《天下篇》中有“一尺之棰，日取其半，万世不竭”的极限思想，到公元 263 年，刘徽为《九章算术》作注时提出了“割圆术”，即用正多边形来逼近圆周，这些都是极限论思想的成功运用.

而到了 17 世纪，随着生产实践的发展，原有的几何和代数已难以解决当时生产和自然科学所提出来的许多新问题，比如我们在绪论中提到的切线斜率问题、瞬时速度问题、极值问题，这些新问题促使了微分学的产生. 17 世纪许多著名的数学家、天文学家、物理学家都为解决上述几类问题做了大量的研究工作. 17 世纪下半叶，在前人工作的基础上，英国大科学家牛顿和德国数学家莱布尼茨分别在自己的国度里独自研究完成了微分与积分的创立工作，两人各自建立了微积分学基本定理，并给出导数、微分与积分的概念、法则、公式及其符号. 这些理论知识为以后的微积分学的进一步发展奠定了坚实而重要的基础.

图 2.1　Newton（1642—1727）

图 2.2　Leibniz（1646—1716）

第一节　导数的概念

导数的定义

在现实问题中，我们除了要刻画出变量与变量之间的函数关系，还要研究变量的变化率问题. 本节将先讨论变化率问题——导数.

一、引　例

1. 物体作变速直线运动的瞬时速度

例 2.1　设某物体在直线上运动，t 表示从某一时刻起所经历的时间，则物体在这段时间内所经过的路程 s 为时间 t 的函数 $s=s(t)$. $t=t_0$ 时，物体经过的路程为 $s=s(t_0)$，求物体在 $t=t_0$ 时刻的瞬时速度是多少？

解　如果物体作匀速直线运动，那么求它在某一时刻的速度会很容易，但是变速直线运动的速度是随时间的变化而变化的，它在 $t=t_0$ 时刻的瞬时速度，是不能用物体的平均速度来代替的. 为此，在求平均速度的基础上，加上求极限的方法，就能解决瞬时速度的求解问题.

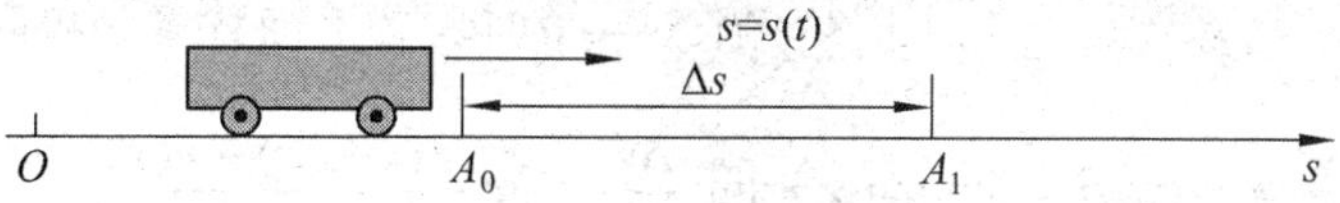

图 2.3

具体思路如下：

如图 2.3 所示，因物体在时间 t 内所经过的路程方程为 $s=s(t)$，设物体在 $[0,t_0]$ 这段时间所走过的路程为 $s(t_0)=OA_0$，物体在 $[0,t_0+\Delta t]$ 这段时间所走过的路程为 $s(t_0+\Delta t)=OA_1$，则物体在 $[t_0,t_0+\Delta t]$ 所走过的路程为

$$\Delta s=s(t_0+\Delta t)-s(t_0)\text{；}$$

物体在时间间隔 $[t_0,t_0+\Delta t]$ 内运动的平均速度为

$$\overline{v}=\frac{\Delta s}{\Delta t}=\frac{s(t_0+\Delta t)-s(t_0)}{\Delta t}.$$

时间间隔 Δt 越短，该平均速度就越接近于物体在 $t=t_0$ 时刻的瞬时速度. 于是，令 $\Delta t\to 0$，对 $\overline{v}=\dfrac{\Delta s}{\Delta t}$ 取极限，就得到物体在 $t=t_0$ 时刻的瞬时速度，设为 $v(t_0)$，即

$$v(t_0)=\lim_{\Delta t\to 0}\overline{v}=\lim_{\Delta t\to 0}\frac{\Delta s}{\Delta t}=\lim_{\Delta t\to 0}\frac{s(t_0+\Delta t)-s(t_0)}{\Delta t}.$$

2. 平面曲线在某一点处的切线问题

什么是曲线的切线？如图 2.4 所示，设有连续曲线 C 及 C 上一点 M，在点 M 外任取一点 $N\in C$ 并作割线 MN. 当点 N 沿着曲线 C 趋近于点 M 时，若割线 MN 绕点 M 转动而趋近于极限位置 MT，则称直线 MT 是曲线 C 在点 M 处的切线.

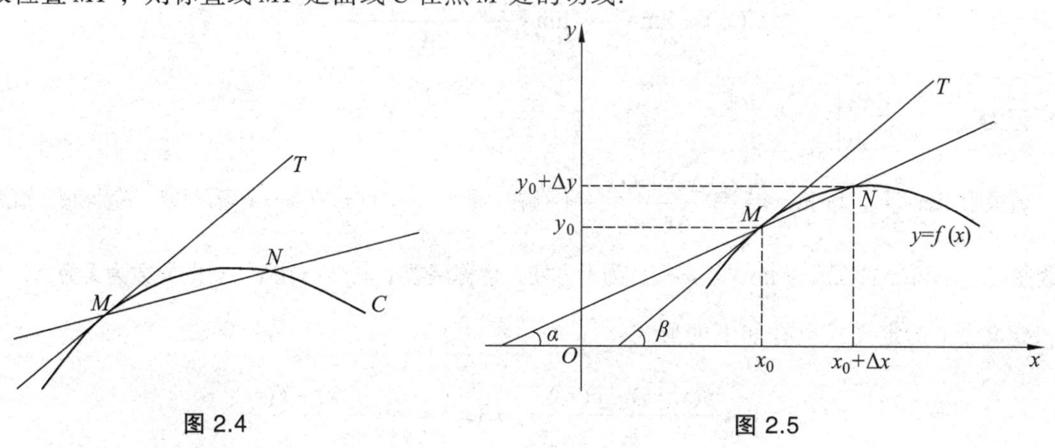

图 2.4　　　　图 2.5

例 2.2　如图 2.5 所示，讨论曲线 $C:y=f(x)$ 在点 $M(x_0,y_0)$ 处的切线斜率.

解　设点 M 的坐标为 (x_0,y_0)，N 点的坐标为 $(x_0+\Delta x,y_0+\Delta y)$，割线 MN 与 x 轴的夹角为 α，在点 M 处的切线 MT 与 x 轴的夹角为 β，则割线 MN 的斜率为

$$\tan\alpha=\frac{\Delta y}{\Delta x}=\frac{f(x_0+\Delta x)-f(x_0)}{\Delta x}.$$

当 $\Delta x\to 0$，即点 N 沿着曲线向 M 点趋近，由先给出的切线定义知道，割线 MN 趋近于极限位置 MT，且 $\alpha\to\beta$，$\tan\alpha\to\tan\beta$. 当 $\Delta x\to 0$ 时，若上面式子的极限是存在的，则有

$$k=\tan\beta=\lim_{\Delta x\to 0}\tan\alpha=\lim_{\Delta x\to 0}\frac{\Delta y}{\Delta x}=\lim_{\Delta x\to 0}\frac{f(x+\Delta x)-f(x)}{\Delta x}.$$

上式为曲线在点 M 的切线斜率.

二、导数的定义

1. 函数在某一点处的导数

以上两个例子，虽然实际意义不同，但是它们的思想方法一样，都可以总结为：当函数自变量的增量趋近于零时，函数值的增量与自变量的增量之比的极限，即如下形式的极限

$$\lim_{\Delta x\to 0}\frac{f(x+\Delta x)-f(x)}{\Delta x}.$$

抓住了这一数量上的共性就得到了导数的概念.

定义 2.1 设函数 $y=f(x)$ 在 x_0 点的某邻域内有定义，且当自变量在 x_0 点有一增量 Δx（$x_0+\Delta x$ 仍在该邻域中）时，函数相应地有增量 Δy，若增量比极限：$\lim\limits_{\Delta x\to 0}\frac{\Delta y}{\Delta x}$，即 $\lim\limits_{\Delta x\to 0}\frac{f(x_0+\Delta x)-f(x_0)}{\Delta x}$ 存在，则称函数 $y=f(x)$ 在点 x_0 可导，并且称此极限值为函数 $y=f(x)$ 在点 $x=x_0$ 的**导数**，即

$$f'(x_0)=\lim_{\Delta x\to 0}\frac{\Delta y}{\Delta x}=\lim_{\Delta x\to 0}\frac{f(x_0+\Delta x)-f(x_0)}{\Delta x},$$

也可记为 $y'\big|_{x=x_0}$，$\left.\frac{\mathrm{d}y}{\mathrm{d}x}\right|_{x=x_0}$ 或 $\left.\frac{\mathrm{d}f}{\mathrm{d}x}\right|_{x=x_0}$.

若极限 $\lim\limits_{\Delta x\to 0}\frac{\Delta y}{\Delta x}$，即 $\lim\limits_{\Delta x\to 0}\frac{f(x_0+\Delta x)-f(x_0)}{\Delta x}$ 不存在，则称 $y=f(x)$ 在 $x=x_0$ 不可导. 特别地，如果函数在点 x_0 不可导的原因为 $\lim\limits_{\Delta x\to 0}\frac{\Delta y}{\Delta x}=\infty$，为了方便，也称函数 $y=f(x)$ 在 $x=x_0$ 的导数为无穷大.

定义 2.1 的定义式也有如下的形式：

$$f'(x_0)=\lim_{h\to 0}\frac{f(x_0+h)-f(x_0)}{h},\quad f'(x_0)=\lim_{x\to x_0}\frac{f(x)-f(x_0)}{x-x_0}.$$

在实际问题中，需要讨论在具有实际背景意义下变量变化的“快慢”问题，在数学上称之为函数的变化率问题，即因变量增量与自变量增量之比 $\frac{\Delta y}{\Delta x}$ 是因变量 y 在以 x_0 和 $x_0+\Delta x$ 为

端点的区间上的平均变化率．而 $f'(x_0)$ 则是因变量在点 x_0 的变化率，它反映了因变量随自变量变化的快慢程度.

上面所研究的是函数 $y=f(x)$ 在某一点处的导数．若函数 $y=f(x)$ 在开区间 I 内的每一点处都是可导的，则称函数 $y=f(x)$ 在 I 内是可导的，且对 $\forall x\in I$，都有一确定的导数值 $f'(x)$ 与之对应，这时就构造了一个新的函数，称之为 $y=f(x)$ 在 I 内的**导函数**，简称**导数**，记为 $f'(x)$，或 y'，$\frac{\mathrm{d}y}{\mathrm{d}x}$，$\frac{\mathrm{d}f(x)}{\mathrm{d}x}$ 等.

函数 $y=f(x)$ 在点 $x=x_0$ 的导数 $f'(x_0)$ 就是导函数 $f'(x)$ 在点 $x=x_0$ 的函数值，即

$$f'(x_0)=f'(x)\big|_{x=x_0}.$$

2. 求导举例

根据导数的定义求如下函数的导数.

例 2.3　求函数 $f(x)=C$（C 为常数）的导数.

解　$$f'(x)=\lim_{\Delta x\to 0}\frac{f(x+\Delta x)-f(x)}{\Delta x}=\lim_{\Delta x\to 0}\frac{C-C}{\Delta x}=0.$$

这就是说，$f(x)=C$ 在任一点的导数均为 0，即导函数为 0.

例 2.4　求函数 $f(x)=\sin x$ 的导数.

解　$$\begin{aligned}f'(x)&=\lim_{\Delta x\to 0}\frac{f(x+\Delta x)-f(x)}{\Delta x}=\lim_{\Delta x\to 0}\frac{\sin(x+\Delta x)-\sin x}{\Delta x}\\&=\lim_{\Delta x\to 0}\frac{2\sin\frac{\Delta x}{2}\cos\left(x+\frac{\Delta x}{2}\right)}{\Delta x}\\&=\lim_{\Delta x\to 0}\frac{\sin\frac{\Delta x}{2}}{\frac{\Delta x}{2}}\cdot\lim_{\Delta x\to 0}\cos\left(x+\frac{\Delta x}{2}\right)\\&=\cos x.\end{aligned}$$

即　$$(\sin x)'=\cos x.$$

同理可证：$(\cos x)'=-\sin x$.

例 2.5　求 $f(x)=x^n$（n 为正整数）的导数.

解　$$\begin{aligned}f'(x)&=\lim_{\Delta x\to 0}\frac{f(x+\Delta x)-f(x)}{\Delta x}=\lim_{\Delta x\to 0}\frac{(x+\Delta x)^n-x^n}{\Delta x}\\&=\lim_{\Delta x\to 0}\frac{x^n+nx^{n-1}\Delta x+\frac{n(n-1)}{2!}x^{n-2}(\Delta x)^2+\cdots+(\Delta x)^n-x^n}{\Delta x}\\&=\lim_{\Delta x\to 0}\frac{nx^{n-1}\Delta x+\frac{n(n-1)}{2!}x^{n-2}(\Delta x)^2+\cdots+(\Delta x)^n}{\Delta x}\\&=\lim_{\Delta x\to 0}\left(nx^{n-1}+\frac{n(n-1)}{2!}x^{n-2}\Delta x+\cdots+(\Delta x)^{n-1}\right)\\&=nx^{n-1}.\end{aligned}$$

注 更一般地，$f(x)=x^{\mu}$（μ 为常数)的导数为

$$f'(x)=\mu x^{\mu-1}.$$

例 2.6 求 $f(x)=a^{x}(a>0,a\neq 1)$ 的导数.

解 $f'(x)=\lim\limits_{\Delta x\to 0}\dfrac{f(x+\Delta x)-f(x)}{\Delta x}=\lim\limits_{\Delta x\to 0}\dfrac{a^{x+\Delta x}-a^{x}}{\Delta x}=a^{x}\cdot\lim\limits_{\Delta x\to 0}\dfrac{a^{\Delta x}-1}{\Delta x}$

$$\xlongequal{令u=a^{\Delta x}-1} a^{x}\lim_{u\to 0}\frac{u}{\log_{a}(1+u)}=a^{x}\lim_{u\to 0}\frac{1}{\log_{a}(1+u)^{\frac{1}{u}}}$$

$$=a^{x}\cdot\frac{1}{\log_{a}\mathrm{e}}=a^{x}\ln a.$$

总结 一般地，根据导数定义可知，求函数 $y=f(x)$ 的导数有三步：

第一步：求出函数值的增量 Δy；

第二步：求出函数值增量与自变量增量的比值，即 $\dfrac{\Delta y}{\Delta x}=\dfrac{f(x_{0}+\Delta x)-f(x_{0})}{\Delta x}$；

第三步：求出第二步中比值的极限，即 $\lim\limits_{\Delta x\to 0}\dfrac{\Delta y}{\Delta x}=\lim\limits_{\Delta x\to 0}\dfrac{f(x_{0}+\Delta x)-f(x_{0})}{\Delta x}$.

3. 单侧导数

根据函数 $y=f(x)$ 在点 $x=x_{0}$ 导数的定义

$$f'(x_{0})=\lim_{\Delta x\to 0}\frac{f(x_{0}+\Delta x)-f(x_{0})}{\Delta x},$$

一般地，若 $\lim\limits_{\Delta x\to 0^{-}}\dfrac{f(x_{0}+\Delta x)-f(x_{0})}{\Delta x}$ 存在，则称此极限为函数 $y=f(x)$ 在点 $x=x_{0}$ 的**左导数**，记为 $f'_{-}(x_{0})$；若 $\lim\limits_{\Delta x\to 0^{+}}\dfrac{f(x_{0}+\Delta x)-f(x_{0})}{\Delta x}$ 存在，则称此极限为函数 $y=f(x)$ 在点 $x=x_{0}$ 的**右导数**，记为 $f'_{+}(x_{0})$. 即

$$f'_{-}(x_{0})=\lim_{\Delta x\to 0^{-}}\frac{f(x_{0}+\Delta x)-f(x_{0})}{\Delta x},$$

$$f'_{+}(x_{0})=\lim_{\Delta x\to 0^{+}}\frac{f(x_{0}+\Delta x)-f(x_{0})}{\Delta x}.$$

左导数和右导数统称为**单侧导数**.

例 2.7 讨论 $f(x)=|x|$ 在点 $x=0$ 的导数.

解 $\lim\limits_{\Delta x\to 0}\dfrac{f(0+\Delta x)-f(0)}{\Delta x}=\lim\limits_{\Delta x\to 0}\dfrac{|\Delta x|-0}{\Delta x}=\lim\limits_{\Delta x\to 0}\dfrac{|\Delta x|}{\Delta x}$.

当 $\Delta x>0$ 时，$\dfrac{|\Delta x|}{\Delta x}=1$，所以 $\lim\limits_{\Delta x\to 0^{+}}\dfrac{|\Delta x|}{\Delta x}=1$；

当 $\Delta x<0$ 时，$\dfrac{|\Delta x|}{\Delta x}=-1$，所以 $\lim\limits_{\Delta x\to 0^{-}}\dfrac{|\Delta x|}{\Delta x}=-1$.

所以 $\lim\limits_{\Delta x \to 0} \dfrac{f(0+\Delta x)-f(0)}{\Delta x}$ 不存在，即 $f(x)=|x|$ 在点 $x=0$ 不可导.

因为导数的定义是一个极限，而极限存在的充分必要条件是左、右极限都存在且相等，所以函数可导的充分必要条件是左、右导数都存在且相等.

定理 2.1　函数 $y=f(x)$ 在点 $x=x_0$ 的导数 $f'(x_0)$ 存在的充分必要条件是左导数 $f'_-(x_0)$ 和右导数 $f'_+(x_0)$ 都存在且相等.

如例 2.7 中，函数 $f(x)=|x|$ 在点 $x=0$ 的左导数为 -1，右导数为 1. 因为左、右导数不相等，所以函数在点 $x=0$ 不可导.

若函数 $f(x)$ 在 (a,b) 内可导，且在点 $x=a$ 右可导，在点 $x=b$ 左可导，即 $f'_+(a)$, $f'_-(b)$ 存在，则称 $f(x)$ 在闭区间 $[a,b]$ 上可导.

4. 导数的几何意义

由前面的讨论可知，函数 $y=f(x)$ 在点 $x=x_0$ 的导数 $f'(x_0)$ 就是曲线 $y=f(x)$ 在点 $x=x_0$ 处的切线斜率 k，即 $k=f'(x_0)$，从而得切线方程：

$$y-y_0=f'(x_0)(x-x_0).$$

若 $f'(x_0)=\infty$，切线方程为

$$x=x_0.$$

过切点 (x_0,y_0) 且与切线垂直的直线称为 $y=f(x)$ 在点 (x_0,y_0) 处的法线. 如果 $f'(x_0)\neq 0$，则法线的斜率为 $-\dfrac{1}{f'(x_0)}$，此时，法线的方程为

$$y-y_0=-\frac{1}{f'(x_0)}(x-x_0).$$

如果 $f'(x_0)=0$，法线方程为

$$x=x_0.$$

例 2.8　求曲线 $y=x^3$ 在点 $P(x_0,y_0)$ 处的切线方程与法线方程.

解　由于

$$y'\big|_{x=x_0}=(x^3)'\big|_{x=x_0}=3x^2\big|_{x=x_0}=3{x_0}^2,$$

所以 $y=x^3$ 在点 $P(x_0,y_0)$ 处的切线方程为

$$y-y_0=3x_0^2(x-x_0).$$

当 $x_0\neq 0$ 时，法线方程为：$y-y_0=-\dfrac{1}{3{x_0}^2}(x-x_0)$；

当 $x_0=0$ 时，法线方程为：$x=0$.

三、函数的可导性与连续性之间的关系

定理 2.2　如果函数 $y=f(x)$ 在 $x=x_0$ 点可导，那么函数在该点必连续.

证明　由条件知：$f'(x_0)$ 是存在的，即

$$\lim_{\Delta x \to 0} \frac{\Delta y}{\Delta x} = f'(x_0)$$

是存在的，其中 $\Delta x = x - x_0, \Delta y = f(x) - f(x_0)$. 由极限与无穷小的关系得

$$\frac{\Delta y}{\Delta x} = f'(x_0) + \alpha \ (\alpha \text{为无穷小}).$$

于是
$$\Delta y = f'(x_0)\Delta x + \alpha \Delta x .$$

显然
$$\lim_{\Delta x \to 0} \Delta y = \lim_{\Delta x \to 0} [f'(x_0)\Delta x + \alpha \Delta x] = 0 .$$

注 本定理的逆定理不一定成立，即函数 $y = f(x)$ 在 $x = x_0$ 点连续，那么函数在该点未必可导.

习题 2.1

1. 设 $f(x) = 5x^2$，试按定义求 $f'(-1)$.
2. 根据导数定义证明 $(\cos x)' = -\sin x$.
3. 求下列函数的导数.

（1）$f(x) = x^6$；（2）$f(x) = \dfrac{1}{x^2}$.

4. 求曲线 $f(x) = \mathrm{e}^x$ 在点 $(1, \mathrm{e})$ 处的切线方程与法线方程.
5. 求常数 a,b 的值，使得 $f(x) = \begin{cases} 2\mathrm{e}^x + a, & x < 0 \\ x^2 + bx + 1, & x \geqslant 0 \end{cases}$ 在 $x = 0$ 点可导.

第二节 函数的求导法则

在上一节，我们利用导数的定义求出了几个基本初等函数的导数. 但是我们发现，利用导数定义来求导非常烦琐，为此，在本节我们将介绍导数的几个基本法则以及上一节未讨论过的基本初等函数的导数公式，并借助这些法则和基本初等函数的导数公式来解决所有初等函数的求导问题.

一、导数的四则运算法则

定理 2.3 若函数 $u(x)$ 和 $v(x)$ 都在点 x_0 可导，则函数 $f(x) = u(x) \pm v(x)$ 也在点 x_0 可导，且

$$f'(x_0) = u'(x_0) \pm v'(x_0) .$$

证明
$$\begin{aligned}\lim_{x \to x_0} \frac{f(x) - f(x_0)}{x - x_0} &= \lim_{x \to x_0} \frac{[u(x) \pm v(x)] - [u(x_0) \pm v(x_0)]}{x - x_0} \\ &= \lim_{x \to x_0} \frac{u(x) - u(x_0)}{x - x_0} \pm \lim_{x \to x_0} \frac{v(x) - v(x_0)}{x - x_0} \\ &= u'(x_0) \pm v'(x_0) .\end{aligned}$$

所以
$$f'(x_0)=u'(x_0)\pm v'(x_0).$$

注　本定理可推广到有限多个可导函数上去. 例如，设 $u=u(x)$， $v=v(x)$， $w=w(x)$ 均可导，则有
$$(u+v+w)'=u'+v'+w'.$$

定理 2.4　若 $u(x)$ 和 $v(x)$ 都在点 $x=x_0$ 可导，则函数 $f(x)=u(x)v(x)$ 也在点 x_0 可导，且有
$$f'(x_0)=u'(x_0)v(x_0)+u(x_0)v'(x_0).$$

证明
$$\begin{aligned}\lim_{x\to x_0}\frac{f(x)-f(x_0)}{x-x_0}&=\lim_{x\to x_0}\frac{u(x)v(x)-u(x_0)v(x_0)}{x-x_0}\\&=\lim_{x\to x_0}\frac{u(x)v(x)-u(x_0)v(x)+u(x_0)v(x)-u(x_0)v(x_0)}{x-x_0}\\&=\lim_{x\to x_0}\frac{u(x)-u(x_0)}{x-x_0}v(x)+\lim_{x\to x_0}u(x_0)\frac{v(x)-v(x_0)}{x-x_0}\\&=\lim_{x\to x_0}\frac{u(x)-u(x_0)}{x-x_0}\lim_{x\to x_0}v(x)+u(x_0)\lim_{x\to x_0}\frac{v(x)-v(x_0)}{x-x_0}\\&=u'(x_0)v(x_0)+u(x_0)v'(x_0),\end{aligned}$$

即
$$f'(x_0)=u'(x_0)v(x_0)+u(x_0)v'(x_0).$$

注　（1）若取 $v(x)\equiv c$ 为常数，则有
$$(cu)'=cu'.$$

（2）本定理可推广到有限多个可导函数的乘积上去. 例如，设 $u=u(x)$，$v=v(x)$，$w=w(x)$ 均可导，则有
$$(uvw)'=u'vw+uv'w+ucw',$$
$$(uvws)'=u'vws+uv'ws+uvw's+uvws'.$$

定理 2.5　若 $u(x),v(x)$ 都在 $x=x_0$ 点可导，且 $v(x_0)\neq 0$，则函数 $f(x)=\dfrac{u(x)}{v(x)}$ 也在点 x_0 可导，且有
$$f'(x_0)=\frac{u'(x_0)v(x_0)-u(x_0)v'(x_0)}{v^2(x_0)}.$$

证明
$$\begin{aligned}\lim_{x\to x_0}\frac{f(x)-f(x_0)}{x-x_0}&=\lim_{x\to x_0}\frac{\dfrac{u(x)}{v(x)}-\dfrac{u(x_0)}{v(x_0)}}{x-x_0}=\lim_{x\to x_0}\frac{u(x)v(x_0)-u(x_0)v(x)}{(x-x_0)v(x)v(x_0)}\\&=\lim_{x\to x_0}\left[\frac{u(x)-u(x_0)}{x-x_0}\frac{1}{v(x)}-u(x_0)\frac{v(x)-v(x_0)}{x-x_0}\frac{1}{v(x)v(x_0)}\right]\\&=u'(x_0)\frac{1}{v(x_0)}-u(x_0)v'(x_0)\frac{1}{v^2(x_0)}\\&=\frac{u'(x_0)v(x_0)-u(x_0)v'(x_0)}{v^2(x_0)},\end{aligned}$$

即
$$f'(x_0)=\frac{u'(x_0)v(x_0)-u(x_0)v'(x_0)}{v^2(x_0)}.$$

注 （1）本公式可简化为$\left(\frac{u}{v}\right)'=\frac{u'v-uv'}{v^2}$；

（2）以上三个定理中的x_0，若视为任意，并用x代替，便得到了函数的和、差、积、商的求导函数公式.

例 2.9 设$f(x)=x^3+5x^2-2x+6$，求$f'(x)$.

解
$$\begin{aligned}f'(x)&=(x^3+5x^2-2x+6)'\\&=(x^3)'+(5x^2)-(2x)+(6)'\\&=3x^2+10x-2.\end{aligned}$$

例 2.10 设$f(x)=xe^x\ln x$，求$f'(x)$.

解
$$\begin{aligned}f'(x)&=(xe^x\ln x)'=(x)'e^x\ln x+x(e^x)'\ln x+xe^x(\ln x)'\\&=e^x\ln x+xe^x\ln x+xe^x\cdot\frac{1}{x}\\&=e^x(1+\ln x+x\ln x).\end{aligned}$$

例 2.11 设$f(x)=\tan x$，求$f'(x)$.

解
$$\begin{aligned}f'(x)&=(\tan x)'=\left(\frac{\sin x}{\cos x}\right)'\\&=\frac{(\sin x)'\cos x-\sin x(\cos x)'}{\cos^2 x}\\&=\frac{\cos^2 x+\sin^2 x}{\cos^2 x}\\&=\frac{1}{\cos^2 x}=\sec^2 x,\end{aligned}$$

即 $(\tan x)'=\sec^2 x$.

例 2.12 设$f(x)=\sec x$，求$f'(x)$.

解
$$\begin{aligned}f'(x)&=(\sec x)'=\left(\frac{1}{\cos x}\right)'\\&=\frac{(1)'\cos x-1(\cos x)'}{\cos^2 x}\\&=\frac{\sin x}{\cos^2 x}=\sec x\tan x,\end{aligned}$$

即 $(\sec x)'=\sec x\tan x$.

用类似的方法还可以求出余切函数和余割函数的导数公式：

$$(\cot x)'=-\frac{1}{\sin^2 x}=-\csc^2 x,$$

$$(\csc x)'=-\csc x\cdot\cot x.$$

二、反函数求导法则

定理 2.6　如果函数 $x=\varphi(y)$ 在某区间 I_y 上单调、可导且 $\varphi'(y)\neq 0$，则它的反函数 $y=f(x)$ 在对应区间 $I_x=\{x|x=\varphi(y),y\in I_y\}$ 上也单调、可导，且有反函数的求导公式：

$$f'(x)=\frac{1}{\varphi'(y)} \quad 或 \quad \frac{\mathrm{d}y}{\mathrm{d}x}=\frac{1}{\frac{\mathrm{d}x}{\mathrm{d}y}}.$$

上述结论简述为：反函数的导数等于直接函数的导数的倒数.

例 2.13　求反正弦函数的导数公式.

解　设 $x=\sin y$ 为直接函数，$I_y=\left(-\frac{\pi}{2},\frac{\pi}{2}\right)$，则 $y=\arcsin x$ 为它的反函数. 函数 $x=\sin y$ 在开区间 $\left(-\frac{\pi}{2},\frac{\pi}{2}\right)$ 内单调、可导，且 $(\sin y)'=\cos y>0$，因此，由公式

$$\frac{\mathrm{d}x}{\mathrm{d}y}=\frac{1}{\frac{\mathrm{d}y}{\mathrm{d}x}}$$

在对应区间 $I_x=(-1,1)$ 内有

$$(\arcsin x)'=\frac{1}{(\sin y)'}=\frac{1}{\cos y}.$$

但是 $\cos y=\sqrt{1-\sin^2 y}=\sqrt{1-x^2}$（由于当 $-\frac{\pi}{2}<y<\frac{\pi}{2}$ 时，$\cos y>0$，所以根号前只取正号），从而得反正弦函数的导数公式：

$$(\arcsin x)'=\frac{1}{\sqrt{1-x^2}}.$$

类似可得反余弦函数的导数公式：

$$(\arccos x)=-\frac{1}{\sqrt{1-x^2}} \quad (|x|<1).$$

例 2.14　求反正切函数的导数公式.

解　设 $x=\tan y$ 为直接函数，$I_y=\left(-\frac{\pi}{2},\frac{\pi}{2}\right)$，则 $y=\arctan x$ 为它的反函数. 函数 $x=\tan y$ 在开区间 $\left(-\frac{\pi}{2},\frac{\pi}{2}\right)$ 内单调、可导，且 $(\tan y)'=\sec^2 y\neq 0$，因此，由公式

$$\frac{\mathrm{d}x}{\mathrm{d}y}=\frac{1}{\frac{\mathrm{d}y}{\mathrm{d}x}}$$

在对应区间 $I_x=(-\infty,+\infty)$ 内有

$$(\arctan x)'=\frac{1}{(\tan y)'}=\frac{1}{\sec^2 y}.$$

又因为 $\sec^2 y=1+\tan^2 y=1+x^2$，所以有

$$(\arctan x)'=\frac{1}{(\tan y)'}=\frac{1}{\sec^2 y}=\frac{1}{1+x^2},$$

即
$$(\arctan x)'=\frac{1}{1+x^2}.$$

类似可得反余切函数的导数公式：

$$(\mathrm{arc}\cot x)'=-\frac{1}{1+x^2}.$$

三、复合函数的求导法则

现在我们来考察如何求 $\sin 3x, \ln\sin x, \mathrm{e}^{\sin\frac{1}{x}}$ 这样的复合函数的导数．要求这些复合函数的导数需要解决两个问题：

（1）是否可导？

（2）若可导，导数如何求？

复合函数的求导公式解决的就是这两个问题.

定理 2.7（复合函数求导法则） 如果 $u=\varphi(x)$ 在点 $x=x_0$ 可导，且 $y=f(u)$ 在点 $u=u_0=\varphi(x_0)$ 也可导，那么由函数 $y=f(u)$ 与 $u=\varphi(x)$ 所复合的复合函数 $y=f(\varphi(x))$ 在点 $x=x_0$ 也可导，且

$$\left.\frac{\mathrm{d}y}{\mathrm{d}x}\right|_{x=x_0}=f'(u_0)\varphi'(x_0) \quad 或 \quad [f(\varphi(x))]'_{x=x_0}=f'(u_0)\varphi'(x_0).$$

证明
$$\begin{aligned}\lim_{x\to x_0}\frac{f(\varphi(x))-f(\varphi(x_0))}{x-x_0}&=\lim_{x\to x_0}\frac{f(u)-f(u_0)}{u-u_0}\cdot\frac{\varphi(x)-\varphi(x_0)}{x-x_0}\\&=\lim_{u\to u_0}\frac{f(u)-f(u_0)}{u-u_0}\cdot\lim_{x\to x_0}\frac{\varphi(x)-\varphi(x_0)}{x-x_0}\\&=f'(u_0)\cdot\varphi'(x_0),\end{aligned}$$

即
$$[f(\varphi(x))]'_{x=x_0}=f'(u_0)\varphi'(x_0).$$

注 若视 x_0 为任意，并用 x 代替，得

$$[f(\varphi(x))]'=f'(\varphi(x))\cdot\varphi'(x) \quad 或 \quad \frac{\mathrm{d}y}{\mathrm{d}x}=\frac{\mathrm{d}y}{\mathrm{d}u}\cdot\frac{\mathrm{d}u}{\mathrm{d}x}.$$

例 2.15 求函数 $y=\arctan\frac{1}{x}$ 的导数.

解　$y=\arctan\frac{1}{x}$ 可看成 $\arctan u$ 与 $u=\frac{1}{x}$ 复合而成，则

$$\frac{\mathrm{d}y}{\mathrm{d}x}=\frac{\mathrm{d}y}{\mathrm{d}u}\cdot\frac{\mathrm{d}u}{\mathrm{d}x}=\frac{1}{1+u^2}\cdot u'=\frac{1}{1+\left(\frac{1}{x}\right)^2}\cdot\left(-\frac{1}{x^2}\right)=-\frac{1}{1+x^2}.$$

由此可见，复合函数的求导必须熟悉：

（1）基本初等函数的求导；

（2）复合函数的分解；

（3）在解题时，若对复合函数的分解比较熟悉后，就不必写出中间变量，而采用下列例题的方式直接写出结果.

例 2.16　函数 $y=\sqrt{1-x^2}$，求 y'.

解　$y'=(\sqrt{1-x^2})'=[(1-x^2)^{\frac{1}{2}}]'=\frac{1}{2}\cdot\frac{1}{\sqrt{1-x^2}}\cdot(1-x^2)'=-\frac{x}{\sqrt{1-x^2}}$.

复合函数求导可推广到有限多个函数复合的复合函数上去. 如设：

$$y=f(u),\ u=\varphi(v),\ v=\psi(x),$$

则复合函数 $y=f(\varphi(\psi(x)))$ 对 x 的导数（若下式右端的三个导数都存在）为

$$\frac{\mathrm{d}y}{\mathrm{d}x}=\frac{\mathrm{d}y}{\mathrm{d}u}\cdot\frac{\mathrm{d}u}{\mathrm{d}v}\cdot\frac{\mathrm{d}v}{\mathrm{d}x}.$$

例 2.17　函数 $y=\mathrm{e}^{\sqrt{1-\sin x}}$，求 y'.

解　$y'=(\mathrm{e}^{\sqrt{1-\sin x}})'=\mathrm{e}^{\sqrt{1-\sin x}}\cdot(\sqrt{1-\sin x})'=\mathrm{e}^{\sqrt{1-\sin x}}\cdot\frac{1}{2}\cdot\frac{(1-\sin x)'}{\sqrt{1-\sin x}}$

$$=\frac{1}{2}\mathrm{e}^{\sqrt{1-\sin x}}\cdot\frac{-\cos x}{\sqrt{1-\sin x}}=-\frac{1}{2}\frac{\cos x}{\sqrt{1-\sin x}}\mathrm{e}^{\sqrt{1-\sin x}}.$$

四、隐函数求导

前面我们所接触的函数，其因变量大多是由其自变量的某个算式来表示的，比如，函数 $y=\sin x$，$y=x^2+5$，$y=\ln x+\sqrt{1+x^2}$ 等. 用这种方式表达的函数称为显函数. 但在实际问题中，有些函数的表达方式并不全如此. 设 $F(x,y)$ 是定义在区域 $D\subset\mathbf{R}^2$ 上的二元函数，若存在一个区域 I，对于 I 中的每一个 x 的值，恒有区间 J 上唯一的一个值 y，且与 x 一起满足方程 $F(x,y)=0$，我们把由方程 $F(x,y)=0$ 所确定的函数 $y=y(x)$ 称为隐函数.

把隐函数化成显函数，称为隐函数的显化. 例如，从方程 $5x^2+4y-1=0$ 确定出 $y=\frac{1-5x^2}{4}$，就把隐函数化成了显函数. 隐函数显化有时比较困难，甚至是不可能化出来的. 在实际问题中，有时需要计算隐函数的导数，如果隐函数可显化，那么求导就没什么问题，这同前面一样计算就可以了；但有时候隐函数不能显化，所以我们希望有一种方法，不管隐函数是否能

够显化，都能直接算出其导数．为此，下面讨论隐函数的求导方法．

例 2.18 设 $5x^2+4y-1=0$，求 $\frac{\mathrm{d}y}{\mathrm{d}x}$．

解 在方程的两边同时对 x 求导，得

$$10x+4\frac{\mathrm{d}y}{\mathrm{d}x}=0,$$

即

$$\frac{\mathrm{d}y}{\mathrm{d}x}=-\frac{10}{4}x=-\frac{5}{2}x.$$

例 2.19 求圆 $x^2+y^2=1$ 在 $x=\frac{1}{2}$ 时的切线方程．

解 圆 $x^2+y^2=1$ 可确定两个隐函数：

$$y=\sqrt{1-x^2} \quad 和 \quad y=-\sqrt{1-x^2}.$$

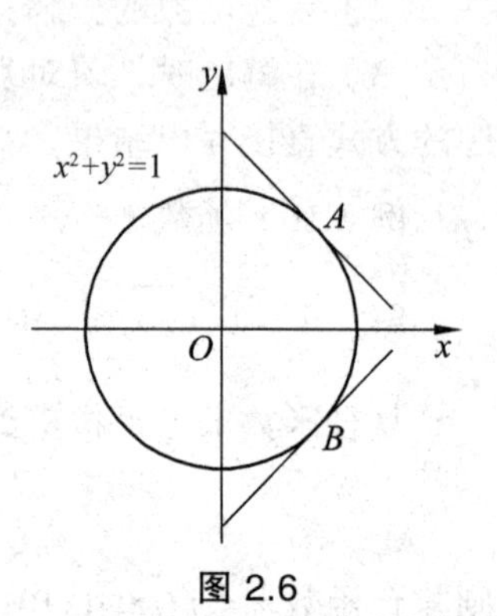

图 2.6

如图 2.6 所示，在 $x=\frac{1}{2}$ 时，它确定了圆周上的两个点 $A\left(\frac{1}{2},\frac{\sqrt{3}}{2}\right)$ 和 $B\left(\frac{1}{2},-\frac{\sqrt{3}}{2}\right)$．若欲求 k_A 和 k_B，在方程 $x^2+y^2=1$ 两边分别对 x 求导，得

$$2x+2y\cdot\frac{\mathrm{d}y}{\mathrm{d}x}=0,$$

即

$$\frac{\mathrm{d}y}{\mathrm{d}x}=-\frac{x}{y}.$$

所以

$$k_A=\left.\frac{\mathrm{d}y}{\mathrm{d}x}\right|_{A\left(\frac{1}{2},\frac{\sqrt{3}}{2}\right)}=-\frac{\frac{1}{2}}{\frac{\sqrt{3}}{2}}=-\frac{1}{\sqrt{3}}=-\frac{\sqrt{3}}{3},$$

$$k_B=\left.\frac{\mathrm{d}y}{\mathrm{d}x}\right|_{B\left(\frac{1}{2},-\frac{\sqrt{3}}{2}\right)}=-\frac{\frac{1}{2}}{-\frac{\sqrt{3}}{2}}=\frac{1}{\sqrt{3}}=\frac{\sqrt{3}}{3}.$$

则所求的切线方程为

$$y-\frac{\sqrt{3}}{2}=-\frac{\sqrt{3}}{3}\left(x-\frac{1}{2}\right) \quad 和 \quad y+\frac{\sqrt{3}}{2}=\frac{\sqrt{3}}{3}\left(x-\frac{1}{2}\right).$$

五、高阶求导

我们知道，若质点的运动方程为 $s=s(t)$，则物体的运动速度为

$$v(t)=s'(t) \quad 或 \quad v(t)=\frac{\mathrm{d}s}{\mathrm{d}t}.$$

而加速度 $a(t)$ 是速度 $v(t)$ 对时间 t 的导数，即

$$a=a(t)=\frac{\mathrm{d}v}{\mathrm{d}t}=\frac{\mathrm{d}}{\mathrm{d}t}\left(\frac{\mathrm{d}s}{\mathrm{d}t}\right) \quad \text{或} \quad a=v'(t)=(s'(t))'.$$

由此可见，加速度 a 是 $s(t)$ 的导函数的导数，这个导数就是 $s(t)$ 对时间 t 的二阶导数.

定义 2.2　若函数 $y=f(x)$ 的导函数 $f'(x)$ 仍然是 x 的函数且可导，我们把 $y'=f'(x)$ 的导数称为函数 $y=f(x)$ 的二阶导数，记作

$$y''=f''(x) \quad \text{或} \quad y''=\frac{\mathrm{d}^2y}{\mathrm{d}x^2}.$$

类似地，函数 $y=f(x)$ 的导函数 $f'(x)$ 称为 $y=f(x)$ 的一阶导数. 二阶导数 $f''(x)$ 的导数称为三阶导数，三阶导数 $f'''(x)$ 的导数可称为四阶导数 $f^{(4)}(x)$. 一般地，$n-1$ 阶导数 $f^{(n-1)}(x)$ 的导数称为 n 阶导数 $f^{(n)}(x)$.

若函数 $y=f(x)$ 具有 n 阶导数，则称函数 $y=f(x)$ 为 n 阶可导. 二阶以上的导数称为高阶导数.

例 2.20　设 $y=ax^2+bx+c$，求 $y'',y''',y^{(4)}$.

解　$y'=2ax+b$，

$y''=2a$，

$y'''=0$，

$y^{(4)}=0$.

例 2.21　求函数 $y=\mathrm{e}^x$ 的 n 阶导数.

解　$y'=\mathrm{e}^x$，

$y''=\mathrm{e}^x$，

$y'''=\mathrm{e}^x$，

$y^{(4)}=\mathrm{e}^x$，

……

对任何 n，有

$y^{(n)}=\mathrm{e}^x$.

例 2.22　求函数 $y=\sin x$ 的 n 阶导数.

解　$y'=\cos x=\sin\left(x+\frac{\pi}{2}\right)$，

$$y''=-\sin x=\sin(x+\pi)=\sin\left(x+2\cdot\frac{\pi}{2}\right),$$

$$y'''=-\cos x=-\sin\left(x+\frac{\pi}{2}\right)=\sin\left(x+\frac{\pi}{2}+\pi\right)=\sin\left(x+3\cdot\frac{\pi}{2}\right),$$

$$y^{(4)}=\sin x=\sin(x+2\pi)=\sin\left(x+4\cdot\frac{\pi}{2}\right),$$

……

一般地，有 $y^{(n)}=\sin\left(x+n\frac{\pi}{2}\right)$，即

$$(\sin x)^{(n)}=\sin\left(x+n\frac{\pi}{2}\right).$$

用同样的方法可求得

$$(\cos x)^{(n)}=\cos\left(x+n\frac{\pi}{2}\right).$$

例 2.23 求函数 $y=x^{\mu}$ (μ 为任意常数)的 n 阶导数.

解 $y=x^{\mu}$，

$y'=\mu x^{\mu-1}$，

$y''=\mu(\mu-1)x^{\mu-2}$，

$y'''=\mu(\mu-1)(\mu-2)x^{\mu-3}$，

$y^{(4)}=\mu(\mu-1)(\mu-2)(\mu-3)x^{\mu-4}$，

……

一般地，有

$$y^{(n)}=\mu(\mu-1)(\mu-2)\cdots(\mu-n+1)x^{\mu-n},$$

即
$$(x^{\mu})^{(n)}=\mu(\mu-1)(\mu-2)\cdots(\mu-n+1)x^{\mu-n}.$$

若函数 $u=u(x)$ 和 $v=v(x)$ 都在点 x 具有 n 阶导数，那么 $u(x)+v(x)$ 与 $u(x)-v(x)$ 也在点 x 具有 n 阶导数，且有

$$[u(x)\pm v(x)]^{(n)}=u^{(n)}(x)\pm v^{(n)}(x).$$

乘积 $u(x)\cdot v(x)$ 的 n 阶导数由数学归纳法求得

$$(uv)'=u'v+uv',$$

$$(uv)''=u''v+2u'v'+uv'',$$

$$(uv)'''=u'''v+3u''v'+3u'v''+uv''',$$

……

$$[u(x)v(x)]^{(n)}=u^{(n)}v+C_n^1u^{(n-1)}v'+C_n^2u^{(n-2)}v''+\cdots+C_n^ku^{(n-k)}v^{(k)}+\cdots+uv^{(n)}.$$

上式称为莱布尼兹公式.

例 2.24 函数 $y=e^x\cos x$，求 $y^{(5)}$.

解
$$\begin{aligned}y^{(5)}&=(e^x\cos x)^{(5)}\\&=(e^x)^{(5)}\cdot\cos x+C_5^1(e^x)^{(4)}(\cos x)'+C_5^2(e^x)'''(\cos x)''\\&\quad+C_5^3(e^x)''(\cos x)'''+C_5^4(e^x)'(\cos x)^{(4)}+e^x(\cos x)^{(5)}\\&=e^x\cos x+5e^x(-\sin x)+10e^x(-\cos x)+10e^x\sin x+5e^x\cos x+e^x(-\sin x)\\&=e^x[\cos x-5\sin x-10\cos x+10\sin x+5\cos x-\sin x]\\&=e^x(4\sin x-4\cos x)\\&=4e^x(\sin x-\cos x).\end{aligned}$$

六、初等函数的求导公式

1. 常数和基本初等函数的求导公式

为了方便记忆与查阅，我们将一些常用的求导法则总结如下：

（1）$(C)'=0$；

（2）$(x^n)'=nx^{n-1}$（n为实数）；

（3）$(a^x)'=a^x\ln a\ (a>0,\ a\neq 1,\ -\infty<x<+\infty)$；

（4）$(\mathrm{e}^x)'=\mathrm{e}^x$；

（5）$(\log_a x)'=\dfrac{1}{x\ln a}(a>0,\ a\neq 1,\quad 0<x<+\infty)$；

（6）$(\ln x)'=\dfrac{1}{x}$；

（7）$(\cos x)'=-\sin x$；

（8）$(\sin x)'=\cos x$；

（9）$(\tan x)'=\sec^2 x$；

（10）$(\cot x)'=-\csc^2 x$；

（11）$(\sec x)'=\sec x\tan x$；

（12）$(\csc x)'=-\csc x\cot x$；

（13）$(\arcsin x)'=\dfrac{1}{\sqrt{1-x^2}}$；

（14）$(\arccos x)'=-\dfrac{1}{\sqrt{1-x^2}}$；

（15）$(\arctan x)'=\dfrac{1}{1+x^2}$；

（16）$(\mathrm{arccot} x)'=-\dfrac{1}{1+x^2}$.

2. 函数的四则运算的求导法则

设$u=u(x),\ v=v(x)$都在点x可导，则

（1）$(Cu)'=Cu'$；

（2）$(u\pm v)'=u'\pm v'$；

（3）$(uv)'=u'v+uv'$；

（4）$\left(\dfrac{u}{v}\right)'=\dfrac{u'v-uv'}{v^2}\ (v\neq 0)$.

3. 反函数求导法则

如果函数$x=\varphi(y)$在某区间I_y上单调、可导且$\varphi'(y)\neq 0$，则它的反函数$y=f(x)$在对应区间$I_x=\{x|x=\varphi(y),y\in I_y\}$上也单调、可导，且有反函数的求导公式

$$f'(x)=\frac{1}{\varphi'(y)}\quad 或\quad \frac{\mathrm{d}y}{\mathrm{d}x}=\frac{1}{\dfrac{\mathrm{d}x}{\mathrm{d}y}}.$$

4. 复合函数的求导法则

设$u=\varphi(x)$在点x可导，$y=f(u)$在对应点$u=\varphi(x)$可导，则复合函数$y=f(\varphi(x))$在点x可导，且y对x的导数等于y对中间变量u的导数乘以u对自变量x的导数，即

$$\frac{\mathrm{d}y}{\mathrm{d}x}=\frac{\mathrm{d}y}{\mathrm{d}u}\cdot\frac{\mathrm{d}u}{\mathrm{d}x}\quad 或\quad [f(\varphi(x))]'=f'(\varphi(x))\cdot\varphi'(x).$$

习题 2.2

1. 求下列函数的导数.

（1）$y=2x^3-3x^2-4$；

（2）$y=2\mathrm{e}^x$；

（3）$y=5x^3+3\ln x+e^x$；（4）$y=3\cos x-4\sin x$；

（5）$y=x\ln x$；（6）$y=\dfrac{\ln x}{x}$.

2. 曲线 $y=xe^x+2x+1$ 在点 $(0,1)$ 处的切线方程为____________.

3. 求下列函数的导数.

（1）$y=(3x+4)^3$；（2）$\sin(4-3x)$；

（3）$y=\ln(1+x^3)$；（4）$y=\sqrt{a^2-x^2}$；

（5）$y=\tan 3x$；（6）$y=\ln\sin x$；

（7）$y=(\arcsin x)^2$；（8）$y=\arcsin\sqrt{\dfrac{1-x}{1+x}}$.

4. 设 $y=x^3+2x^2-x-1$，求 $\left.\dfrac{dx}{dy}\right|_{(1,1)}$.

5. 方程 $x^2-y+\ln y=0$ 确定了 y 是 x 的隐函数，求 y'.

6. 求 $y=\ln x$ 的 n 阶导数.

第三节　微分及其近似计算

微分是微积分学中的一个重要概念，它与导数有着极其密切的关系. 通过前面的学习，我们知道，导数是当自变量增量趋近于零时，函数增量与自变量增量之比的极限. 在实际应用中，我们经常遇到这样的问题：当自变量 x 有微小增量 Δx 时，求函数 $y=f(x)$ 的微小增量 $\Delta y=f(x+\Delta x)-f(x)$. 这个问题看起来似乎很简单，但是对于比较复杂的函数，它的微小增量 $\Delta y=f(x+\Delta x)-f(x)$ 为更复杂的表达式，不容易求出其值，此时，一个简单而直观的想法就是想办法将 $\Delta y=f(x+\Delta x)-f(x)$ 表示成 Δx 的线性函数，进而把复杂的表达式简单化，这样就可求出 Δy 的近似值. 微分就来源于求函数增量的近似值.

一、微分的定义

微分的定义

下面先来看一个实际问题. 设有一个边长为 x_0 的正方形的金属薄片，则它的面积为 $A=x_0^2$. 若金属薄片受热膨胀后边长 x_0 增加了 Δx，相应地，正方形的面积得到增量

$$\Delta A=(x_0+\Delta x)^2-x_0{}^2=2x_0\Delta x+(\Delta x)^2 .$$

它由两部分组成，第一部分 $2x_0\Delta x$ 是 Δx 的线性函数，第二部分 $(\Delta x)^2$ 为 Δx 的高阶无穷小. 由此可见，当 Δx 非常小时，影响正方形面积增量 ΔA 的主要是 $2x_0\Delta x$，而 $(\Delta x)^2$ 可忽略不计，因而用 $2x_0\Delta x$ 近似代替 ΔA，其误差 $(\Delta x)^2$ 是 Δx 的高阶无穷小 $o(\Delta x)$，即以 Δx 为边的正方形的面积（见图 2.7）.

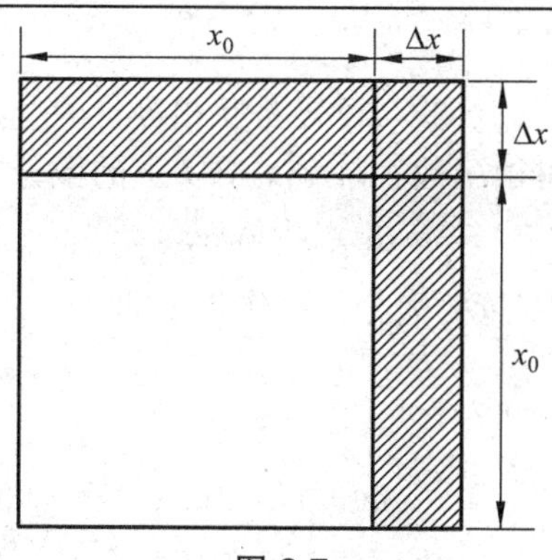

图 2.7

定义 2.3　一般地，若 $y=f(x)$ 为定义在某区间上的函数，x_0 为该区间内的一点，当给自变量 x_0 一个增量 Δx 时，函数 y 得到一个增量

$$\Delta y=f(x_0+\Delta x)-f(x_0).$$

若函数 $y=f(x)$ 在点 x_0 的增量 Δy 可表示为 Δx 的线性函数 $A\Delta x$（A 为不依赖 Δx 的常数）与 Δx 的高阶无穷小量两部分之和，即

$$\Delta y=A\Delta x+o(\Delta x),$$

则称函数 $f(x)$ 在 x_0 点**可微**，并称 $A\Delta x$ 为函数 $f(x)$ 在点 x_0 处的**微分**，记为

$$\mathrm{d}y\Big|_{x=x_0} \quad 或 \quad \mathrm{d}f(x)\Big|_{x=x_0},$$

即

$$\mathrm{d}y\Big|_{x=x_0}=A\Delta x.$$

二、函数可微的条件

定理 2.8　函数 $f(x)$ 在点 x_0 可微的充要条件是函数 $f(x)$ 在点 x_0 可导，且有 $\mathrm{d}y=f'(x)\Delta x$.

证明　设函数 $f(x)$ 在点 x_0 可微，即 $f(x)$ 在点 x_0 的增量 Δy 可写成

$$\Delta y=A\Delta x+o(\Delta x),$$

则

$$\lim_{\Delta x\to 0}\frac{\Delta y}{\Delta x}=\lim_{\Delta x\to 0}\left(A+\frac{o(\Delta x)}{\Delta x}\right)=A.$$

所以 $f(x)$ 在点 x_0 可导，且 $A=f'(x_0)$.

反之，函数 $f(x)$ 在点 x_0 可导，即有

$$\lim_{\Delta x\to 0}\frac{\Delta y}{\Delta x}=A.$$

由极限与无穷小的关系可知：

$$\frac{\Delta y}{\Delta x}=A+\alpha，其中 \lim_{\Delta x\to 0}\alpha=0.$$

于是

$$\Delta y=A\Delta x+\alpha\Delta x.$$

又 $\lim\limits_{\Delta x\to 0}\dfrac{\alpha\Delta x}{\Delta x}=\lim\limits_{\Delta x\to 0}\alpha=0$，所以 $\alpha\Delta x=o(\Delta x)$，所以

$$\Delta y=A\Delta x+o(\Delta x).$$

由微分定义知 $f(x)$ 在 x_0 点可微.

上面的定理说明，函数在点 x_0 可微与可导是互相等价的. 若函数 $f(x)$ 在区间 I 上的每一点都可微，就称 $f(x)$ 是 I 上的可微函数，且 $f(x)$ 在 I 上的微分为

$$\mathrm{d}y = f'(x)\Delta x .$$

通常把自变量的增量 Δx 称为自变量的**微分**，记作 $\mathrm{d}x$，即

$$\mathrm{d}x = \Delta x .$$

于是函数 $f(x)$ 在 I 上的微分为

$$\mathrm{d}y = f'(x)\mathrm{d}x .$$

也就是说，函数的微分等于函数的导数与自变量微分的乘积. 若在上式两边同时除以 $\mathrm{d}x$，得

$$\frac{\mathrm{d}y}{\mathrm{d}x} = f'(x) .$$

说明函数的导数等于函数的微分与自变量微分之商. 因此，导数也称为**微商**. 以前，导数的记号 $\frac{\mathrm{d}y}{\mathrm{d}x}$ 是作为一个整体来看的，现在此记号就可看成分子为 $\mathrm{d}y$ 、分母为 $\mathrm{d}x$ 的分式.

例 2.25 求 $y = x^2$ 在点 $x = 2$ 处的微分，并求此时 $\Delta x = 0.1$ 的微分.

解 （1）$\mathrm{d}y\big|_{x=2} = (x^2)'_{x=2}\Delta x = 2\cdot x\big|_{x=2}\cdot\Delta x = 4\Delta x.$

（2）$\mathrm{d}y\Big|_{\substack{x=2\\ \Delta x=0.1}} = (x^2)'\cdot\Delta x\Big|_{\substack{x=2\\ \Delta x=0.1}} = 2x\Delta x\Big|_{\substack{x=2\\ \Delta x=0.1}} = 0.4 .$

三、微分的几何定义

如图 2.8 所示，函数 $y = f(x)$ 的图像是一条曲线，函数 $y = f(x)$ 是可微的，如果 PT 所在的直线为曲线在点 $P(x_0, f(x_0))$ 处的切线，则当自变量在点 x_0 处取得增量 Δx 时，函数也有相应的增量 $\Delta y = f(x_0+\Delta x) - f(x_0) = SQ$，函数 $y = f(x)$ 的微分为

$$\mathrm{d}y = f'(x_0)\Delta x = \tan a\Delta x = ST.$$

这说明函数 $y = f(x)$ 在点 x_0 处的微分，就是曲线 $y = f(x)$ 在对应点处切线的纵坐标的增量.

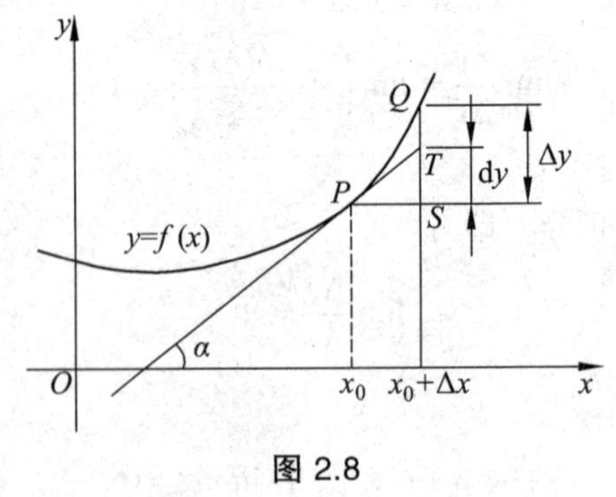

图 2.8

四、基本初等函数的微分公式和法则

1. 微分公式

由定理 2.8 可知，函数可微与可导是等价的. 若函数 $f(x)$ 在区间 I 上的每一点都可微，

则称 $f(x)$ 是 I 上的可微函数，且 $f(x)$ 在 I 上的微分为

$$\mathrm{d}y = f'(x)\mathrm{d}x .$$

也就是说，函数的微分等于函数的导数与自变量微分的乘积.

由此可得微分公式，归纳如下：

（1）$\mathrm{d}C = 0\mathrm{d}x$；

（2）$\mathrm{d}(x^n) = nx^{n-1}\mathrm{d}x$；

（3）$\mathrm{d}(a^x) = a^x \ln a\mathrm{d}x(a>0, a\neq 1, -\infty<x<+\infty)$；

（4）$\mathrm{d}(\mathrm{e}^x) = \mathrm{e}^x\mathrm{d}x$；

（5）$\mathrm{d}(\log_a x) = \dfrac{1}{x\ln a}\mathrm{d}x(a>0, a\neq 1, 0<x<+\infty)$；

（6）$\mathrm{d}(\ln x) = \dfrac{1}{x}\mathrm{d}x$；

（7）$\mathrm{d}(\cos x) = -\sin x\mathrm{d}x$；

（8）$\mathrm{d}(\sin x) = \cos x\mathrm{d}x$；

（9）$\mathrm{d}(\tan x) = \sec^2 x\mathrm{d}x$；

（10）$\mathrm{d}(\cot x) = -\csc^2 x\mathrm{d}x$；

（11）$\mathrm{d}(\sec x) = \sec x\tan x\mathrm{d}x$；

（12）$\mathrm{d}(\csc x) = -\csc x\cot x\mathrm{d}x$；

（13）$\mathrm{d}(\arcsin x) = \dfrac{1}{\sqrt{1-x^2}}\mathrm{d}x$；

（14）$\mathrm{d}(\arccos x) = -\dfrac{1}{\sqrt{1-x^2}}\mathrm{d}x$；

（15）$\mathrm{d}(\arctan x) = \dfrac{1}{1+x^2}\mathrm{d}x$；

（16）$\mathrm{d}(\mathrm{arccot} x) = -\dfrac{1}{1+x^2}\mathrm{d}x$.

2. 微分的四则运算法则

由函数的四则求导法则同样可得到函数的和、差、积、商的微分法则.

设 $u=u(x)$，$v=v(x)$ 均可导，则有

（1）$\mathrm{d}(u\pm v) = \mathrm{d}u \pm \mathrm{d}v$；

（2）$\mathrm{d}(Cu) = C\mathrm{d}u$（$C$ 为常数）；

（3）$\mathrm{d}(uv) = v\mathrm{d}u + u\mathrm{d}v$；

（4）$\mathrm{d}\left(\dfrac{u}{v}\right) = \dfrac{v\mathrm{d}u - u\mathrm{d}v}{v^2}$（其中 $v\neq 0$）.

3. 复合函数的微分法则

设 $y=f(u),\ u=g(x)$，且函数 $y=f(u),\ u=g(x)$ 均可导，由复合函数的导数公式，有

$$\frac{\mathrm{d}y}{\mathrm{d}x} = f'(u)g'(x) .$$

故有

$$\mathrm{d}y = f'(u)g'(x)\mathrm{d}x .$$

由于 $g'(x)\mathrm{d}x = \mathrm{d}u$，所以

$$\mathrm{d}y = f'(u)\mathrm{d}u .$$

注意到当 u 是自变量时，函数 $y=f(u)$ 的微分 $\mathrm{d}y$ 也具有上述形式，因此，不管 u 是自变量还是因变量，上式右端总表示函数的微分，这一性质称为**微分形式不变性**.

例 2.26　求函数 $y=\mathrm{e}^x\sin x$ 的微分.

解　$\mathrm{d}y = (\mathrm{e}^x\sin x)'\mathrm{d}x = \mathrm{e}^x(\sin x+\cos x)\mathrm{d}x$.

例 2.27　填空，使得下列等式成立.

（1）$\mathrm{d}(\quad) = x\mathrm{d}x$；　（2）$\mathrm{d}(\quad) = \mathrm{e}^{2x}\mathrm{d}x$；　（3）$\mathrm{d}(\quad) = \sin 2x\mathrm{d}x$.

解　（1）$\mathrm{d}\left(\dfrac{1}{2}x^2\right) = x\mathrm{d}x$；

（2）$d\left(\frac{1}{2}e^{2x}\right)=e^{2x}dx$；

（3）$d\left(-\frac{1}{2}\cos 2x\right)=\sin 2xdx$.

例 2.28 填空，使得下列等式成立.

（1）$(\quad)dx=\sin x^2 d(x^2)$； （2）$(\quad)dx=\sin^3 xd(\sin x)$

（3）$(\quad)dx=\ln xd(\ln x)$

解 （1）$(2x\sin x^2)dx=\sin x^2 d(x^2)$；

（2）$(\cos x\sin^3 x)dx=\sin^3 xd(\sin x)$；

（3）$\left(\frac{\ln x}{x}\right)dx=\ln xd(\ln x)$.

五、微分近似计算

微分近似计算

利用微分可以把一些复杂的计算公式用简单的公式来代替. 由微分定义，当 Δx 非常小时，有

$$\Delta y\approx dy=f'(x_0)\Delta x,$$

即

$$f(x_0+\Delta x)\approx f(x_0)+f'(x_0)\Delta x.$$

当令 $x_0+\Delta x=x$ 时有

$$f(x)\approx f(x_0)+f'(x_0)(x-x_0). \tag{1}$$

特别地，当 $x_0=0$ 且 $|x|$ 很小时，有

$$f(x)\approx f(0)+f'(0)x.$$

常用的近似公式有（下面都假设 $|x|$ 为非常小的数值时）：

（1）$\sqrt[n]{1+x}\approx 1+\frac{x}{n}$； （2）$e^x\approx 1+x$； （3）$\ln(1+x)\approx x$；

（4）$\sin x\approx x$； （5）$\tan x\approx x$.

例 2.29 求 $\sqrt{0.97}$ 的近似值.

解 $\sqrt{0.97}$ 是函数 $f(x)=\sqrt{x}$ 在点 $x=0.97$ 处的值，由常用近似公式（1）有

$$\sqrt{0.97}\approx\sqrt{1-0.03}=1+\frac{1}{2}\times(-0.03)=0.985.$$

习题 2.3

1. 用适用的函数填空.

（1）$d(\quad)=\cos xdx$； （2）$d(\quad)=\sin 2xdx$；

（3）$d(\quad)=e^{2x}dx$； （4）$d(\quad)=\frac{1}{x}\ln xdx$.

2. 求下列函数的微分.

（1）$y=\ln x+2\sqrt{x}$； （2）$y=x\sin 2x$； （3）$y=x^2e^{2x}$；

（4）$y=\ln\sqrt{1-x^3}$；　　（5）$y=(\mathrm{e}^x+\mathrm{e}^{-x})^2$；　　（6）$y=\sqrt{x-\sqrt{x}}$.

3. 求方程 $y-2x=(x-y)\ln(x-y)$ 所确定的函数 $y=y(x)$ 的微分 $\mathrm{d}y$.

4. 用微分求下列各式的近似值.

（1）$\ln 0.99$；　　（2）$\arctan 1.02$.

第四节　导数的应用

在本节，我们将用导数来研究函数及其曲线的一些性态，并利用相关知识解决一些实际问题，这里先介绍几个微分中值定理．微分中值定理是微分学中的基本定理，是利用微分学解决实际问题的理论基础.

一、微分中值定理

微分中值定理

定理 2.9（罗尔(Rolle)定理） 如果函数 $f(x)$ 满足：

（1）在闭区间 $[a,b]$ 上连续；

（2）在开区间 (a,b) 内可导；

（3）在区间端点处的函数值相等，即 $f(a)=f(b)$，

那么至少存在一点 $\xi\in(a,b)$，使得 $f'(\xi)=0$.

罗尔定理的几何意义是：

如图 2.9 所示，如果函数 $y=f(x)$ 的图像是一条连续曲线，除曲线端点外在每一点都有不垂直于 x 轴的切线，并且两个端点 A, B 在同一水平线上，那么该曲线在 A, B 之间至少存在一点 C，使得过 C 点的切线为水平切线.

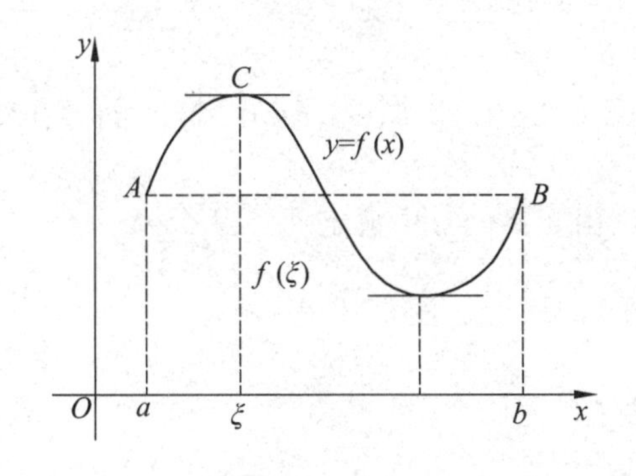

图 2.9

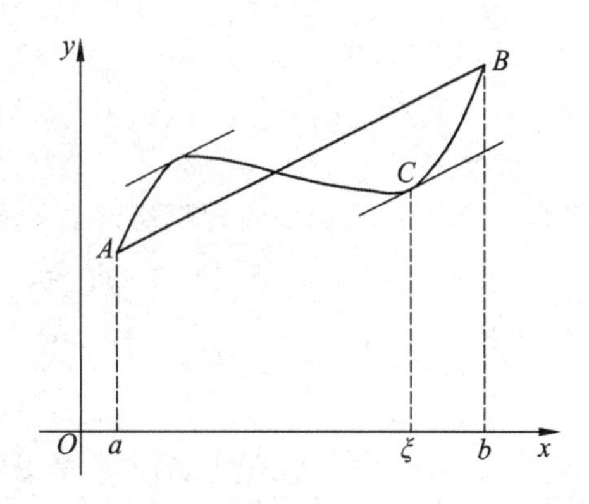

图 2.10

罗尔定理

拉格朗日中值定理

如果去掉罗尔定理中的第三个条件 $f(a)=f(b)$，会得到什么结论呢？如图 2.10 所示，在 A, B 之间至少存在一点 C，使得曲线在这点的切线平行于直线段 AB，但这时直线段 AB 并不平行于 x 轴.

定理 2.10（拉格朗日中值定理） 若函数 $f(x)$ 满足下列条件：

（1）在闭区间 $[a,b]$ 上连续；

（2）在开区间 (a,b) 内可导，

则至少存在一点 $\xi\in(a,b)$，使得

$$f'(\xi)=\frac{f(b)-f(a)}{b-a}.$$

由上面定理的结论可知，拉格朗日中值定理是罗尔定理的推广，它是由函数的局部性质来研究函数的整体性质的桥梁，其应用十分广泛.

图 2.11 拉格朗日（1736—1813）

数学的主流是由微积分学发展起来的数学分析，数学分析的发展使力学和天体力学得到深化，而力学和天体力学的课题又成为数学分析发展的动力. 作为数学分析的开拓者之一的拉格朗日对当时的科学研究及其发展做出了历史性重大贡献. 拉格朗日幼年家境富裕，并没有做数学研究的打算，但到了青年时代，他在数学家 F. A. 雷维里（R-evelli）的指导下开始学习几何学，这为他成为数学天才埋下了种子.

例 2.30 验证罗尔定理对函数 $f(x)=x^2-2x+3$ 在区间 $[-1,3]$ 上的正确性.

解 显然函数 $f(x)=x^2-2x+3$ 在 $[-1,3]$ 上满足罗尔定理的三个条件. 由

$$f'(x)=2x-2=2(x-1)$$

可知，$f'(1)=0$，因此存在 $\xi=1\in(-1,3)$,使 $f'(1)=0$.

例 2.31 设 $f(x)$ 在 $[a,b]$ 上连续，在 (a,b) 内可导，且 $f'(x)>0$，$x\in(a,b)$，试证 $f(x)$ 在 $[a,b]$ 上严格单调递增.

证明 任取 $x_1, x_2\in(a,b)$，不妨设 $x_1<x_2$，则由拉格朗日中值定理可得

$$f(x_2)-f(x_1)=f'(\xi)(x_2-x_1),\ x_1<x_2.$$

由于 $f'(x)>0$，$x\in(a,b)$，因此 $f'(\xi)>0$，从而

$$f(x_2)>f(x_1).$$

由 x_1, x_2 的任意性知道 $f(x)$ 在 $[a,b]$ 上严格单调递增.

类似地可以证明：若 $f'(x)<0$，则 $f(x)$ 在 $[a,b]$ 上严格单调递减.

二、洛必达法则

洛必达法则是以法国数学家洛必达（L'Hospital）的名字命名的. 洛必达（1661—1704）出生在一个法国贵族家庭，青年时期他一度任骑兵军官，后因眼睛近视自行告退，转向学术研究. 他很早就显示出数学才华，15 岁时就解决了帕斯卡所提出的一个摆线难题.

洛必达的最大功绩是他撰写了世界上第一本微积分教程:《用于理解曲线的无穷小分析》,此书系统地介绍了微积分知识. 此著作出版于 1696 年，后来多次修订再版，在法国对普及微积分知识起了重要作用. 这本书模仿欧几里得和阿基米德的古典范例，以定义和公理为出发点，同时它也得益于他的老师约翰·伯努利的著作. 另外，他还写过一本关于圆锥曲线的书:《圆锥曲线分析论》，此书在他逝世之后 16 年才出版.

图 2.12　洛必达
(1661—1704)

下面，我们就来体会用洛必达法则求解函数极限时的奇妙之处.

由极限知识知，当 $x \to x_0$（或 $x \to \infty$）时，函数 $f(x)$ 与 $g(x)$ 都趋于零或都趋于无穷大，那么，极限 $\lim\limits_{\substack{x \to x_0 \\ (x \to \infty)}} \dfrac{f(x)}{g(x)}$ 可能存在，也可能不存在，通常称此极限为未定式，分别记为：$\dfrac{0}{0}$ 型或 $\dfrac{\infty}{\infty}$ 型. 计算未定式往往需要经过适当的变形，将其转化成可利用极限运算法则或重要极限的形式. 下面我们将用导数作为工具，给出计算未定式的一般方法，即洛必达法则.

1. $\dfrac{0}{0}$ 型未定式

定理 2.11　设 $f(x), g(x)$ 满足下列条件:

(1) $\lim\limits_{\substack{x \to x_0 \\ (x \to \infty)}} f(x) = 0$，$\lim\limits_{\substack{x \to x_0 \\ (x \to \infty)}} g(x) = 0$；

(2) $f(x), g(x)$ 在 $\mathring{U}(x_0)$ 内都可导（或者 $N > 0$，当 $|x| > N$ 时，$f(x), g(x)$ 都可导），且 $g'(x) \neq 0$；

(3) $\lim\limits_{x \to x_0} \dfrac{f'(x)}{g'(x)}$ 存在（或为 ∞），

那么

$$\lim_{\substack{x \to x_0 \\ (x \to \infty)}} \frac{f(x)}{g(x)} = \lim_{\substack{x \to x_0 \\ (x \to \infty)}} \frac{f'(x)}{g'(x)}.$$

需要注意的是该法则适用的条件，比如 $\lim\limits_{x \to 0} \dfrac{x^2 \sin \frac{1}{x}}{\sin x}$ 不满足**定理的条件**（3），**计算该极限时不能使用诺必达法则**.

例 2.32　求 $\lim\limits_{x \to 0} \dfrac{x - \tan x}{x - \sin x}$.

解　该极限属于 $\dfrac{0}{0}$ 型未定式，有

$$\lim_{x \to 0} \frac{x - \tan x}{x - \sin x} = \lim_{x \to 0} \frac{1 - \sec^2 x}{1 - \cos x} = \lim_{x \to 0} \frac{-2\sec^2 x \cdot \tan x}{\sin x} = -\lim_{x \to 0} \frac{2}{\cos^3 x} = -2.$$

例 2.33　求 $\lim\limits_{x \to 0} \dfrac{\sin^2 x - x \sin x \cos x}{x^4}$.

解 它是$\frac{0}{0}$型未定式. 若直接用洛必达法则，分子的导数较复杂，但如果适当化简，再使用洛必达法则就简单多了.

$$\begin{aligned}\lim_{x\to 0}\frac{\sin^2 x - x\sin x\cos x}{x^4} &= \lim_{x\to 0}\frac{\sin x - x\cos x}{x^3}\cdot\lim_{x\to 0}\frac{\sin x}{x} = \lim_{x\to 0}\frac{\sin x - x\cos x}{x^3}\\ &= \lim_{x\to 0}\frac{\cos x - \cos x + x\sin x}{3x^2} = \lim_{x\to 0}\frac{\sin x}{3x} = \frac{1}{3}.\end{aligned}$$

例 2.34 求 $\lim\limits_{x\to+\infty}\dfrac{\frac{\pi}{2}-\arctan x}{\frac{1}{x}}$.

解 该极限属于$\frac{0}{0}$型未定式，有

$$\lim_{x\to+\infty}\frac{\frac{\pi}{2}-\arctan x}{\frac{1}{x}} = \lim_{x\to+\infty}\frac{-\frac{1}{1+x^2}}{-\frac{1}{x^2}} = \lim_{x\to+\infty}\frac{x^2}{1+x^2} = 1.$$

2. $\frac{\infty}{\infty}$型未定式

当 $x\to x_0$（或 $x\to\infty$）时，$f(x)$ 和 $g(x)$ 都是无穷大量，即$\frac{\infty}{\infty}$型未定式，它也有与$\frac{0}{0}$型未定式相类似的方法，我们将其结果叙述如下.

定理 2.12 设 $f(x),g(x)$ 满足下列条件：

（1）$\lim\limits_{\substack{x\to x_0\\(x\to\infty)}} f(x)=\infty$，$\lim\limits_{\substack{x\to x_0\\(x\to\infty)}} g(x)=\infty$；

（2）$f(x),g(x)$ 在 $\mathring{U}(x_0)$ 内都可导（或者 $N>0$，当 $|x|>N$ 时，$f(x),g(x)$ 都可导），且 $g'(x)\neq 0$；

（3）$\lim\limits_{x\to x_0}\dfrac{f'(x)}{g'(x)}$ 存在（或为 ∞），

那么
$$\lim_{\substack{x\to x_0\\(x\to\infty)}}\frac{f(x)}{g(x)} = \lim_{\substack{x\to x_0\\(x\to\infty)}}\frac{f'(x)}{g'(x)}.$$

例 2.35 求 $\lim\limits_{x\to+\infty}\dfrac{x^n}{e^{\lambda x}}$（$n$ 为正整数，$\lambda>0$）.

解 应用洛必达法则 n 次，得

$$\lim_{x\to+\infty}\frac{x^n}{e^{\lambda x}} = \lim_{x\to+\infty}\frac{nx^{n-1}}{\lambda e^{\lambda x}} = \lim_{x\to+\infty}\frac{n(n-1)x^{n-2}}{\lambda^2 e^{\lambda x}} = \cdots = \lim_{x\to+\infty}\frac{n!}{\lambda^n\cdot e^{\lambda x}} = 0.$$

3. 其他未定式

若对某极限过程有 $f(x)\to 0$ 且 $g(x)\to\infty$，则称 $\lim[f(x)\cdot g(x)]$ 为 $0\cdot\infty$ 型未定式；

若对某极限过程有 $f(x)\to\infty$ 且 $g(x)\to\infty$，则称 $\lim[f(x)-g(x)]$ 为 $\infty-\infty$ 型未定式；

若对某极限过程有 $f(x)\to 0$ 且 $g(x)\to 0$，则称 $\lim f(x)^{g(x)}$ 为 0^0 型未定式；

若对某极限过程有 $f(x)\to 1$ 且 $g(x)\to\infty$，则称 $\lim f(x)^{g(x)}$ 为 1^∞ 型未定式；

若对某极限过程有 $f(x)\to +\infty$ 且 $g(x)\to 0$，称 $\lim f(x)^{g(x)}$ 为 ∞^0 型未定式.

上面这些未定式都可以经过简单的变换转化成 $\dfrac{0}{0}$ 型或 $\dfrac{\infty}{\infty}$ 型. 因此常常可以用洛必达法则求出其极限，下面举例说明.

例 2.36　求 $\lim\limits_{x\to 0^+} x\ln x$（$0\cdot\infty$ 型）.

解　当 $x\to 0^+$ 时，$\ln x\to -\infty$，$\dfrac{1}{x}\to +\infty$，所以

$$\lim_{x\to 0^+} x\ln x=\lim_{x\to 0^+}\frac{\ln x}{\frac{1}{x}}=\lim_{x\to 0^+}\frac{(\ln x)'}{\left(\frac{1}{x}\right)'}=\lim_{x\to 0^+}\frac{\frac{1}{x}}{-\frac{1}{x^2}}=\lim_{x\to 0^+}\frac{-x}{1}=0 .$$

例 2.37　求 $\lim\limits_{x\to 1}\left(\dfrac{x}{x-1}-\dfrac{1}{\ln x}\right)$.

解　这是 $\infty-\infty$ 型未定式，通分后可转化成 $\dfrac{0}{0}$ 型.

$$\lim_{x\to 1}\left(\frac{x}{x-1}-\frac{1}{\ln x}\right)=\lim_{x\to 1}\frac{x\ln x-x+1}{(x-1)\ln x}=\lim_{x\to 1}\frac{\ln x}{\frac{x-1}{x}+\ln x}=\lim_{x\to 1}\frac{\frac{1}{x}}{\frac{1}{x^2}+\frac{1}{x}}=\frac{1}{2} .$$

例 2.38　求 $\lim\limits_{x\to 0^+} x^{\sin x}$.

解　这是 0^0 型未定式，先转化为对数恒等式 $x^{\sin x}=\mathrm{e}^{\ln x^{\sin x}}=\mathrm{e}^{\sin x\cdot\ln x}$，再求极限.

$$\lim_{x\to 0^+} x^{\sin x}=\lim_{x\to 0^+}\mathrm{e}^{\sin x\cdot\ln x}=\mathrm{e}^{\lim\limits_{x\to 0^+}\sin x\cdot\ln x}=\mathrm{e}^{\lim\limits_{x\to 0^+}\frac{\ln x}{\frac{1}{\sin x}}}=\mathrm{e}^{\lim\limits_{x\to 0^+}\frac{-\sin^2 x}{x^2}\cdot\frac{x}{\cos x}}=\mathrm{e}^0=1 .$$

例 2.39　求 $\lim\limits_{x\to 0^+}\left(1+\dfrac{1}{x}\right)^x$.

解　这是 ∞^0 型未定式.

$$\lim_{x\to 0^+}\left(1+\frac{1}{x}\right)^x=\lim_{x\to 0^+}\mathrm{e}^{x\ln\left(1+\frac{1}{x}\right)}=\mathrm{e}^{\lim\limits_{x\to 0^+}\frac{\ln\left(1+\frac{1}{x}\right)}{\frac{1}{x}}}=\mathrm{e}^{\lim\limits_{x\to 0^+}\frac{\left(1+\frac{1}{x}\right)^{-1}\cdot\left(-\frac{1}{x^2}\right)}{-\frac{1}{x^2}}}=\mathrm{e}^{\lim\limits_{x\to 0^+}\frac{x}{1+x}}=\mathrm{e}^0=1 .$$

例 2.40　求 $\lim\limits_{x\to 0^+}(\cot x)^{\frac{1}{\ln x}}$.（$\infty^0$ 型）

解　$\lim\limits_{x\to 0^+}(\cot x)^{\frac{1}{\ln x}}=\lim\limits_{x\to 0^+}\mathrm{e}^{\frac{\ln\cot x}{\ln x}}=\mathrm{e}^{\lim\limits_{x\to 0^+}\frac{\ln\cot x}{\ln x}}=\mathrm{e}^{\lim\limits_{x\to 0^+}\frac{-1}{\cos x}\cdot\frac{x}{\sin x}}=\mathrm{e}^{-1}$.

洛必达法则是求未定式的一种有效方法，但不是万能的．我们要学会善于根据具体问题采取不同的方法求解，学会能与其他求极限的方法结合使用．

三、泰勒公式

泰勒公式

在理论分析与近似计算中，对于一些较复杂的函数，我们往往希望用一些简单的函数来近似表达．多项式函数是较简单的函数，它只要对自变量进行有限次的加、减、乘三种算术运算，就能求出其函数值．因此，多项式经常被用于近似地表达函数．

英国数学家泰勒（Taylor. Brook, 1685—731）在这方面做出了很大贡献．他的研究结果表明：具有直到 $n+1$ 阶导数的函数在一个点的邻域内的值可以用该函数在该点的函数值及各阶导数值组成的 n 次多项式来近似表达．下面介绍泰勒公式及其简单应用．

图 2.13　泰勒（1685—1731）

我们知道，在微分的应用中，当 $|x|$ 非常小时，有

$$e^x \approx 1+x\text{，}\ \ln(1+x) \approx x\text{，}\ \sin x \approx x\text{，}$$

这些都是用一次多项式近似表示函数 $f(x)$ 的例子，但这些近似公式有两点不足：① 精度不高；② 没有准确且好用的误差估计式．

从几何上看，上述近似公式精度不高是因为在 $x=0$ 附近，我们以直线（一次多项式）来近似代替曲线，两条线的吻合程度不好．人们自然会想到，若改用二次曲线、三次曲线，甚至 n 次曲线来代替曲线 $y=f(x)$，那么在 $x=0$ 附近，两条曲线的吻合程度会变好，其精度当然也有所提高．

下面讨论这两个问题：

（1）设函数 $f(x)$ 在 $U(x_0)$内有直到 $n+1$ 阶导数，试求一个关于 $x-x_0$ 的 n 次多项式

$$p_n(x)=a_0+a_1(x-x_0)+a_2(x-x_0)^2+\cdots+a_n(x-x_0)^n$$

用来近似代替 $f(x)$．我们要求

$$f(x_0)=p_n(x_0)\text{，}\ f'(x_0)=p_n'(x_0)\text{，}\ \cdots\text{，}\ f^{(n)}(x_0)=p_n^{(n)}(x_0)\ .$$

也就是说，$f(x)$ 和 $p_n(x)$ 在点 $x=x_0$ 处的函数值及 k 阶 $(k\leqslant n)$ 导数相等．

从几何上看，条件 $f(x_0)=p_n(x_0)$ 和 $f'(x_0)=p_n'(x_0)$ 表示两曲线 $f(x)$ 和 $p_n(x)$ 都过点 $(x_0,f(x_0))$，且在该点处有相同的切线．根据后面的知识我们还将知道，条件 $f''(x_0)=p_n''(x_0)$ 表示这两条曲线在点 $(x_0,f(x_0))$ 处的弯曲方向和弯曲程度相同．

（2）给出误差 $f(x)=p_n(x)$ 的表达式．

由 $f(x_0)=p_n(x_0)$，$f'(x_0)=p_n'(x_0)$，$\cdots$，这些条件来确定系数 $a_0,a_1,\cdots,a_n$．将 $x=x_0$ 代入

$$p_n(x)=a_0+a_1(x-x_0)+a_2(x-x_0)^2+\cdots+a_n(x-x_0)^n\text{，}$$

得

$$a_0=p_n(x_0)=f(x_0)\ .$$

对 $p_n(x)=a_0+a_1(x-x_0)+a_2(x-x_0)^2+\cdots+a_n(x-x_0)^n$ 求导，再将 $x=x_0$ 代入，得到

$$a_1 = p_n'(x_0) = f'(x_0)，即 a_1 = f'(x_0).$$

再继续求导，求出 $p_n''(x)$，将 $x = x_0$ 代入，得

$$a_2 = \frac{f''(x_0)}{2!}.$$

一般地

$$a_k = \frac{f^{(k)}(x_0)}{k!},\ k = 0,1,2,\cdots.$$

从而所求多项式为

$$p_n(x) = f(x_0) + f'(x_0)(x - x_0) + \frac{f''(x_0)}{2!}(x - x_0^2) + \cdots + \frac{f^{(n)}(x_0)}{n!}(x - x_0)^n.$$

定理 2.13（泰勒中值定理）　设函数 $f(x)$ 在 (a,b) 内具有直到 $n+1$ 阶导数，$x_0 \in (a,b)$，则对于任意 $x \in (a,b)$ 有

$$f(x) = f(x_0) + f'(x_0)(x - x_0) + \frac{f''(x_0)}{2!}(x - x_0)^2 + \cdots + \frac{f^{(n)}(x_0)}{n!}(x - x_0)^n + R_n(x),$$

其中拉格朗日型余项

$$R_n(x) = \frac{f^{(n+1)}(\xi)}{(n+1)!}(x - x_0)^{n+1}\ （\xi 在 x_0 与 x 之间）.$$

前面所学的拉格朗日中值定理可看作当 $n = 1$ 时的泰勒公式：

$$f(x) = f(x_0) + f'(\xi)(x - x_0).$$

因此，泰勒中值定理是拉格朗日中值定理的推广.

当 $x_0 = 0$ 时的泰勒公式，又称为马克劳林（Maclaurin）公式：

$$f(x) = f(0) + f'(0)x + \frac{f''(0)}{2!}x^2 + \cdots + \frac{f^{(n)}(0)}{n!}x^n + o(x^n).$$

一些常见函数在 $x_0 = 0$ 时的泰勒公式（马克劳林公式）为：

$$\ln(1+x) = x - \frac{1}{2}x^2 + \frac{1}{3}x^3 + \cdots + (-1)^{n-1}\frac{1}{n}x^n + o(x^n);$$

$$\sin x = x - \frac{1}{3!}x^3 + \frac{1}{5!}x^5 + \cdots + (-1)^{n-1}\frac{1}{(2n-1)!}x^{2n-1} + o(x^{2n-1});$$

$$\cos x = 1 - \frac{1}{2!}x^2 + \frac{1}{4!}x^4 + \cdots + (-1)^n\frac{1}{(2n)!}x^{2n} + o(x^{2n});$$

$$e^x = 1 + x + \frac{1}{2!}x^2 + \frac{1}{3!}x^3 + \cdots + \frac{1}{n!}x^n + o(x^n).$$

例 2.41　写出函数 $f(x) = x^3 \ln x$ 在点 $x_0 = 1$ 处的四阶泰勒公式.

解　$f(x) = x^3 \ln x$，　　　　$f(1) = 0$；

$$f'(x)=3x^2\ln x+x^2,\qquad f'(1)=1;$$
$$f''(x)=6x\ln x+5x,\qquad f''(1)=5;$$
$$f'''(x)=6\ln x+11,\qquad f'''(1)=11;$$
$$f^{(4)}(x)=\frac{6}{x},\qquad f^{(4)}(1)=6;$$
$$f^{(5)}(x)=-\frac{6}{x^2},\qquad f^{(5)}(\xi)=-\frac{6}{\xi^2}.$$

于是

$$x^3\ln x=(x-1)+\frac{5}{2!}(x-1)^2+\frac{11}{3!}(x-1)^3+\frac{6}{4!}(x-1)^4-\frac{6}{5!\xi^2}(x-1)^5,$$

其中 ξ 在 1 与 x 之间.

四、函数的单调性与凹凸性

我们已经会用初等数学的方法研究一些函数的单调性和某些简单函数的性质，但这些方法的使用范围狭窄，所以下面利用导数来研究函数的某些性态.

1. 函数的单调性

定理 2.14 设函数 $y=f(x)$ 在 $[a,b]$ 上连续，在 (a,b) 内可导，

（1）若在 (a,b) 内 $f'(x)>0$，则函数 $y=f(x)$ 在 (a,b) 内单调增加;

（2）若在 (a,b) 内 $f'(x)<0$，则函数 $y=f(x)$ 在 (a,b) 上单调减少.

例 2.42 求出函数 $f(x)=x^3-3x^2-24x+32$ 的单调区间.

解 $f(x)$ 的定义域为 $(-\infty,+\infty)$.

$$f'(x)=3x^2-6x-24=3(x+2)(x-4).$$

令 $f'(x)=0$，求解得 $x_1=-2$，$x_2=4$.

$x_1=-2$，$x_2=4$ 将 $(-\infty,+\infty)$ 分为三个区间 $(-\infty,-2)$，$(-2,4)$，$(4,+\infty)$. 在每一个区间上，$f'(x)$ 为正或负，列表 2.1 讨论如下.

表 2.1

x	$(-\infty,-2)$	-2	$(-2,4)$	4	$(4,+\infty)$
$f'(x)$	+	0	−	0	+
$f(x)$	单调增加	极大值	单调减少	极小值	单调增加

根据表 2.1 及定理 2.14，得出结论: $f(x)$ 分别在区间 $(-\infty,-2)$，$(4,+\infty)$ 上单调增加，在区间 $(-2,4)$ 上单调减少.

2. 曲线的凹凸性

定义 2.4 设函数 $f(x)$ 在区间 I 上连续，如果对 $\forall x_1,x_2\in I$，恒有

$$f\left(\frac{x_1+x_2}{2}\right)<\frac{f(x_1)+f(x_2)}{2},$$

则称 $f(x)$ 在 I 上的图形是（**向上**）**凹的**（或**凹弧**）；反之，若有

$$f\left(\frac{x_1+x_2}{2}\right)>\frac{f(x_1)+f(x_2)}{2},$$

则称 $f(x)$ 在 I 上的图形是（**向上**）**凸的**（或**凸弧**）.

定理 2.15　设 $f(x)$ 在 (a,b) 内有一阶导数和二阶导数 $f''(x)$，且

（1）若 $\forall x\in(a,b)$ 有 $f''(x)>0$，则 $y=f(x)$ 的图形在 (a,b) 内是凹的；

（2）若 $\forall x\in(a,b)$ 有 $f''(x)<0$，则 $y=f(x)$ 的图形在 (a,b) 内是凸的.

例 2.43　判断曲线 $y=\ln x$ 的凹凸性.

解　$y'=\frac{1}{x}$，$y''=-\frac{1}{x^2}$.

因定义域为 $(0,+\infty)$，所以在 $(0,+\infty)$ 上，$y''<0$，故曲线是凸的.

五、函数的极值与最值

函数的极值是一个局部性概念，其确切定义如下：

定义 2.5　设函数 $f(x)$ 在点 x_0 的某邻域 $U(x_0)$ 内有定义，若对任意 $x\in\mathring{U}(x_0)$，有

$$f(x)<f(x_0)\ （或\ f(x)>f(x_0)\ ），$$

则称 $f(x)$ 在点 x_0 处取得极大值（或极小值）. x_0 称为极大值点（或极小值点）.

极大值和极小值统称为极值. 极大值点和极小值点统称为极值点. 由定义可知，极值是在某一点的邻域内比较函数值的大小而产生的，因此，对于一个定义在 (a,b) 内的函数，其极值往往可能有很多个，而在某一点处取得的极大值可能会比另一点处取得的极小值还要小. 曲线所对应的函数在取极值的地方，其切线（如果存在）都是水平的，亦即该点处的导数为零. 事实上，我们有下面的定理.

定理 2.16（**极值存在的必要条件**）　设函数 $f(x)$ 在某区间 I 内有定义，若 $f(x)$ 在该区间内的点 x_0 处取得极值，且 $f'(x_0)$ 存在，则必有 $f'(x_0)=0$.

证明　设 $f(x_0)$ 为极大值，则 $\exists\mathring{U}(x_0,\delta)$，对 $\forall x\in\mathring{U}(x_0,\delta)$ 有，$f(x)<f(x_0)$ 成立，故

$$f'_-(x_0)=\lim_{x\to x_0^-}\frac{f(x)-f(x_0)}{x-x_0}\geqslant 0,$$

$$f'_+(x_0)=\lim_{x\to x_0^+}\frac{f(x)-f(x_0)}{x-x_0}\leqslant 0.$$

而 $f'(x_0)$ 存在，从而 $f'(x_0)=0$.

极小值情形可类似证明.

通常称 $f'(x_0)=0$ 的根为函数 $f(x)$ 的驻点. 由定理 2.16 可知：可导函数的极值点一定是驻点，但其逆命题不成立. 例如，$x=0$ 是函数 $f(x)=x^3$ 的驻点但不是 $f(x)$ 的极值点. 事实上，函数 $f(x)=x^3$ 在 $(-\infty,+\infty)$ 上是单调函数. 另外，连续函数在导数不存在的点处也可能取得极值. 例如，$y=|x|$ 在点 $x=0$ 处取极小值，而函数在点 $x=0$ 处不可导. 因此，对于连续函数来说，驻点

和导数不存在的点均有可能成为极值点. 那么，如何判别它们是否确为极值点呢？我们有以下的判别准则.

定理 2.17 设函数 $f(x)$ 在点 x_0 处连续，并且在点 x_0 的某一去心邻域 $U(x_0,\delta)$ 内可导，

（1）如果在 $U(x_0,\delta)$ 内，当 $x<x_0$ 时，$f'(x)>0$，而当 $x>x_0$ 时，有 $f'(x)<0$，则 $f(x)$ 在点 x_0 处取得极大值，$f(x_0)$ 是 $f(x)$ 的极大值；

（2）如果在 $U(x_0,\delta)$ 内，当 $x<x_0$ 时，$f'(x)<0$，而当 $x>x_0$ 时，有 $f'(x)>0$，则 $f(x)$ 在点 x_0 处取得极小值，$f(x_0)$ 是 $f(x)$ 的极小值；

（3）若 $f'(x)$ 在点 x_0 的左、右两侧同号，则 $f(x)$ 在点 x_0 处不取极值.

例 2.44 求函数 $f(x)=3x^{2/3}-x$ 的极值.

解 函数的定义域为 $(-\infty,+\infty)$.

$$f'(x)=2x^{-1/3}-1=\frac{2-\sqrt[3]{x}}{\sqrt[3]{x}}.$$

令 $f'(x)=0$，得驻点 $x_1=8$. $f(x)$ 在点 $x_2=0$ 处导数不存在. 因此，驻点以及导数不存在的点 x_1,x_2 分定义域为三个区间：$(-\infty,0)$，$(0,8)$，$(8,+\infty)$.

在这些小区间内分别讨论导数的符号变化及函数极值情况，列表 2.2 如下.

表 2.2

x	$(-\infty,0)$	0	$(0,8)$	8	$(8,+\infty)$
$f'(x)$	$-$	不存在	$+$	0	$-$
$f(x)$	减函数	极小值	增函数	极大值	减函数

由表 2.2 可得：$f(x)$ 在点 $x_2=0$ 处取得极小值，极小值为 $f(0)=0$；$f(x)$ 在点 $x_1=8$ 处取得极大值，极大值为 $f(8)=4$.

定理 2.18（函数取极值的第二充分条件） 设 $f(x)$ 在点 x_0 处二阶可导，并且 x_0 是 $f(x)$ 的驻点（即 $f'(x_0)=0$），$f''(x_0)\neq 0$. 如果

$$f''(x_0)>0\ \left(f''(x_0)<0\right),$$

则 $f(x_0)$ 为极小值（极大值）.

讨论函数的单调性、求函数极值的一般步骤：

（1）确定函数的定义域.

（2）求函数的一阶导数，并进一步求出函数的所有驻点以及一阶导数不存在的点.

（3）列表. 用上述求出的所有可能的极值点将函数定义域分割成若干个小区间. 如果问题只要求求出极值，可以不列表，继续求二阶导数，利用第二充分条件做出判断.

（4）讨论函数的一阶导数在各个小区间的正负号情况，进而确定函数在各个小区间的单调性，并确定函数在可能的极值点处的极值.

例 2.45 求函数 $y=2x^3-6x^2-18x+7$ 的极值.

解（解法 1） 因为

$$f'(x)=6x^2-12x-18=6(x-3)(x+1),$$

所以函数的驻点有：$x=-1$ 和 $x=3$. 列表 2.3 如下.

表 2.3

	$(-\infty,-1)$	-1	$(-1,3)$	3	$(3,+\infty)$
y'	+	0	−	0	+
y	↗	极大	↘	极小	↗

由定理 2.17 可知，$f(-1)=17$ 为极大值，$f(3)=-47$ 为极小值. 并且函数在区间 $(-\infty,-1)$ 或 $(3,+\infty)$ 内严格单调递增；在 $(-1,3)$ 内严格单调递减.

（解法 2）　因为

$$f'(x)=6x^2-12x-18=6(x-3)(x+1),$$

所以函数的驻点有：$x=-1$ 和 $x=3$. 又因为

$$y''=12x-12=12(x-1),$$

故 $y''(-1)=-24<0$，$y''(3)=24>0$.

由定理 2.18 知，$f(-1)=17$ 为极大值，$f(3)=-47$ 为极小值.

函数 $f(x)$ 在区间 $[a,b]$ 上一定存在最大值与最小值，且最大值点和最小值点要么出现在区间 (a,b) 内，要么出现在区间的端点上. 如果最值点在区间 (a,b) 内出现，这个点必定是极值点. 因此，只要求出函数 $f(x)$ 在 (a,b) 内的一切可能的极值点，即可求出一切可能的极值，再将它们与端点处的函数值相比，其中最大者就是函数的最大值，最小者就是函数的最小值.

例 2.46　求函数 $f(x)=x^3-3x^2-9x+5$ 在区间 $[-4,4]$ 上的最大值和最小值.

解　$f'(x)=3x^2-6x-9=3(x+1)(x-3)$.

令 $f'(x)=0$，得驻点 $x_1=-1$，$x_2=3$.

计算得

$$f(-4)=-71,\quad f(-1)=10,\quad f(3)=-22,\quad f(4)=-15.$$

比较以上各函数值可得：$f(x)$ 在区间 $[-4,4]$ 上的最大值是 $f(-1)=10$，最小值是 $f(-4)=-71$.

例 2.47　求 $f(x)=(x-1)\sqrt[3]{x^2}$ 在 $\left[-1,\frac{1}{2}\right]$ 上的最大值和最小值.

解　因为

$$f'(x)=x^{\frac{2}{3}}+\frac{2}{3}(x-1)\,x^{-\frac{1}{3}}=\frac{5x-2}{3x^{\frac{1}{3}}},$$

令 $f'(x)=0$，解得 $x=\frac{2}{5}$. 而 $x=0$ 是 $f'(x)$ 不存在的点，所以 $f'(x)$ 的可能的极值点为：$x_1=\frac{2}{5}$，$x_2=0$.

由于

$$f(0)=0,\quad f\left(\frac{2}{5}\right)=-\frac{3}{5}\cdot\frac{\sqrt[3]{4}}{25},\quad f(-1)=-2,\quad f\left(\frac{1}{2}\right)=-\frac{1}{8}\cdot\sqrt[3]{2}.$$

比较上述函数值的大小，可知函数 $f(x)$ 在点 $x=0$ 处取得最大值，$f_{最大值}(0)=0$；$f(x)$ 在点

$x=-1$处取得最小值，$f_{最小值}(-1)=-2$.

习题 2.4

1. 利用洛必达法则求下列极限.

（1）$\lim\limits_{x\to0}\dfrac{e^x-e^{-x}}{x}$；（2）$\lim\limits_{x\to0}\dfrac{e^x-x-1}{x(e^x-1)}$；（3）$\lim\limits_{x\to0}\dfrac{e^x\cos x-1}{\sin 2x}$；

（4）$\lim\limits_{x\to1}\dfrac{x^3-3x+2}{x^4-4x+3}$；（5）$\lim\limits_{x\to0^+}\sin x\ln x$；（6）$\lim\limits_{x\to+\infty}\dfrac{x+\ln x}{x\ln x}$；

（7）$\lim\limits_{x\to0}\left(\dfrac{e^x}{x}-\dfrac{1}{e^x-1}\right)$；（8）$\lim\limits_{x\to0}(1+\sin x)^{\frac{1}{x}}$；（9）$\lim\limits_{x\to+\infty}\dfrac{\sin\frac{1}{x}}{1-e^{\frac{1}{x}}}$.

2. 设$\lim\limits_{x\to1}\dfrac{x^2+mx+n}{x-1}=5$，求常数$m,n$的值.

3. 求下面函数的单调区间与极值.

（1）$f(x)=2x^4-4x^2$；（2）$f(x)=\dfrac{x^2}{x^3+1}$；

（3）$f(x)=(x-1)^5(x-2)^4$；（4）$f(x)=(x-4)\sqrt[3]{(x+1)^2}$.

4. 判定$f(x)=x-\ln(1+x)$的凹凸性.

5. 某汽车公司有 50 台同型号的汽车要出售，当价格定在每台 180 万元时，汽车可以全部卖出，若汽车的售价每增加 10 万元，就有一台卖不出去，而卖出去的车子总共需花 20 万的维护费. 请问每台汽车的价格定在多少，公司可获得最大利润？

第五节 导数在实际问题中的应用

导数在实际生活中有广泛的应用，接下来我们仅简要分析导数在经济领域及工程技术领域中的应用。

一、边际与边际分析

在经济学中，边际是一个重要概念，通常指经济变量的变化率，而且与导数有密切的关系. 函数$f(x)$的边际函数是指它的导函数，$f'(x_0)$则称为函数$f(x)$在点x_0的边际函数值. 边际分析方法是指运用导数和微分的方法来研究经济运行中增量的变化，并用以分析各经济变量之间相互关系及变化过程的一种方法.

1. 边际成本

总成本是指生产一定量的产品所需要的成本总额，通常由固定成本和可变成本两部分构成，用$C(x)$表示，其中x表示产品的产量，$C(x)$表示当产量为x时的总成本.

不生产时，$x=0$，这时 $C(x)=C(0)$，$C(0)$ 就是固定成本.

平均成本是指平均每个单位产品的成本. 若产量由 x_0 变化到 $x_0+\Delta x$，则

$$\frac{C(x_0+\Delta x)-C(x_0)}{\Delta x}$$

称为 $C(x)$ 在 $(x_0,x_0+\Delta x)$ 内的平均成本，它表示总成本函数 $C(x)$ 在 $(x_0,x_0+\Delta x)$ 内的平均变化率.

而 $C(x)/x$ 称为平均成本函数，它表示在产量为 x 时每单位产品的成本.

设某种商品的成本函数为

$$C(x)=5000+13x+30\sqrt{x},$$

其中 x 表示产量（单位：吨），$C(x)$ 表示产量为 x 时的总成本（单位：元），当产量为 400 吨时的总成本及平均成本分别为

$$C(x)\big|_{x=400}=5000+13\times400+30\times\sqrt{400}=10800\,(\text{元}),$$

$$\left.\frac{C(x)}{x}\right|_{x=400}=\frac{10800}{400}=27\,(\text{元/吨}).$$

如果产量由 400 吨增加到 450 吨，即产量增加 $\Delta x=50$ 吨时，相应地总成本增加量为

$$\Delta C(x)=C(450)-C(400)=11468.4-10800=686.4.$$

故
$$\frac{\Delta C(x)}{\Delta x}=\left.\frac{C(x+\Delta x)-C(x)}{\Delta x}\right|_{\substack{x=400\\ \Delta x=500}}=\frac{686.4}{50}=13.728.$$

这表示产量由 400 吨增加到 450 吨时，总成本的平均变化率，即产量由 400 吨增加到 450 吨，平均每吨增加成本 13.728 元.

类似计算可得：当产量为 400 吨时再增加 1 吨，即 $\Delta x=1$ 时，总成本的变化量为

$$\Delta C(x)=C(401)-C(400)=13.7495.$$

故
$$\left.\frac{\Delta C(x)}{\Delta x}\right|_{\substack{x=400\\ \Delta x=1}}=\frac{13.7495}{1}=13.7495.$$

这表示在产量为 400 吨时，增加 1 吨产量所增加的成本.

产量由 400 吨减少 1 吨，即 $\Delta x=-1$ 时，总成本的变化量为

$$\Delta C(x)=C(399)-C(400)=-13.7505.$$

故
$$\left.\frac{\Delta C(x)}{\Delta x}\right|_{\substack{x=400\\ \Delta x=-1}}=\frac{-13.7505}{-1}=13.7505.$$

这表示产量在 400 吨时，减少 1 吨产量所减少的成本.

在经济学中，边际成本定义为产品产量增加或减少一个单位时所增加或减少的总成本. 即有如下定义：

定义 2.6　设总成本函数为 $C(x)$，若其他条件不变，产量为 x_0 时，增加（减少）1 个单位产量所增加（减少）的成本叫作产量为 x_0 时的边际成本. 即

$$\text{边际成本}=\frac{C(x_0+\Delta x)-C(x_0)}{\Delta x},$$

其中，$\Delta x=1$或$\Delta x=-1$.

注意 总成本函数中自变量的取值，按经济意义来讲，产品的产量通常取正整数. 如汽车的产量，机器的产量，服装的产量等，都是正整数. 因此，产量是一个离散的变量. 在经济学中，假定产量是无限可分的，则可以把产量看作一个连续变量，进而可引入极限的方法，并用导数表示边际成本.

事实上，如果总成本函数$C(x)$是可导函数，则有：

$$C'(x_0)=\lim_{\Delta x\to 0}\frac{C(x_0+\Delta x)-C(x_0)}{\Delta x}.$$

由极限与无穷小量的关系可知

$$\frac{C(x_0+\Delta x)-C(x_0)}{\Delta x}=C'(x_0)+\alpha,$$

其中$\lim\limits_{\Delta x\to 0}\alpha=0$. 当$|\Delta x|$非常小时有

$$\frac{C(x_0+\Delta x)-C(x_0)}{\Delta x}\approx C'(x_0).$$

例 2.48 已知某商品的成本函数为

$$C(Q)=100+\frac{1}{4}Q^2\ (Q\text{ 表示产量}),$$

求：（1）当$Q=10$时的平均成本，以及Q为多少时，平均成本最小？

（2）$Q=10$时的边际成本，并解释其经济意义.

解 （1）由$C(Q)=100+\frac{1}{4}Q^2$可得平均成本函数为

$$\frac{C(Q)}{Q}=\frac{100+\frac{1}{4}Q^2}{Q}=\frac{100}{Q}+\frac{1}{4}Q.$$

故当$Q=10$时，$\left.\frac{C(Q)}{Q}\right|_{Q=10}=\frac{100}{10}+\frac{1}{4}\times 10=12.5$.

记$\overline{C}=\frac{C(Q)}{Q}$，则

$$\overline{C}'=-\frac{100}{Q^2}+\frac{1}{4},\quad \overline{C}''=\frac{200}{Q^3}.$$

令$\overline{C}'=0$，得$Q=20$. 而$\overline{C}''(20)=\frac{200}{(20)^3}=\frac{1}{40}>0$，所以当$Q=20$时，平均成本最小.

（2）由 $C(Q)=100+\frac{1}{4}Q^2$ 可得边际成本函数为

$$C'(Q)=\frac{1}{2}Q\ .$$

故 $C'(Q)\big|_{x=10}=\frac{1}{2}\times 10=5$，即当产量 $Q=10$ 时的边际成本为 5．其经济意义为：当产量为 10 时，若再增加（减少）一个单位产品，总成本将近似地增加（减少）5 个单位.

2．边际收益

总收益是指生产者出售一定量产品所得的全部收入，用 $R(x)$ 表示，其中 x 表示销售量（在以下的讨论中，我们总是假设销售量、产量、需求量均相等）.

平均收益函数为 $R(x)/x$，它表示销售量为 x 时单位销售量的平均收益.

在经济学中，边际收益是指生产者每多（少）销售一个单位产品所增加（减少）的销售总收入.

按照如上边际成本的讨论，可得如下定义.

定义 2.7　若总收益函数 $R(x)$ 可导，称

$$R'(x_0)=\lim_{\Delta x\to 0}\frac{R(x_0+\Delta x)-R(x_0)}{\Delta x}$$

为销售量为 x_0 时该产品的边际收益.

其经济意义为：在销售量为 x_0 时，再增加（减少）一个单位的销售量，总收益将近似地增加（减少）$R'(x_0)$ 单位.

$R'(x)$ 称为边际收益函数，且 $R'(x_0)=R'(x)\big|_{x=x_0}$.

3．边际利润

总利润是指销售 x 单位的产品所获得的净收入，即总收益与总成本之差，记为 $L(x)$，则

$$L(x)=R(x)-C(x)\text{（其中 }x\text{ 表示销售量）}.$$

$L(x)/x$ 称为平均利润函数.

定义 2.8　若总利润函数 $L(x)$ 为可导函数，称

$$L'(x_0)=\lim_{\Delta x\to 0}\frac{L(x_0+\Delta x)-L(x_0)}{\Delta x}$$

为 $L(x)$ 在 x_0 处的边际利润.

其经济意义为：在销售量为 x_0 时，再多（少）销售一个单位产品所增加（减少）的利润.

根据总利润函数的定义及函数取得最大值的必要条件与充分条件可得如下结论.

因为 $L(x)=R(x)-C(x)$，所以

$$L'(x)=R'(x)-C'(x)\,.$$

令 $L'(x)=0$，则

$$R'(x)=C'(x)\ ,$$

即函数取得最大利润的必要条件是边际收益等于边际成本.

又由 $L(x)$ 取得最大值的充分条件为

$$L'(x)=0 \quad 且 \quad L''(x)<0\ ,$$

可得

$$R''(x)<C''(x)\ ,$$

即函数取得最大利润的充分条件是：边际收益等于边际成本且边际收益的变化率小于边际成本的变化率.

例 2.49 某工厂生产某种产品，固定成本 20000 元，每生产一单位产品，成本增加 100 元. 已知总收益 R 为年产量 Q 的函数，即

$$R=R(Q)=\begin{cases}400Q-\dfrac{1}{2}Q^2, & 0\leqslant Q\leqslant 400\\ 80000, & Q>400\end{cases},$$

问每年生产多少产品时，总利润最大？此时总利润是多少？

解 由题意知总成本函数为

$$C=C(Q)=20000+100Q\ .$$

从而可得利润函数为

$$\begin{aligned}L=L(Q)&=R(Q)-C(Q)\\ &=\begin{cases}300Q-\dfrac{1}{2}Q^2-20000, & 0\leqslant Q\leqslant 400\\ 60000-100Q, & Q>400\end{cases}.\end{aligned}$$

令 $L'(Q)=0$，解得 $Q=300$. 又

$$L''(Q)\big|_{Q=300}=-1<0\ ,$$

所以当 $Q=300$ 时总利润最大，此时 $L(300)=25000$，即当年产量为 300 个单位时，总利润最大，此时总利润为 25000 元.

二、弹性与弹性分析

弹性一词来源于物理学，是经济学中的另一个重要概念. 它用来定量地描述当一个经济变量变化时，另一个经济变量的反应程度.

1. 问题的提出

设某商品的需求函数为 $Q=Q(P)$，其中 P 为价格. 当价格 P 获得一个增量 ΔP 时，相应地需求量也获得增量 ΔQ，比值 $\dfrac{\Delta Q}{\Delta P}$ 表示 Q 对 P 的平均变化率，但这个比值是一个与度量单位有关的量.

比如，假定该商品价格增加1元，引起需求量降低10单位，则 $\dfrac{\Delta Q}{\Delta P}=\dfrac{-10}{1}=-10$；若以分

为单位，即价格增加 100 分（1 元），引起需求量降低 10 个单位，则 $\frac{\Delta Q}{\Delta P}=\frac{-10}{100}=-\frac{1}{10}$. 由此可见，当价格的计算单位不同时，会引起比值 $\frac{\Delta Q}{\Delta P}$ 的变化. 为了弥补这一缺点，采用价格与需求量的相对增量 $\frac{\Delta P}{P}$ 及 $\frac{\Delta Q}{Q}$，它们分别表示价格和需求量的相对改变量，这时无论价格和需求量的计算单位怎样变化，比值 $\frac{\Delta Q}{Q}\Big/\frac{\Delta P}{P}$ 都不会发生变化，它表示 Q 对 P 的平均相对变化率，反映了需求变化对价格变化的反应程度.

2. 弹性的定义

定义 2.9　设函数 $y=f(x)$ 在点 $x_0(x_0\neq 0)$ 的某邻域内有定义，且 $f(x_0)\neq 0$，如果极限

$$\lim_{\Delta x\to 0}\frac{\Delta y/f(x_0)}{\Delta x/x_0}=\lim_{\Delta x\to 0}\frac{[f(x_0+\Delta x)-f(x_0)]/f(x_0)}{\Delta x/x_0}$$

存在，则称此极限值为函数 $y=f(x)$ 在点 x_0 处的点弹性，记为 $\left.\frac{Ey}{Ex}\right|_{x=x_0}$，称比值

$$\frac{\Delta y/f(x_0)}{\Delta x/x_0}=\frac{[f(x_0+\Delta x)-f(x_0)]/f(x_0)}{\Delta x/x_0}$$

为函数 $y=f(x)$ 在 x_0 与 $x_0+\Delta x$ 之间的平均相对变化率，经济上也叫作 x_0 与 $x_0+\Delta x$ 之间的弧弹性.

如果函数 $y=f(x)$ 在区间 (a,b) 内可导，且 $f(x)\neq 0$，则称 $\frac{Ey}{Ex}=\frac{x}{f(x)}f'(x)$ 为函数 $y=f(x)$ 在区间 (a,b) 内的点弹性函数，简称为弹性函数.

函数 $y=f(x)$ 在点 x_0 处的点弹性与 $f(x)$ 在 x_0 与 $x_0+\Delta x$ 之间的弧弹性的数值可以是正数，也可以是负数，它取决于变量 y 与变量 x 是同方向变化（正数）还是反方向变化（负数）. 弹性数值绝对值的大小表示变量变化程度的大小，且弹性数值与变量的度量单位无关. 这使得弹性概念在经济学中得到广泛应用，因为经济中各种商品的计算单位是不尽相同的，比较不同商品的弹性时，可不受计量单位的限制.

3. 需求的价格弹性

需求指在一定价格条件下，消费者愿意购买并且有支付能力购买的商品量. 消费者对某种商品的需求受多种因素影响，如价格、个人收入、预测价格、消费嗜好等，而价格是主要因素. 因此在这里我们假设除价格以外的因素不变，讨论需求对价格的弹性.

定义 2.10　设某商品的市场需求量为 Q，价格为 P，需求函数 $Q=Q(P)$ 可导，则称

$$\frac{EQ}{EP}=\frac{P}{Q}\cdot\frac{\mathrm{d}Q}{\mathrm{d}P}$$

为该商品的需求价格弹性，简称为需求弹性，通常记为 ε_P.

需求弹性 ε_P 表示商品需求量 Q 对价格 P 变动的反应强度. 由于需求量与价格 P 反方向变动，即需求函数为价格的减函数，故需求弹性为负值，即 $\varepsilon_P<0$. 因此需求价格弹性表明，当商品的价格上涨（下降）1%时，其需求量将减少（增加）约 $|\varepsilon_P|\%$.

例 2.50 设某商品的需求函数为$Q=f(P)=12-\frac{1}{2}P$，求需求弹性函数及$P=6$时的需求弹性.

解 $\varepsilon_P=\frac{EQ}{EP}=\frac{P}{Q}\cdot\frac{\mathrm{d}Q}{\mathrm{d}P}=\frac{P}{12-\frac{1}{2}P}\cdot\left(-\frac{1}{2}\right)=-\frac{P}{24-P}$.

$\varepsilon(6)=-\frac{6}{24-6}=-\frac{1}{3}$.

三、经济学中最优化问题举例

最优化问题举例

在许多实际问题中，经常遇到诸如成本最低、效益最大等问题，这就是最优化问题，下面举例说明导数与微分怎样运用在最优化的问题中.

1. 最大利润问题

例 2.51 假设某工厂生产某产品x千件的成本是$C(x)=x^3-6x^2+15x$，售出该产品x千件的收入是$R(x)=9x$，问是否存在一个能取得最大利润的生产水平？如果存在的话，找出这个生产水平.

解 售出x千件产品的利润为

$$L(x)=R(x)-C(x)=-x^3+6x^2-6x,$$

则有

$$L'(x)=-3x^2+12x-6=-3(x^2-4x+2).$$

令$L'(x)=0$得 $x_1=2-\sqrt{2}\approx 0.586,\ x_2=2+\sqrt{2}\approx 3.414$.

又 $C''(x)=-6x+12$，所以

$$C''(x_1)>0,\ C''(x_2)<0.$$

故在$x=3.414$千件处达到最大利润，而在x=0.586千件处发生局部最大亏损.

2. 复利问题

例 2.52 设林场里树木的价值是时间t（年）的函数V=$2^{\sqrt{t}}$，假设不用考虑树木在生长期间的其他费用，试求出最佳出售时间.

解 根据题意，林场里面的树越长越大，价值越来越高，若不用考虑树木在生长期间的其他费用，则应该越晚出售获利越多，所以没有最佳时间.

但是，如果考虑到资金的时间因素，晚出售得到的收益与早出售得到的收益不能简单地相比，而应该折算为现值再比较. 设年利率为r，则在时刻t出售所得收益V=$2^{\sqrt{t}}$的现值，按连续复利计算应为

$$A(t)=V(t)\mathrm{e}^{-rt}=2^{\sqrt{t}}\mathrm{e}^{-rt}.$$

所以
$$A'(t)=2^{\sqrt{t}}\ln 2\frac{\mathrm{e}^{-rt}}{2\sqrt{t}}-r\cdot 2^{\sqrt{t}}\mathrm{e}^{-rt}=A(t)\left(\frac{\ln 2}{2\sqrt{t}}-r\right).$$

令 $A'(t)=A(t)\left(\frac{\ln 2}{2\sqrt{t}}-r\right)=0$，得$t=\left(\frac{\ln 2}{2r}\right)^2$. 又因为

$$A''(t)=\left[A(t)\left(\frac{\ln 2}{2\sqrt{t}}-r\right)\right]'=A'(t)\left(\frac{\ln 2}{2\sqrt{t}}-r\right)+A(t)\left(\frac{\ln 2}{2\sqrt{t}}-r\right)',$$

当 $t=\left(\frac{\ln 2}{2r}\right)^2$ 时，有

$$A''(t)=A(t)\left(\frac{-\ln 2}{4\sqrt{t^3}}\right)<0.$$

所以当 $t=\left(\frac{\ln 2}{2r}\right)^2$ 时，将树木出售最有利.

四、导数在工程技术领域中的应用*

在工程技术领域中，经常要研究工件的弯曲、道路的转弯及桥梁的拱形等曲线的形状，这就需要研究分析曲线弯曲的程度．为此，先介绍弧微分的概念.

1．弧微分

如图 2.14 所示，在光滑曲线 $y=f(x)$ 上任意取一固定点 $M_0(x_0,y_0)$ 作为度量弧长的基点，并规定依 x 增大的方向作为曲线的正向．对曲线上任一点 $M(x,y)$，规定有向弧段 $\overset{\frown}{M_0M}$ 的值 s 如下：s 的绝对值等于这弧段的长度，当有向弧段 $\overset{\frown}{M_0M}$ 的方向与曲线的正向一致时 $s>0$，相反时 $s<0$．显然，弧 s 是 x 的函数：$s=s(x)$，而且是 x 的单调增加函数．下面来求 $s(x)$ 的导数及微分.

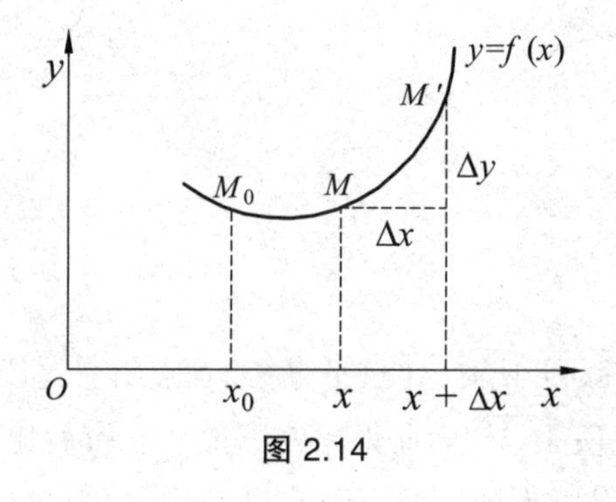

图 2.14

设 $x,x+\Delta x$ 是曲线 $y=f(x)$ 上的对应点 M,M' 的横坐标，并设对应于 x 的增量为 Δx，弧 s 的增量为 Δs，则

$$\Delta s=\overset{\frown}{M_0M'}-\overset{\frown}{M_0M}=\overset{\frown}{MM'}.$$

于是

$$\left(\frac{\Delta s}{\Delta x}\right)^2=\left(\frac{\overset{\frown}{MM'}}{\Delta x}\right)^2=\left(\frac{\overset{\frown}{MM'}}{|MM'|}\right)^2\cdot\frac{|MM'|^2}{(\Delta x)^2}$$

$$=\left(\frac{\overset{\frown}{MM'}}{|MM'|}\right)^2\cdot\frac{(\Delta x)^2+(\Delta y)^2}{(\Delta x)^2}=\left(\frac{\overset{\frown}{MM'}}{|MM'|}\right)^2\left[1+\left(\frac{\Delta y}{\Delta x}\right)^2\right].$$

所以
$$\frac{\Delta s}{\Delta x}=\pm\sqrt{\left(\frac{\overset{\frown}{MM'}}{|MM'|}\right)^2\left[1+\left(\frac{\Delta y}{\Delta x}\right)^2\right]}.$$

令 $\Delta x\to 0$，取极限，由于 $\Delta x\to 0$ 时，$M'\to M$，这时弧的长度与弦的长度之比的极限等于1. 又 $\lim\limits_{\Delta x\to 0}\frac{\Delta y}{\Delta x}=y'$，因此得

$$\frac{\mathrm{d}s}{\mathrm{d}x}=\pm\sqrt{1+y'^2}.$$

由于 $s=s(x)$ 是单调增加函数，从而根号前应取正号，于是有

$$\mathrm{d}s=\sqrt{1+y'^2}\,\mathrm{d}x.$$

这就是**弧微分公式**.

2. 曲　率

直觉告诉我们，直线不弯曲，半径较小的圆弯曲得比半径较大的圆厉害些. 而其他曲线的不同部分有不同的弯曲程度，如抛物线 $y=x^2$ 在顶点附近弯曲得比远离顶点的部分厉害.

在工程技术中，有时需要研究曲线的弯曲程度. 如船体结构中的钢梁、机床的转轴等，它们在荷载作用下要产生弯曲变形，在设计时对它们的弯曲必须有一定的限制，这就要定量地研究它们的弯曲程度. 为此，首先要讨论如何用数量来描述曲线的弯曲程度.

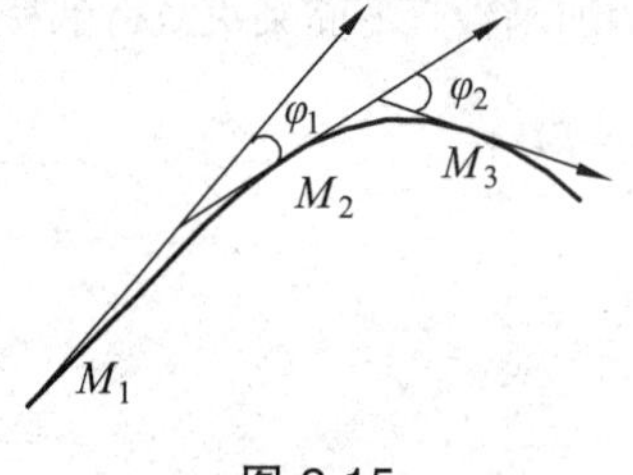

图 2.15

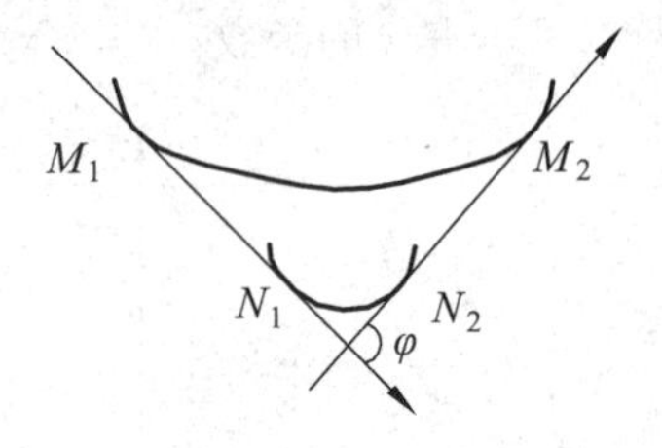

图 2.16

在图 2.15 中可以看出，弧段 $\overset{\frown}{M_1M_2}$ 比较平直，当动点沿着这段弧从点 M_1 移动到点 M_2 时，切线转过的角度 φ_1 不大；弧段 $\overset{\frown}{M_2M_3}$ 弯曲得比较厉害，角 φ_2 就比较大. 但是，切线转过的角度的大小还不能完全反映曲线弯曲的程度. 例如，从图 2.16 中可以看出，两弧段 $\overset{\frown}{M_1M_2}$ 及 $\overset{\frown}{N_1N_2}$ 的切线尽管转过的角度都是 φ，然而弯曲程度并不相同，短弧段比长弧段弯曲得厉害些. 由此可见，曲线弧的弯曲程度还与弧段的长度有关.

按上面的分析，下面引入描述曲线弯曲程度的曲率概念.

如图 2.17 所示，设曲线 C 所在的平面上已建立了 xOy 直角坐标系，在光滑曲线 C 上选定一点 M_0 作为度量弧 s 的基点. 设曲线上点 M 对应于弧 s，在点 M 处切线的倾角为 α，曲线上另外一点 M' 对应于弧 $s+\Delta s$，在点 M' 处

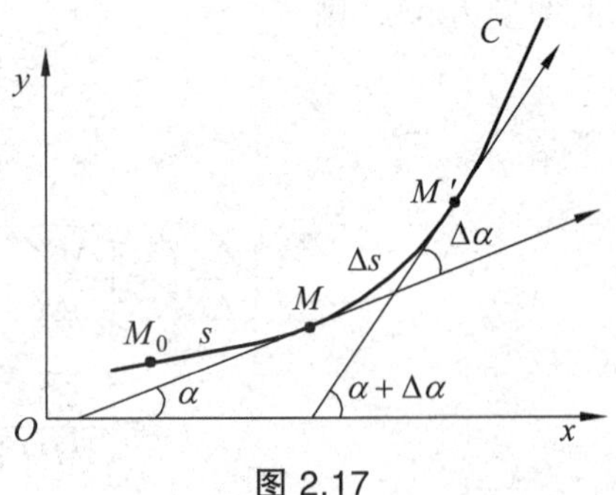

图 2.17

切线的倾角为 $\alpha+\Delta\alpha$，则 $\overset{\frown}{MM'}$ 的长度为 $|\Delta s|$，当动点从点 M 移动到点 M' 时切线转过的角度为 $|\Delta\alpha|$.

我们用比值 $\left|\dfrac{\Delta\alpha}{\Delta s}\right|$，即单位弧段上切线转过的角度的大小来表达弧段 $\overset{\frown}{MM'}$ 的平均弯曲程度，把这比值叫做弧段 $\overset{\frown}{MM'}$ 的平均曲率，并记作 $\overline{K}$，即 $\overline{K}=\left|\dfrac{\Delta\alpha}{\Delta s}\right|$. 类似于从平均速度引进瞬时速度的方法，当 $\Delta s\to 0$ 时(即 $M'\to M$ 时)，上述平均曲率的极限叫做曲线 C 在点 M 处的**曲率**，记作 K，即

$$K=\lim_{\Delta s\to 0}\left|\frac{\Delta\alpha}{\Delta s}\right|.$$

在 $\lim\limits_{\Delta s\to 0}\left|\dfrac{\Delta\alpha}{\Delta s}\right|=\dfrac{\mathrm{d}\alpha}{\mathrm{d}s}$ 存在的条件下，K 也可以表示为

$$K=\left|\frac{\mathrm{d}\alpha}{\mathrm{d}s}\right|.$$

在一般情况下，我们根据上式来导出便于计算曲率的公式.

设曲线的直角坐标方程是 $y=f(x)$，且 $f(x)$ 具有二阶导数，因为 $\tan\alpha=y'$，所以 $\alpha=\arctan y'$，则有

$$\mathrm{d}\alpha=\frac{y''}{1+\tan^2\alpha}\mathrm{d}x=\frac{y''}{1+y'^2}\mathrm{d}x.$$

又因为弧微分公式 $\mathrm{d}s=\sqrt{1+y'^2}\,\mathrm{d}x$，从而，根据曲率 K 的表达式 $K=\left|\dfrac{\mathrm{d}\alpha}{\mathrm{d}s}\right|$，有

$$K=\frac{|y''|}{\left[1+(y')^2\right]^{\frac{3}{2}}}.$$

例 2.53　计算等边双曲线 $xy=1$ 在点 $(1,1)$ 处的曲率.

解　由 $y=\dfrac{1}{x}$ 得

$$y'=-\frac{1}{x^2},\ y''=\frac{2}{x^3}.$$

因此

$$y'|_{x=1}=-1,\ y''|_{x=1}=2.$$

故得曲线 $xy=1$ 在点 $(1,1)$ 处的曲率为

$$K=\frac{2}{\left[1+(-1)^2\right]^{3/2}}=\frac{\sqrt{2}}{2}.$$

例 2.54　抛物线 $y=ax^2+bx+c$ 上哪一点处的曲率最大?

解　由 $y=ax^2+bx+c$ 得

$$y'=2ax+b,\ y''=2a.$$

故
$$K=\frac{|2a|}{\left[1+(2ax+b)^2\right]^{3/2}}.$$

因为 K 的分子是常数 $|2a|$，所以只要分母最小，K 就最大. 容易看出，当 $2ax+b=0$，即 $x=-\frac{b}{2a}$ 时，K 的分母最小，因而 K 有最大值 $|2a|$. 而 $x=-\frac{b}{2a}$ 所对应的点为抛物线的顶点，因此，抛物线在顶点处的曲率最大.

3. 曲率圆与曲率半径

宇宙飞船发射后需要由椭圆形轨道变成圆形轨道，因此，在变轨的节点处，就涉及如下曲率圆的问题.

如图 2.18 所示，设曲线 $y=f(x)$ 在点 $M(x,y)$ 处的曲率为 K（$K\neq 0$）. 在点 M 处的曲线的法线上，在凹的一侧取一点 D，使 $|DM|=\frac{1}{K}=\rho$. 以 D 为圆心、ρ 为半径作圆，这个圆叫做曲线在点 M 处的曲率圆，曲率圆的圆心 D 叫做曲线在点 M 处的曲率中心，曲率圆的半径 ρ 叫做曲线在点 M 处的曲率半径.

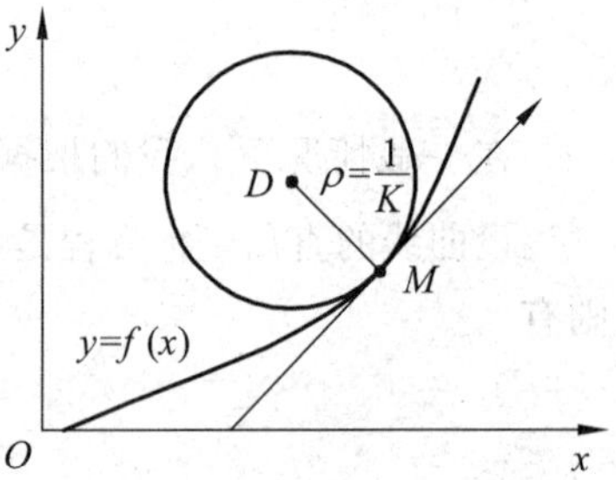

图 2.18

按上述规定可知，曲率圆与曲线在点 M 处有相同的切线和曲率，且在点 M 邻近有相同的凹向. 因此，在实际问题中，常常用曲率圆在点 M 邻近的一段圆弧来近似代替曲线弧，以使问题简化.

按上述规定，曲线在点 M 处的曲率 K（$K\neq 0$）与曲线在点 M 处的曲率半径 ρ 有如下关系：

$$\rho=\frac{1}{K},\quad K=\frac{1}{\rho}.$$

这就是说，曲线上一点处的曲率半径与曲线在该点处的曲率互为倒数.

例 2.55　设工件内表面的截线为抛物线 $y=0.4x^2$. 现在要用砂轮磨削其内表面，问用直径多大的砂轮才比较合适？

解　如图 2.19 所示，为了在磨削时不使砂轮与工件接触处附近的那部分工件磨去太多，砂轮的半径应不大于曲线上各点处曲率半径中的最小值. 由本节例 2.54 知，抛物线在其顶点处的曲率最大，也就是说，抛物线在其顶点处的曲率半径最小. 因此，只要求出抛物线 $y=0.4x^2$ 在顶点 $O(0,0)$ 处的曲率半径即可. 由 $y'=0.8x, y''=0.8$，得

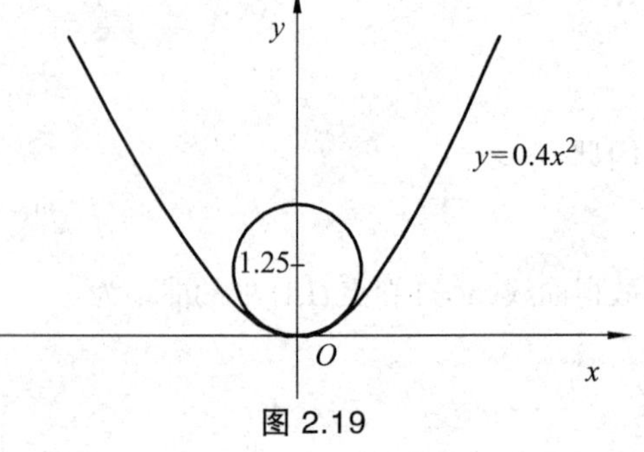

图 2.19

$$y'\big|_{x=0}=0,\quad y''\big|_{x=0}=0.8.$$

因此曲率半径为

$$K=\frac{|y''|}{\left[1+(y')^2\right]^{\frac{3}{2}}}=0.8\,.$$

故求得抛物线顶点处的曲率半径

$$\rho=\frac{1}{K}=1.25\,.$$

所以选用砂轮的半径不得超过1.25单位长，即直径不超过2.50单位长.

关于用砂轮磨削一般工件的内表面，也有类似的结论，即选用的砂轮的半径不应超过这工件内表面的截线上各点处曲率半径中的最小值.

曲率

习题 2.5

1. 某公司现有100套公寓房待租．每月利润可由下列模型计算：

$$P(x)=-10x^2+1760x-50000\,,$$

这里 x 为被租住的公寓房套数．试问：被租住多少套公寓房，该公司可获得最大利润？最大利润为多少？

2. 某商品制造商每天制造 x 件商品的总成本为

$$C(x)=0.0001x^2+4x+400\,,$$

每个商品的销售价为 p 元，需求方程为：$p=10-0.0004x$．假设所生产出的商品都能卖掉，试求：该制造商每天生产量为多少时，能获得最大利润？最大利润为多少？

3. 若火车每小时所耗燃料费用与火车速度的三次方成正比，已知速度为 20 km/h，每小时的燃料费用40元，其他费用每小时400元，火车速度最高为100 km/h，求最经济的行驶速度.

4. 设 A 工厂到公路 BC 的垂直距离为20 km，公路上距离 B 为100 km处有一材料供应站 C，如下图所示，若要在公路 BC 间某处 D 修建一个中转站，再由中转站 D 向 A 修一条小石路，如果知道每1 km的公路运费与小石路运费之比为3 : 5，那么中转站应选在何处，才能使材料供应站 C 运货到工厂 A 所需运费最少？

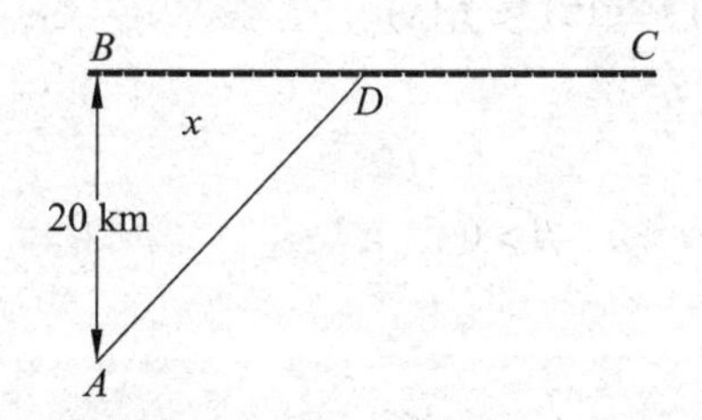

习题解答

综合习题二

1. 下列函数在点 $x=0$ 处不可导的是（　　）.

A. $y=|x|\sin|x|$ B. $y=|x|\sin\sqrt{|x|}$

C. $y=\cos|x|$ D. $y=\cos\sqrt{|x|}$

2. 设函数 $f(x)$ 在 $(-\infty,+\infty)$ 内连续，其导函数的图形如下图所示，则（　　）.

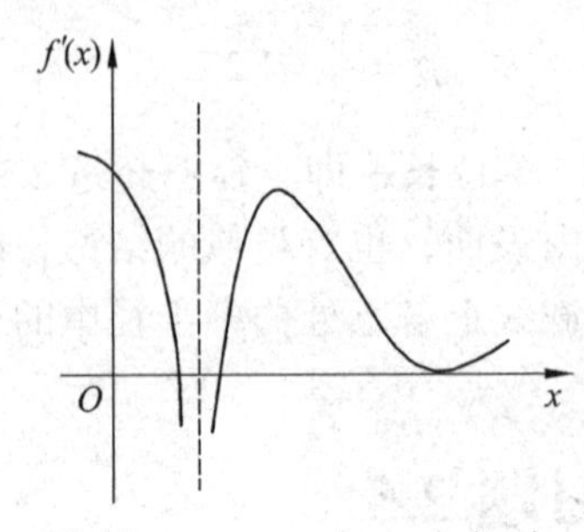

A. 函数 $f(x)$ 有 2 个极值点，曲线 $y=f(x)$ 有 2 个拐点

B. 函数 $f(x)$ 有 2 个极值点，曲线 $y=f(x)$ 有 3 个拐点

C. 函数 $f(x)$ 有 3 个极值点，曲线 $y=f(x)$ 有 1 个拐点

D. 函数 $f(x)$ 有 3 个极值点，曲线 $y=f(x)$ 有 2 个拐点

3. 设函数 $f(x)$ 在 $(-\infty,+\infty)$ 内连续，其 2 阶导函数 $f''(x)$ 的图形如下图所示，则曲线 $y=f(x)$ 的拐点个数为（　　）.

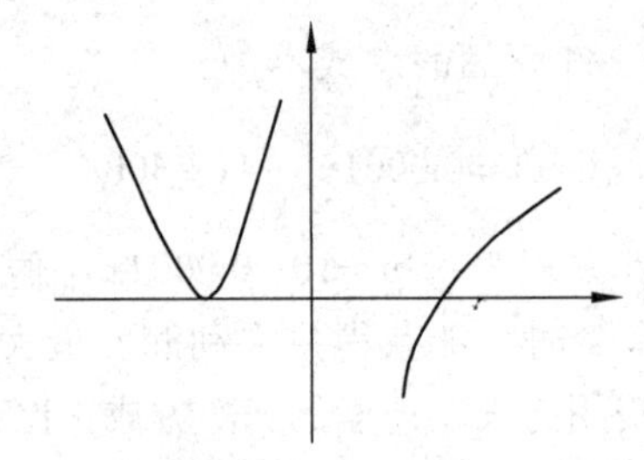

A. 0 B. 1 C. 2 D. 3

4. 设函数 $f_i(x)(i=1,2)$ 具有二级连续导数，且 $f_i''(x_0)<0(i=1,2)$，若两条曲线 $y=f_i(x)(i=1,2)$ 在点 (x_0,y_0) 处具有公切线 $y=g(x)$，且在该点曲线 $y=f_1(x)$ 的曲率大于曲线 $y=f_2(x)$，则在 x_0 的某个邻域内，有（　　）.

A. $f_1(x)\leqslant f_2(x)\leqslant g(x)$ B. $f_2(x)\leqslant f_1(x)\leqslant g(x)$

C. $f_1(x)\leqslant g(x)\leqslant f_2(x)$ D. $f_2(x)\leqslant g(x)\leqslant f_1(x)$

5. 假设函数

$$f(x)=\begin{cases}x^{\alpha}\cos\dfrac{1}{x^{\beta}}, & x>0\\ 0, & x\leqslant 0\end{cases}\quad(\alpha>0,\ \beta>0)$$

若 $f'(x)$ 在点 $x=0$ 处连续，则有（　　）.

A. $\alpha-\beta>1$ B. $0<\alpha-\beta\leqslant 1$

C. $\alpha-\beta>2$ D. $0<\alpha-\beta\leqslant 2$

6. 设函数 $f(x)$ 具有 2 阶导数，而函数 $g(x)=f(0)(1-x)+f(1)x$，则在区间 $[0,1]$ 上（　　）.

A. 当 $f'(x)\geqslant 0$ 时，有 $f(x)\geqslant g(x)$ B. 当 $f'(x)\geqslant 0$ 时，有 $f(x)\leqslant g(x)$

C. 当 $f'(x)\leqslant 0$ 时，有 $f(x)\geqslant g(x)$ D. 当 $f'(x)\leqslant 0$ 时，有 $f(x)\leqslant g(x)$

7. 曲线$\begin{cases} x=t^2+7 \\ y=t^2+4t+1 \end{cases}$上对应$t=1$的点处的曲率半径为（　　）.

A. $\frac{\sqrt{10}}{50}$　　B. $\frac{\sqrt{10}}{100}$　　C. $10\sqrt{10}$　　D. $5\sqrt{10}$

8. 已知函数$f(x)=\begin{cases} x, & x\leqslant 0 \\ \frac{1}{n}, \frac{1}{n+1}<x\leqslant\frac{1}{n}, & n=1,2,\cdots \end{cases}$，则（　　）.

A. $x=0$是$f(x)$的第一类间断点　　B. $x=0$是$f(x)$的第二类间断点

C. $f(x)$在$x=0$处连续但不可导　　D. $f(x)$在$x=0$处可导

9. 设函数$f(x)=\arctan x$，若$f(x)=xf'(\xi)$，则$\lim\limits_{x\to 0}\frac{\xi^2}{x^2}=$（　　）.

A. 1　　B. $\frac{2}{3}$　　C. $\frac{1}{2}$　　D. $\frac{1}{3}$

10. 设某产品的成本函数$C(Q)$可导，其中Q为产量，如果产量为Q_0时平均成本最小，则（　　）.

A. $C'(Q_0)=0$　　B. $C'(Q_0)=C(Q_0)$

C. $C'(Q_0)=Q_0C(Q_0)$　　D. $Q_0C'(Q_0)=C(Q_0)$

11. 已知动点P在曲线$y=x^3$上运动，记坐标原点与点P间的距离为l．若点P的横坐标对时间的变化率为常数V_0，则当点P运动到点$(1,1)$时，l对时间的变化率是______________.

12. 曲线$\begin{cases} x=\arctan t \\ y=\ln\sqrt{1+t^2} \end{cases}$对应于$t=1$处的法线方程为______.

13. 函数$f(x)=x^2\cdot 2^x$在点$x=0$处的n阶导数$f^{(n)}(0)=$________.

14. 设函数$f(x)$是周期为 4 的可导奇函数，且$f'(x)=2(x-1)$，$x\in[0,2]$，则$f(7)=$______.

15. 设函数$f(x)=\arctan x-\frac{x}{1+ax^2}$，且$f''(0)=1$，则$a=$________.

16. 设某商品的需求函数为$Q=40-2P$（P为商品价格），则该商品的边际收益为______.

17. 曲线$\begin{cases} x=\cos^3 t \\ y=\sin^3 t \end{cases}$在$t=\frac{\pi}{4}$对应处的曲率为_____.

18. $\lim\limits_{x\to+\infty} x^2[\arctan(x+1)-\arctan x]=$_____.

19. 曲线$y=x^2+2\ln x$在其拐点处的切线方程为_____.

20. 求下列极限.

（1）$\lim\limits_{x\to 0}(\cos 2x+2x\sin x)^{\frac{1}{x^4}}$；

（2）$\lim\limits_{x\to 0}\frac{\ln(\cos x)}{x^2}$.

21. 设某商品的最大需求量为 1200 件，该商品的需求函数$Q=Q(p)$，需求弹性$\eta=\frac{p}{120-p}$（$\eta>0$），p为单元价（万元）.

（1）求需求函数的表达式；

（2）求 $p=100$ 万元时的边际收益，并说明其经济意义.

22.（1）设函数 $u(x)$，$u(x)$ 可导，利用导数定义证明：

$$[u(x)v(x)]'=u'(x)v(x)+u(x)v'(x)；$$

（2）设函数 $u_1(x)$，$u_2(x)$，…，$u_n(x)$ 可导，写出函数 $f(x)=u_1(x)u_2(x)\cdots u_n(x)$ 的求导公式.

23. 已知函数 $f(x)$ 在区间 $[a,+\infty)$ 上具有二阶导数，$f(a)=0$，$f'(x)>0$，$f''(x)>0$，$b>a$ 时曲线 $y^*=f(x)$ 在点 $(b,f(b))$ 的切线与 x 轴的交点是 $(x_0,0)$，证明：$a<x_0<b$.

24. 设函数 $y=f(x)$ 由方程 $y^3+xy^2+x^2y+6=0$ 确定，求 $f(x)$ 的极值.

25. 设函数 $y(x)$ 由方程 $x^3+y^3-3x+3y-2=0$ 确定，求 $y(x)$ 的极值.

极限计算专题

第三章　一元函数的积分及其应用

通过上一章的学习我们已经知道，微分学的基本概念——导数，产生于描述曲线的切线斜率和变速直线运动的瞬时速度等问题，而积分学的基本概念——定积分，则产生于描述曲边梯形的面积和变速直线运动的路程等问题．但是直到牛顿和莱布尼茨在总结前人工作的基础上，独立地研究运动问题和几何问题时建立了微积分基本公式后，才发现积分问题是微分问题的反问题，也才使微积分成为一门新的数学学科．可以说，微积分的创始人应该是牛顿和莱布尼茨二人．

牛顿第一次清楚地说明了求导数问题与求面积问题之间的互逆关系，牛顿确定的积分实际上是不定积分．而莱布尼茨从 1673 年开始研究微积分问题，他在《数学笔记》中指出：求曲线的切线依赖于纵坐标与横坐标的差值之比（当这些差值变成无穷小时）；而求积依赖于在横坐标的无限小区间上的纵坐标之和或无限小矩形面积之和，并且认识到求和运算与求差运算的可逆性．莱布尼茨用 $\mathrm{d}y$ 表示曲线上相邻点的纵坐标之差，用 $\int \mathrm{d}y$ 表示所有这些差的和，即 $y=\int \mathrm{d}y$，还明确指出：“$\int$”意味着和（积分号“$\int$”正是来自英文单词 sum 的首写字母），符号“d”意味着差，并从和差的互逆关系可知“$\int$”和“d”的互逆关系．这样，莱布尼茨明确指出了：作为求和过程的积分是微分之逆，实际上也就是今天的定积分．

定积分是积分学的核心部分，定积分推动了天文学、物理学、化学、生物学、工程学、经济学等自然科学、社会科学及应用科学各个分支的发展．本章将从求曲边梯形的面积和某种产品的总产量等问题的讨论中抽象出定积分的概念，并讨论其性质；之后通过微积分基本定理的讨论来揭示微分与积分的内在联系，并导出微积分基本公式，即牛顿-莱布尼茨公式，进而引入不定积分；接着讨论不定积分和定积分的两种基本积分法，即换元法和分部积分法；最后介绍定积分在几何学和经济学中的应用．

第一节　定积分的定义与性质

一、定积分的引例

例 3.1　曲边梯形的面积．

计算曲边梯形的面积是一个既古老又有实际意义的问题．在初等数学中，我们已经会计算一些简单的平面图形（如矩形、梯形、多边形等）的面积，但在实际生产中，如何求不规则图形的面积？比如由河流或湖泊（见图 3.1）所形成的边缘圆滑的不规则平面图．

图 3.1

如何计算这些不规则平面图形的面积呢？下面先通

过计算一个较为特殊的不规则平面图形——曲边梯形的面积来给出计算方法. 所谓曲边梯形是指有三条边是直线，其中两条互相平行，第三条与前两条互相垂直，第四条边是一条曲线的一段弧，它与任一条平行于它的邻边的直线至多交于一点.

设曲边梯形是由连续曲线 $y=f(x)(f(x)\geqslant 0)$ 、直线 $x=a$、$x=b$ 及 x 轴所围成的（见图 3.2）. 由于曲边梯形在底边上各点处的高 $f(x)$ 在区间 $[a, b]$ 上是变动的，因此计算曲边梯形的面积时不能直接利用矩形或梯形的面积公式. 针对该问题，受人们在实践中解决此类问题时所采用方法的启发，我们可以这样思考：

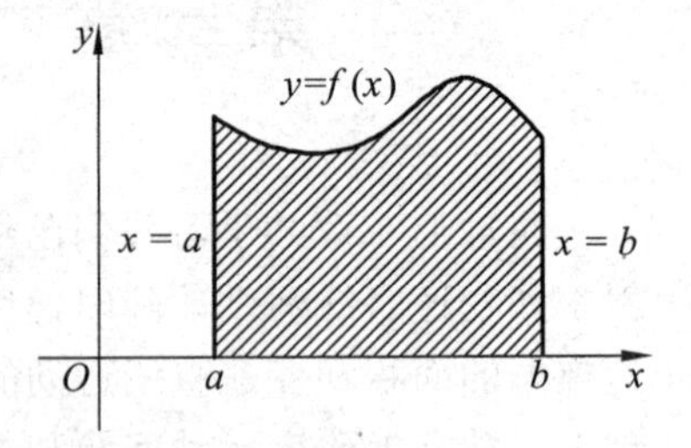

图 3.2

将曲边梯形分割成若干个小曲边梯形（见图 3.3），从而 $[a,b]$ 也被分割为若干个子区间. 由于 $f(x)$ 在 $[a,b]$ 上连续，所以在每个小曲边梯形中，$f(x)$ 随 x 的变化很小，可以近似地看成常数. 这样，每个小曲边梯形就可近似地看成小矩形，并用小矩形的面积作为小曲边梯形面积的近似值，从而，所求曲边梯形的面积就近似地等于所有小矩形面积之和. 不难看出，$[a,b]$ 被分割得越细，近似的程度就越好. 把区间 $[a,b]$ 无限细分下去，即每个小曲边梯形底边的长度趋于零，这时所有曲边梯形面积之和的近似值的**极限**就规定为曲边梯形面积的精确值.

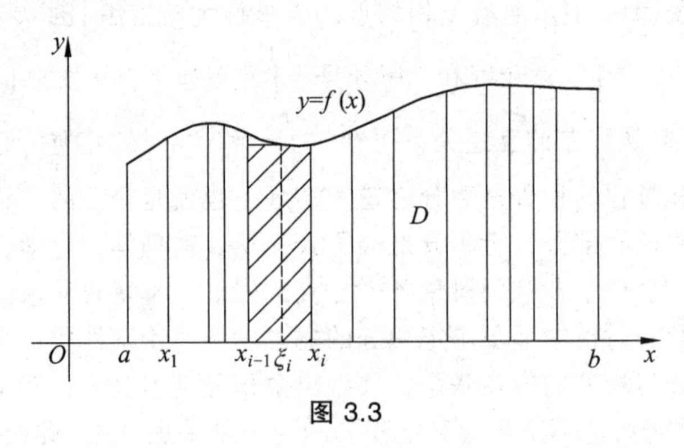

图 3.3

我们将上述思想分四步进行定量描述：

（1）分割：在区间 $[a,b]$ 中任意插入若干个分点

$$a=x_0<x_1<x_2<\cdots<x_{n-1}<x_n=b,$$

把 $[a,b]$ 分成 n 个小区间

$$[x_0,x_1],[x_1,x_2],\ \cdots,\ [x_{n-1},x_n],$$

它们的长度依次为

$$\Delta x_1=x_1-x_0,\ \Delta x_2=x_2-x_1,\ \cdots,\ \Delta x_n=x_n-x_{n-1}.$$

（2）近似：经过每一个分点作平行于 y 轴的直线段，把曲边梯形分成 n 个小曲边梯形. 在每个小区间 $[x_{i-1},x_i]$ 上任取一点 ξ_i，以 $[x_{i-1},x_i]$ 为底、$f(\xi_i)$ 为高的小矩形的面积 $f(\xi_i)\Delta x_i$ 近似替代第 i 个小曲边梯形的面积 $(i=1,2,\cdots,n)$.

（3）求和：把这样得到的 n 个小矩形面积之和作为所求曲边梯形面积 A 的近似值，即

$$A \approx f(\xi_1)\Delta x_1 + f(\xi_2)\Delta x_2 + \cdots + f(\xi_n)\Delta x_n = \sum_{i=1}^{n} f(\xi_i)\Delta x_i .$$

（4）取极限：为了保证所有小区间的长度都无限缩小（或得到的小矩形的个数 n 趋于无穷大），我们要求小区间长度中的最大值趋于零，如记

$$\lambda = \max\{\Delta x_1, \Delta x_2, \cdots, \Delta x_n\},$$

则上述条件可表示为 $\lambda \to 0$，当 $\lambda \to 0$ 时上述和式的极限，就规定为曲边梯形的面积，即

$$A = \lim_{\substack{\lambda \to 0 \\ (n\to\infty)}} \sum_{i=1}^{n} f(\xi_i)\Delta x_i .$$

例 3.2　求某产品的总产量问题.

设某种产品的产量 Q 对时间 t 的变化率（即边际产量）是时间 t 的连续函数，即 $Q'(t)=P(t)$，现求从时刻 a 起到时刻 b 的总产量.

解　如果边际产量 $P(t)$ 为常数 P（即产量均匀），则总产量

$$Q = P(b-a).$$

即边际产量 $P(t)$ 随时间变化（即产量不均匀）. 但是，由于产量是连续变化的，如果 t 在 $[a,b]$ 内某点处变化很小，则相应的速度 $P(t)$ 变化也不大，从而可将 $P(t)$ 近似看成均匀产量来计算.

我们仍然采用上面求曲边梯形面积的方法来考虑这个问题，分如下四步：

（1）分割：在 $[a,b]$ 内任意插入 $n-1$ 个分点，分点为

$$a = t_0 < t_1 < \cdots < t_{n-1} < t_n = b,$$

将 $[a,b]$ 分成 n 个小区间，即

$$[t_0,t_1],\ [t_1,t_2],\ \cdots,\ [t_{n-1},t_n],$$

它们的时间间隔依次为

$$\Delta t_1 = t_1 - t_0,\ \Delta t_2 = t_2 - t_1,\ \cdots,\ \Delta t_n = t_n - t_{n-1}.$$

相应地，在各段时间内，产量依次为 $\Delta Q_i\ (i=1,2,\cdots,n)$；

（2）近似：在每一小段时间区间 $[t_{i-1},t_i]$ 上任取一点 ξ_i，用时刻 ξ_i 的产量 $P(\xi_i)$ 近似代替 $P(t)$ 在整个区间上每点的值，用乘积 $P(\xi_i)\Delta t_i$ 近似代替产品在小时间段 $[t_{i-1},t_i]$ 内的产量，即

$$\Delta Q_i \approx P(\xi_i)\Delta t_i\ \ (i=1,2,3,\cdots,n).$$

（3）求和：将 n 个小时间段内产品的产量 ΔQ_i 的近似值求和得 $\sum_{i=1}^{n} P(\xi_i)\Delta t_i$，它是产品在 $[a,b]$ 上总产量 Q 的近似值，即

$$Q = \sum_{i=1}^{n} \Delta Q_i \approx \sum_{i=1}^{n} P(\xi_i)\Delta t_i .$$

（4）取极限：当小时间段的段数 Δx_i 无限增加 $n \to \infty$，且每一个小时间段的最大值 $\lambda \to 0$，

上述和式的极限值就是产品在时间间隔$[a,b]$上总产量的精确值，即

$$Q=\lim_{\substack{\lambda\to 0\\(n\to\infty)}}\sum_{i=1}^{n}P(\xi_i)\Delta t_i .$$

上面两个问题虽然实际意义不同，但它们的思想方法和步骤却一样，即为“化整为零→近似代替→积零为整→取极限”，而且最终都归结为求一个具有相同数学结构的和式极限. 不仅如此，这种“和的极限”思想在物理、工程技术、其他知识领域以及生产实践活动中都具有普遍的意义. 我们抛开这些问题的具体意义，抓住它们在数量关系上的共同本质与特性加以概括，就可以抽象出如下定积分的定义.

二、定积分的定义

定积分的定义

定义 3.1 设函数$f(x)$在$[a,b]$上有界，在$[a,b]$中任意插入$n-1$个分点

$$a=x_0<x_1<x_2<\cdots<x_{n-1}<x_n=b ,$$

把区间$[a,b]$分成n个小区间

$$[x_0,x_1],\ [x_1,x_2],\ \cdots,\ [x_{n-1},x_n] ,$$

各小区间的长度依次为

$$\Delta x_1=x_1-x_0,\ \Delta x_2=x_2-x_1,\ \cdots,\ \Delta x_n=x_n-x_{n-1} ,$$

在每个小区间$[x_{i-1},x_i]$上任取一点ξ_i $(x_{i-1}\leqslant\xi_i\leqslant x_i)$，作函数值$f(\xi_i)$与小区间长度$\Delta x_i$的乘积$f(\xi_i)\Delta x_i(i=1,2,\cdots,n)$，并作和式

$$\sum_{i=1}^{n}f(\xi_i)\Delta x_i ,$$

记$\lambda=\max\{\Delta x_1,\Delta x_2,\cdots,\Delta x_n\}$，如果不论对区间$[a,b]$怎样分法，也不论在小区间$[x_{i-1},x_i]$上点$\xi_i$怎样取法，只要当$\lambda\to 0$时，上述和式总趋于确定的常数$I$，则称$f(x)$在区间$[a,b]$上可积，并称这个常数$I$为函数$f(x)$在区间$[a,b]$上的定积分，记作$\int_a^b f(x)\mathrm{d}x$，即

$$\int_a^b f(x)\mathrm{d}x=\lim_{\lambda\to 0}\sum_{i=1}^{n}f(\xi_i)\Delta x_i ,$$

其中，称$f(x)$为被积函数，$f(x)\mathrm{d}x$为被积表达式，x为积分变量，$[a,b]$为积分区间，a和b分别称为积分下限与积分上限.

上面定积分的定义是由德国数学家黎曼（Riemann）给出的，通常称为 Riemann 积分. 黎曼积分的核心思想就是试图通过无限逼近来确定这个积分值.

根据定积分的定义，例 3.1 中曲边梯形的面积可表示为定积分

$$A=\int_a^b f(x)\mathrm{d}x .$$

图 3.4 波恩哈德·黎曼（1826—1866）

例 3.2 中某产品的总产量可表示为定积分

$$Q=\int_a^b P(t)\mathrm{d}t\,.$$

注 从定积分的定义可以看出，$\sum_{i=1}^{n} f(\xi_i)\Delta x_i$ 的极限存在时，极限值仅与被积函数 $f(x)$ 和积分区间 $[a,b]$ 有关，而与区间如何划分和 ξ_i 的选取无关. 定积分的数值与积分变量用什么字母表示无关，即

$$\int_a^b f(x)\mathrm{d}x=\int_a^b f(t)\mathrm{d}t=\int_a^b f(u)\mathrm{d}u=\cdots.$$

这就是说，定积分的值只与被积函数及积分区间有关，而与积分变量的记法无关.

定积分最重要的功能是为我们研究某些问题提供了一种思想方法或思维模式，即用无限的过程处理有限的问题，用离散的过程逼近连续，以直代曲，局部线性化等.

我们再来举一个由定义计算定积分的例子.

例 3.3 利用定积分定义计算 $\int_0^1 x^2\mathrm{d}x$.

解 由于被积函数 $f(x)=x^2$ 在积分区间 $[0,1]$ 上连续，故积分存在. 且积分值与区间的分法及点 ξ_i 的取法无关. 为了方便计算，不妨把区间 $[0,1]$ 分成 n 等份，分点为

$$x_i=\frac{i}{n},\ i=1,2,\cdots,n-1\,,$$

这时每个小区间的长度相同，均为 $\Delta x_i=\frac{1}{n}, i=1,2,\cdots,n$ ，取 $\xi_i=x_i,\ i=1,2,\cdots,n$ ，从而得和式

$$\begin{aligned}\sum_{i=1}^{n} f(\xi_i)\Delta x_i&=\sum_{i=1}^{n}\xi_i^2\Delta x_i=\sum_{i=1}^{n}\left(\frac{i}{n}\right)^2\cdot\frac{1}{n}=\frac{1}{n^3}\sum_{i=1}^{n} i^2\\&=\frac{1}{n^3}\cdot\frac{1}{6}n(n+1)(2n+1)\\&=\frac{1}{6}\left(1+\frac{1}{n}\right)\left(2+\frac{1}{n}\right).\end{aligned}$$

显然 $\lambda=\frac{1}{n}$ ，当 $\lambda\to 0$ 时，$n\to\infty$ ，因而

$$\lim_{\lambda\to 0}\sum_{i=1}^{n} f(\xi_i)\Delta x_i=\lim_{\lambda\to 0}\frac{1}{6}\left(1+\frac{1}{n}\right)\left(2+\frac{1}{n}\right)=\frac{1}{3}\,.$$

所以 $\int_0^1 x^2\mathrm{d}x=\frac{1}{3}$.

从几何上来看，该积分值表示了由曲线 $y=x^2$ ，直线 $x=0, x=1$ 以及 x 轴所围成的曲边梯形的面积，从而可以将之推广为定积分的几何意义.

三、定积分的几何意义

（1）如果在 $[a,b]$ 上 $f(x)\geqslant 0$ ，由引例 3.1 可知，定积分 $\int_a^b f(x)\mathrm{d}x$ 的值

定积分的几何意义

等于由曲线 $y=f(x)$，直线 $x=a,\ x=b$ 及 x 轴所围成的曲边梯形的面积. 此时，积分

$$\int_a^b f(x)\mathrm{d}x = A.$$

（2）如果在 $[a,b]$ 上 $f(x)\leqslant 0$，那么由曲线 $y=f(x)$，直线 $x=a,x=b$ 及 x 轴围成的曲边梯形位于 x 轴下方. 此时，$\lim\limits_{\lambda\to 0}\sum\limits_{i=1}^{n} f(\xi_i)\Delta x_i$ 中的每一项 $f(\xi_i)\Delta x_i$ 的值为负，并且它的绝对值表示一个小曲边梯形面积的近似值. 由于曲边梯形的面积总是正的，所以

$$\int_a^b f(x)\mathrm{d}x = -A.$$

（3）当 $f(x)$ 在区间 $[a,b]$ 上有正有负时，我们将根据定积分的性质 3 来推导.

四、定积分的性质

定积分的性质

为了以后计算及应用方便，我们先对定积分作两点补充规定：

（1）当 $a=b$ 时，$\int_a^b f(x)\mathrm{d}x = 0$；

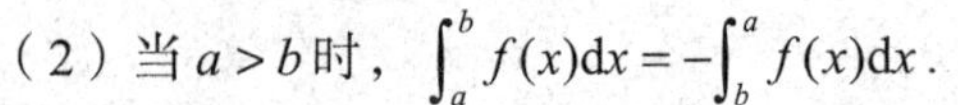

（2）当 $a>b$ 时，$\int_a^b f(x)\mathrm{d}x = -\int_b^a f(x)\mathrm{d}x$.

下面我们讨论定积分的性质. 下列各性质中积分上、下限的大小，如不特别指明，均不加限制；并假定下列性质中所列的定积分都是存在的.

性质 1 函数的和（差）的定积分等于它们的定积分的和（差），即

$$\int_a^b [f(x)\pm g(x)]\mathrm{d}x = \int_a^b f(x)\mathrm{d}x \pm \int_a^b g(x)\mathrm{d}x.$$

性质 1 可以推广到任意有限个函数的情形.

性质 2 被积函数的常数因子可以提到积分号外面，即

$$\int_a^b kf(x)\mathrm{d}x = k\int_a^b f(x)\mathrm{d}x \quad (k \text{ 是常数})$$

性质 3 如果将积分区间分成两部分，则在整个区间上的定积分等于这两部分区间上的定积分之和，即设 $a<c<b$，则

$$\int_a^b f(x)\mathrm{d}x = \int_a^c f(x)\mathrm{d}x + \int_c^b f(x)\mathrm{d}x.$$

这个性质表明定积分对于积分区间是具有**可加性的**. 并且按定积分的补充规定，不论 a,b,c 的相对位置如何，均有性质 3 成立. 性质 3 可以推广到在 $[a,b]$ 上任意插入有限个分点的情形.

当 $f(x)$ 在区间 $[a,b]$ 上有正有负时，可根据此性质来推导 $\int_a^b f(x)\mathrm{d}x$ 的几何意义.

以图 3.5 为例，在区间 $[a,b]$ 上插入了 2 个分点：不妨设为 c,d，则

$$\int_a^b f(x)\mathrm{d}x = \int_a^c f(x)\mathrm{d}x + \int_c^d f(x)\mathrm{d}x + \int_d^b f(x)\mathrm{d}x.$$

由于 $f(x)$ 在区间 $[a,c],[c,d],[d,b]$ 上分别为正、负、正，则

$$\int_a^b f(x)\mathrm{d}x = A_1 - A_2 + A_3\text{,}$$

即定积分 $\int_a^b f(x)\mathrm{d}x$ 的值等于三个曲边梯形面积的代数和.

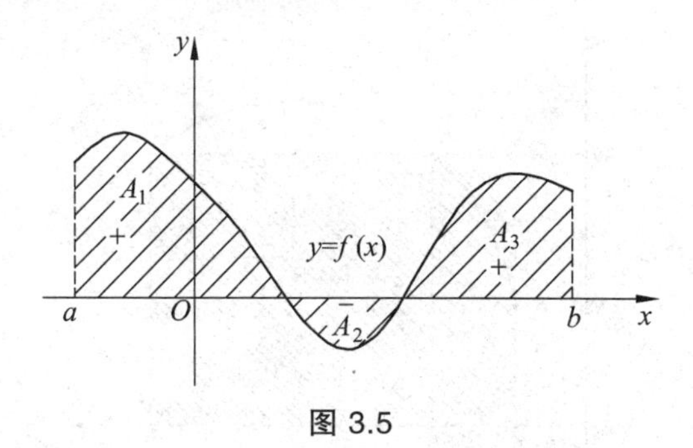

图 3.5

性质 4　如果在区间 $[a,b]$ 上 $f(x)\equiv 1$，则

$$\int_a^b 1\mathrm{d}x = b - a\text{.}$$

性质 5　如果在区间 $[a,b]$ 上 $f(x)\geqslant 0$，则

$$\int_a^b f(x)\mathrm{d}x \geqslant 0\text{.}$$

推论　如果在区间 $[a,b]$ 上有 $f(x)\geqslant g(x)$，则

$$\int_a^b f(x)\mathrm{d}x \geqslant \int_a^b g(x)\mathrm{d}x\text{.}$$

性质 6（估值定理）　设 M 及 m 分别是函数 $f(x)$ 在区间 $[a,b]$ 上的最大值及最小值，则

$$m(b-a) \leqslant \int_a^b f(x)\mathrm{d}x \leqslant M(b-a)$$

性质 7（定积分中值定理）　如果函数 $f(x)$ 在闭区间 $[a,b]$ 上连续，则在积分区间 $[a,b]$ 上至少存在一个点 ξ，使下式成立：

$$\int_a^b f(x)\mathrm{d}x = f(\xi)(b-a) \quad (a\leqslant \xi \leqslant b)\text{.} \tag{3.1}$$

证明　把性质 6 中的不等式各除以 $b-a$，得

$$m \leqslant \frac{1}{b-a}\int_a^b f(x)\mathrm{d}x \leqslant M\text{.}$$

这表明，确定的数值 $\frac{1}{b-a}\int_a^b f(x)\mathrm{d}x$ 介于函数 $f(x)$ 的最小值 m 及最大值 M 之间．根据闭区间上连续函数介值定理，即有

$$f(\xi) = \frac{1}{b-a}\int_a^b f(x)\mathrm{d}x \quad (a\leqslant \xi \leqslant b)\text{.}$$

上式两端分别乘以 $b-a$，即得所要证的等式.

当 $f(x) \geqslant 0$ 时，公式（3.1）的几何意义为：在 $[a,b]$ 上至少存在一点 ξ，使得以 $[a,b]$ 为底、$f(\xi)$ 为高的矩形面积，恰好等于曲线 $y=f(x)$，直线 $x=a, x=b$ 及 x 轴所围成的曲边梯形的面积，如图 3.6 所示.

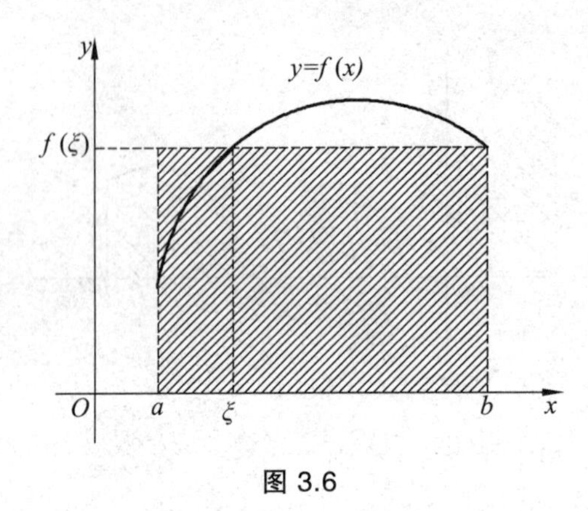

图 3.6

通常把 $\dfrac{1}{b-a}\int_a^b f(x)\mathrm{d}x$ 称为函数 $f(x)$ 在区间 $[a,b]$ 上的平均值.

例 3.4 比较积分值 $\int_0^{-2} \mathrm{e}^x \mathrm{d}x$ 和 $\int_0^{-2} x\mathrm{d}x$ 的大小.

解 因为 $\mathrm{e}^x > x, x \in [-2, 0]$，所以

$$\int_{-2}^0 \mathrm{e}^x \mathrm{d}x > \int_{-2}^0 x\mathrm{d}x,$$

则

$$\int_0^{-2} \mathrm{e}^x \mathrm{d}x < \int_0^{-2} x\mathrm{d}x.$$

例 3.5 估计 $\int_0^1 \dfrac{x^5}{\sqrt{1+x}}\mathrm{d}x$ 的大小.

解 设 $f(x)=\dfrac{x^5}{\sqrt{1+x}}$，则

$$f'(x)=\frac{5x^4\sqrt{1+x}-\dfrac{x^5}{2\sqrt{1+x}}}{1+x}=\frac{x^4(10+9x)}{2\sqrt{1+x}(1+x)}.$$

令 $f'(x)=0$，则

$$x^4(10+9x)=0,\ 1+x \neq 0.$$

得 $x_1=0, x_2=-\dfrac{10}{9}$. 则 $f(x)$ 在 $(0, +\infty)$ 上单调递增，$f(x)$ 在 $[0, 1]$ 的最小值为 0，最大值是 $\dfrac{\sqrt{2}}{2}$.

由定积分的估值定理可知：

$$\int_0^1 0\mathrm{d}x \leqslant \int_0^1 \frac{x^5}{\sqrt{1+x}}\mathrm{d}x \leqslant \int_0^1 \frac{\sqrt{2}}{2}\mathrm{d}x,$$

即

$$0 \leqslant \int_0^1 \frac{x^5}{\sqrt{1+x}} dx \leqslant \frac{\sqrt{2}}{2}.$$

习题 3.1

1. 利用定积分的几何意义，求如下积分：

（1）$\int_0^1 \sqrt{1-x^2} dx$；（2）$\int_0^1 2x dx$；

（3）$\int_{-\pi}^{\pi} \sin x dx$；（4）$\int_{-1}^{2} 5 dx$.

2. 比较下列各组积分值的大小：

（1）$\int_0^1 x^2 dx$ 与 $\int_0^1 x^3 dx$；（2）$\int_3^4 \ln x dx$ 与 $\int_3^4 (\ln x)^2 dx$

（3）$\int_0^{\frac{\pi}{2}} x dx$ 与 $\int_0^{\frac{\pi}{2}} \sin x dx$；（4）$\int_0^1 e^x dx$ 与 $\int_0^1 (1+x) dx$

3. 估计下列各积分的值：

（1）$\int_1^4 (x^2+1) dx$；（2）$\int_{\frac{\pi}{4}}^{\frac{5\pi}{4}} (1+\sin^2 x) dx$.

4. 用定积分表示下列和式极限.

（1）$\lim\limits_{n\to\infty}\left[\frac{1}{n\sqrt{n}}+\frac{\sqrt{2}}{n\sqrt{n}}+\cdots+\frac{\sqrt{n}}{n\sqrt{n}}\right]$；

（2）$\lim\limits_{n\to\infty}\left[\frac{n}{(n+1)^2}+\frac{n}{(n+2)^2}+\cdots+\frac{n}{(n+n)^2}\right]$.

第二节　微积分基本公式

定积分是一种具有特殊结构的和式的极限，如果直接根据定义来计算定积分，显然十分困难，因此，我们必须寻求一种简捷有效的计算定积分的新方法.

让我们从实际问题中寻找解决问题的思路.

例 3.6　设某种产品的产量 Q 对时间 t 的变化率（即边际产量）是时间 t 的连续函数，即 $Q'(t)=P(t)$，现求从时刻 a 到时刻 b 的总产量.

解　由题意知，产品的产量 Q 是时间 t 的连续函数，即 $Q=Q(t)$，则 t 从 a 到 b 之间的总产量可以表示为 $Q(b)-Q(a)$. 又根据例 3.2 和定积分的定义，产量 Q 也可以表示为 $\int_a^b P(t)dt$，即

$$\int_a^b P(t)dt = Q(b)-Q(a).$$

那么，对于一般的函数 $f(x)$，若 $F'(x)=f(x)$，是否也有

$$\int_a^b f(x)\mathrm{d}x = F(b) - F(a).$$

为了在一般情形下得出上述结论，并揭示微分与积分之间的内在关系，我们先引入变上限函数的概念.

一、积分上限函数及其导数

设函数 $f(x)$ 在区间 $[a,b]$ 上连续，并且设 x 为 $[a,b]$ 上一点，考虑 $f(x)$ 在子区间 $[a,x]$ 上的定积分 $\int_a^x f(x)\mathrm{d}x$. 由于 $f(x)$ 在区间 $[a,x]$ 上连续，因此这个定积分是存在的，这时，x 既表示定积分的上限，又表示积分变量，为了避免混淆，把积分变量用 t 表示

$$\int_a^x f(x)\mathrm{d}x = \int_a^x f(t)\mathrm{d}t.$$

如果上限 x 在区间 $[a,b]$ 上任意变动，则对于每一个取定的 x 值，定积分 $\int_a^x f(t)\mathrm{d}t$ 有一个对应值，所以它在 $[a,b]$ 上定义了一个函数，记作 $\Phi(x)$，即

$$\Phi(x) = \int_a^x f(t)\mathrm{d}t \ (a \leqslant x \leqslant b),$$

我们称这个 $\Phi(x)$ 为**积分上限函数**.

对函数 $\Phi(x)$ 有下面的重要性质.

定理 3.1 如果函数 $f(x)$ 在区间 $[a,b]$ 上连续，则 $\Phi(x) = \int_a^x f(t)\mathrm{d}t$ 在 $[a,b]$ 上可导，且

$$\Phi'(x) = f(x) \ (a \leqslant x \leqslant b).$$

证明 取 $x \in [a,b]$，当上限 x 获得增量 Δx 且 $x + \Delta x \in [a,b]$ 时，则 $\Phi(x)$ 在 $x + \Delta x$ 的函数值为

$$\Phi(x+\Delta x) = \int_a^{x+\Delta x} f(t)\mathrm{d}t.$$

函数的增量为

$$\Delta\Phi = \Phi(x+\Delta x) - \Phi(x) = \int_a^{x+\Delta x} f(t)\mathrm{d}t - \int_a^x f(t)\mathrm{d}t = \int_x^{x+\Delta x} f(t)\mathrm{d}t.$$

应用积分中值定理，得

$$\Delta\Phi = f(\xi)\Delta x \ (\ \xi \text{ 介于 } x \text{ 与 } x+\Delta x \text{ 之间 }).$$

故

$$\frac{\Delta\Phi}{\Delta x} = f(\xi).$$

由于 $f(x)$ 在 $[a,b]$ 上连续，从而当 $\Delta x \to 0$ 时，有 $\xi \to x$，因此，$\lim\limits_{\Delta x \to 0} f(\xi) = f(x)$. 于是，令 $\Delta x \to 0$，对上式两端取极限，得到

$$\Phi'(x) = f(x).$$

若 $F'(x) = f(x)$，则称 $F(x)$ 为 $f(x)$ 的一个**原函数**. 由此我们得到如下的原函数存在定理.

定理 3.2 如果函数 $f(x)$ 在区间 $[a,b]$ 上连续，则函数 $\Phi(x) = \int_a^x f(t)\mathrm{d}t$ 就是 $f(x)$ 在 $[a,b]$ 上的一个原函数.

这个定理肯定了连续函数的原函数是存在的，并揭示了积分学中的定积分与原函数之间的联系.

例 3.7　设 $\Phi(x)=\int_1^{\sqrt{x}}\sin t^2\mathrm{d}t$，求 $\Phi'(x)$.

解　由于函数 $\Phi(x)$ 可以看作 $g(u)=\int_1^{u}\sin t^2\mathrm{d}t$ 与 $u=\varphi(x)=\sqrt{x}$ 的复合函数，根据链式法则和定理 3.2 得

$$\Phi'(x)=g'(u)\varphi'(x)=\frac{\mathrm{d}}{\mathrm{d}u}\left(\int_1^{u}\sin t^2\mathrm{d}t\right)\cdot\frac{1}{2\sqrt{x}}=\sin u^2\cdot\frac{1}{2\sqrt{x}}=\frac{1}{2\sqrt{x}}\sin x.$$

一般地，若 $\varphi(x)$ 为可导函数，$f(x)$ 为连续函数，则利用例 3.7 的结论和复合函数的求导方法易得

$$\frac{\mathrm{d}}{\mathrm{d}x}\left(\int_a^{\varphi(x)}f(t)\mathrm{d}t\right)=f(\varphi(x))\varphi'(x).$$

更一般地，我们通过下面的例题加以解决.

例 3.8　如果 $f(x)$ 是连续函数，$\alpha(x)$，$\beta(x)$ 可导，则

$$\frac{\mathrm{d}}{\mathrm{d}x}\int_{\alpha(x)}^{\beta(x)}f(t)\mathrm{d}t=f(\beta(x))\beta'(x)-f[\alpha(x)]\alpha'(x).$$

证明　因为

$$\int_{\alpha(x)}^{\beta(x)}f(t)\mathrm{d}t=\int_{\alpha(x)}^{a}f(t)\mathrm{d}t+\int_a^{\beta(x)}f(t)\mathrm{d}t=\int_a^{\beta(x)}f(t)\mathrm{d}t-\int_a^{\alpha(x)}f(t)\mathrm{d}t,$$

所以

$$\frac{\mathrm{d}}{\mathrm{d}x}\int_{\alpha(x)}^{\beta(x)}f(t)\mathrm{d}t=\frac{\mathrm{d}}{\mathrm{d}u}\int_a^{u}f(t)\mathrm{d}t\,|_{u=\beta(x)}\,\frac{\mathrm{d}u}{\mathrm{d}x}-\frac{\mathrm{d}}{\mathrm{d}v}\int_a^{v}f(t)\mathrm{d}t\,|_{v=\alpha(x)}\,\frac{\mathrm{d}v}{\mathrm{d}x}.$$

例 3.9　计算 $\frac{\mathrm{d}}{\mathrm{d}x}\int_{\sin x}^{x}\sin^2 t\mathrm{d}t$。

解　利用例 3.8 的结论，可以得到：

$$\frac{\mathrm{d}}{\mathrm{d}x}\int_{\sin x}^{x}\sin^2 t\mathrm{d}t=\sin^2 x-\sin^2(\sin x)\cos x.$$

例 3.10　求极限 $\lim\limits_{x\to 0}\frac{\int_0^{x}(\mathrm{e}^{t^2}-1)\mathrm{d}t}{x^3}$.

解　在 $x\to 0$ 时，分式中分子和分母都趋于 0，属于 $\frac{0}{0}$ 型未定式，我们应用洛必达法则来计算. 利用例 3.7 的结论有

$$\frac{\mathrm{d}}{\mathrm{d}x}\left(\int_0^{x}(\mathrm{e}^{t^2}-1)\mathrm{d}t\right)=\mathrm{e}^{x^2}-1.$$

因此

$$\lim_{x\to 0}\frac{\int_0^x (e^{t^2}-1)dt}{x^3}=\lim_{x\to 0}\frac{e^{x^2}-1}{3x^2}=\lim_{x\to 0}\frac{e^{x^2}\cdot 2x}{6x}=\frac{1}{3}$$

二、牛顿-莱布尼茨公式

下面我们介绍牛顿-莱布尼茨公式，即微积分基本公式.

定理 3.3 如果函数 $F(x)$ 是连续函数 $f(x)$ 在区间 $[a,b]$ 上的一个原函数，则

$$\int_a^b f(x)dx=F(b)-F(a) \tag{3.2}$$

证明 由于已知函数 $F(x)$ 是连续函数 $f(x)$ 的一个原函数，根据定理 3.2，积分上限函数

$$\Phi(x)=\int_a^x f(t)dt$$

也是 $\varphi(t)$ 的一个原函数. 由上一章拉格朗日中值定理中的结论，知这两个原函数之差为一个常数，所以

$$F(x)=\int_a^x f(t)dt+C$$

令 $x=a$，则 $C=F(a)$，并代入上式，可得

$$\int_a^x f(t)dt=F(x)-F(a)$$

最后在上式中令 $x=b$，就得所要证明的公式(3.2).

为了方便起见，以后常把 $F(b)-F(a)$ 记成 $F(x)\big|_a^b$，即

$$\int_a^b f(x)dx=F(x)\big|_a^b=F(b)-F(a) \tag{3.3}$$

牛顿在 1666 年写的《流数简论》中利用运动学知识描述了公式（3.3），**莱布尼茨**在 1677 年的一篇手稿中正式提出了公式（3.3）. 因为是他们两人最早发现了这一公式，于是将之命名为**牛顿-莱布尼茨公式**. 该公式表达了定积分与原函数之间的内在联系，它把定积分的计算问题转化为求原函数问题，从而给定积分的计算提供了一个简便有效的方法. 但牛顿-莱布尼茨公式也不是万能的，它只适合于原函数能用初等函数表示的情形.

例 3.11 计算下列定积分：

（1）$\int_0^{\frac{\pi}{2}}\cos x dx$；（2）$\int_0^1\frac{dx}{1+x^2}$.

解 （1）由于 $\sin x$ 是 $\cos x$ 的一个原函数，所以

$$\int_0^{\frac{\pi}{2}}\cos x dx=\sin x\big|_0^{\frac{\pi}{2}}=\sin\frac{\pi}{2}-\sin 0=1$$

（2）由于 $\arctan x$ 是 $\frac{1}{1+x^2}$ 的一个原函数，所以

$$\int_0^1 \frac{dx}{1+x^2} = \arctan x\Big|_0^1 = \frac{\pi}{4}.$$

例 3.12　计算定积分 $\int_0^{\pi} \sqrt{1+\cos 2x}dx$.

解　由于 $1+\cos 2x = 2\cos^2 x$，则

$$\int_0^{\pi} \sqrt{1+\cos 2x}dx = \sqrt{2}\int_0^{\pi} |\cos x| dx = \sqrt{2}\int_0^{\frac{\pi}{2}} \cos x dx - \sqrt{2}\int_{\frac{\pi}{2}}^{\pi} \cos x dx$$

$$= \sqrt{2}\sin x\Big|_0^{\frac{\pi}{2}} - \sqrt{2}\sin x\Big|_{\frac{\pi}{2}}^{\pi} = 2\sqrt{2}.$$

例 3.13　计算由正弦曲线 $y=\sin x$ 在 $[0,\pi]$ 上与 x 轴所围成的平面图形的面积.

解　因而 $y=\sin x \geqslant 0$，$x\in[0,\pi]$，由定积分的几何意义可知它的面积为

$$A = \int_0^{\pi} \sin x dx.$$

由于 $-\cos x$ 是 $\sin x$ 的一个原函数，所以

$$A = \int_0^{\pi} \sin x dx = -\cos x\Big|_0^{\pi} = -(-1)+1 = 2.$$

例 3.14　计算 $\int_{-1}^{3} |x-2| dx$.

解　计算定积分时，当被积函数中出现绝对值符号时，首先要考虑去掉绝对值符号，再进行相应的计算.

因为 $|x-2| = \begin{cases} 2-x, & x\leqslant 2 \\ x-2, & x>2 \end{cases}$，且函数在 $[-1,3]$ 上连续，则

$$\int_{-1}^{3} |x-2| dx = \int_{-1}^{2} (2-x)dx + \int_{2}^{3} (x-2)dx$$

$$= \left[2x-\frac{x^2}{2}\right]_{-1}^{2} + \left[\frac{x^2}{2}-2x\right]_{2}^{3} = 5.$$

习题 3.2

1. 求下列各函数的导数.

（1）$\int_1^x \sin t^2 dt$；　　（2）$\int_x^{x^2} \frac{\sin t}{t} dt$；

（3）$\int_x^{x^3} x\sin t^2 dt$；　　（4）$\int_{\ln x}^{1} e^{-t^2} dt$.

2. 求由 $\int_0^y e^{t^2} dt + \int_0^x e^{2t} dt = y^2$ 所决定的隐函数 y 对 x 的导数 $\frac{dy}{dx}$.

3. 计算下列各定积分.

（1）$\int_1^2 \left(x^2+\frac{1}{x^4}\right)dx$；　　（2）$\int_4^9 \sqrt{x}(1+\sqrt{x})dx$；　　（3）$\int_1^4 \sqrt{x}dx$；

（4）$\int_0^a(3x^2-x+1)\mathrm{d}x$；（5）$\int_0^{\frac{\pi}{2}}\sin 2x\mathrm{d}x$；（6）$\int_0^{2\pi}|\sin x|\mathrm{d}x$；

（7）$\int_0^2 f(x)\mathrm{d}x$，其中 $f(x)=\begin{cases}x, & x<1\\ x^2, & x\geqslant 1\end{cases}$.

4. 求下列极限：

（1）$\lim\limits_{x\to 0}\dfrac{\int_0^x \arctan t\,\mathrm{d}t}{x^2}$；（2）$\lim\limits_{x\to 0}\dfrac{\left(\int_0^x \mathrm{e}^{t^2}\mathrm{d}t\right)^2}{\int_0^x t\mathrm{e}^{2t^2}\mathrm{d}t}$.

5. 设函数 $f(x)=\begin{cases}\dfrac{1}{x^3}\int_0^{x^2}\sin t^2\mathrm{d}t, x\neq 0\\ a, \qquad x=0\end{cases}$ 在点 $x=0$ 处连续，求 a 的值.

第三节　积分计算的基础——不定积分

我们发现，在利用牛顿-莱布尼茨公式计算定积分的过程中，寻找原函数成为解题的关键，那么是否在寻找原函数的过程只能从已知导数（或微分）逆向运算入手？如果函数 $f(x)$ 在区间 I 上有原函数，那么它有多少个原函数？同一个函数的原函数之间又有怎样的联系？如果函数 $f(x)$ 有原函数，那么能否求出其所有的原函数呢？求函数 $f(x)$ 的所有原函数的过程就构成了积分计算的基础——不定积分.

一、不定积分的概念

不定积分的定义

定义 3.2　区间 I 上 $f(x)$ 的带有任意常数项的原函数族 $F(x)+C$ 叫作 $f(x)$ 在区间 I 内的不定积分，记作

$$\int f(x)\mathrm{d}x=F(x)+C,$$

这里 $\int$ 叫作积分号，$f(x)$ 叫作被积函数，$f(x)\mathrm{d}x$ 叫作被积分表达式，x 叫作积分变量.

例 3.15　求 $\int\sin x\mathrm{d}x$.

解　由于 $(-\cos x)'=\sin x$，故 $-\cos x$ 是 $\sin x$ 的一个原函数，因此

$$\int\sin x\mathrm{d}x=-\cos x+C.$$

例 3.16　求 $\int\dfrac{1}{1+x^2}\mathrm{d}x$.

解　由于 $(\arctan x)'=\dfrac{1}{1+x^2}$，故 $\arctan x$ 是 $\dfrac{1}{1+x^2}$ 的一个原函数，因此

$$\int\frac{1}{1+x^2}\mathrm{d}x=\arctan x+C.$$

例 3.17　求 $\int \frac{1}{x} dx$.

解　当 $x>0$ 时，$(\ln x)'=\frac{1}{x}$；当 $x<0$ 时，$[\ln(-x)]'=\frac{1}{x}$，因此

$$\int \frac{1}{x} dx=\ln|x|+C.$$

由不定积分的定义可知，函数 $f(x)$ 的原函数的图形应该是由若干条曲线组成的，我们称之为积分曲线族. 在 $f(x)$ 的积分曲线族上，对应于同一点 x，所有曲线都有相同斜率的切线，这就是不定积分的几何意义.

例 3.18　设曲线过点 $(1,2)$，且曲线上任意一点处的切线斜率都等于该点横坐标的两倍，求此曲线方程.

解　设曲线方程为 $y=f(x)$，则由题意知

$$\frac{dy}{dx}=2x.$$

因为

$$\int 2x dx=x^2+C,$$

则所求曲线就是积分曲线族 $y=x^2+C$ 中的一条（积分曲线族见图 3.7）.

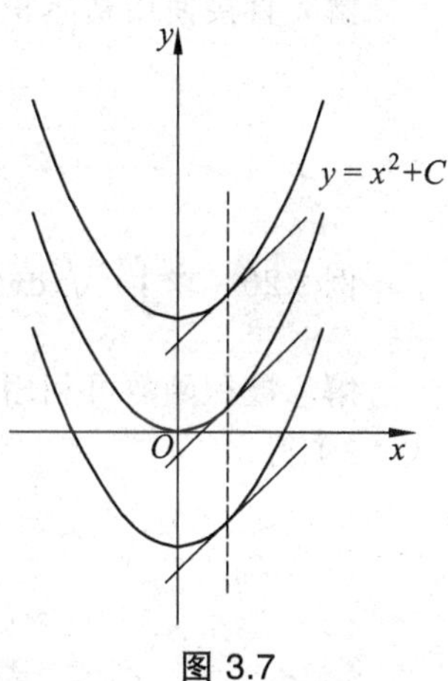

图 3.7

又因为所求曲线过点 $(1,2)$，故

$$2=1+C，即 C=1.$$

于是所求曲线为

$$y=x^2+1.$$

二、基本积分表

既然积分运算是微分运算的逆运算，因此，基本积分公式就可以由基本求导公式得出. 例如，对幂函数求导，次数降 1，而对该幂函数积分，次数会加 1，因此，我们在计算 $\int x^n dx$ $(n\neq -1)$ 时，会考虑原函数的次数 $n+1$，再结合系数关系就有 $\left(\frac{1}{n+1}x^{n+1}\right)'=x^n$. 所以 $\frac{1}{n+1}x^{n+1}$ 是 x^n 的一个原函数，因此

$$\int x^n dx=\frac{1}{n+1}x^{n+1}+C.$$

下面我们把一些基本积分公式列出来：

（1）$\int k dx=kx+C$（k 为常数）；　　（2）$\int x^n dx=\frac{x^{n+1}}{n+1}+C$（$n\neq -1$）；

（3）$\int x^\mu dx=\frac{x^{\mu+1}}{\mu+1}+C$（$\mu\neq -1$）；　　（4）$\int \frac{dx}{x}=\ln|x|+C$；

（5）$\int a^x dx = \frac{1}{\ln a} a^x + C\ (a>0, a\neq 1)$；（6）$\int e^x dx = e^x + C$；

（7）$\int \cos x dx = \sin x + C$；（8）$\int \sin x dx = -\cos x + C$；

（9）$\int \sec^2 x dx = \tan x + C$；（10）$\int \csc^2 x dx = -\cot x + C$；

（11）$\int \sec x \tan x dx = \sec x + C$；（12）$\int \csc x \cot x dx = -\csc x + C$；

（13）$\int \frac{dx}{\sqrt{1-x^2}} = \arcsin x + C = -\arccos x + C$；（14）$\int \frac{dx}{1+x^2} = \arctan x + C = -\text{arc}\cot x + C$.

例 3.19 求 $\int \frac{1}{\sqrt{x}} dx$.

解 直接使用基本积分表中公式（3）得

$$\int \frac{1}{\sqrt{x}} dx = \int x^{-\frac{1}{2}} dx = \frac{1}{-\frac{1}{2}+1} x^{-\frac{1}{2}+1} = 2\sqrt{x} + C .$$

例 3.20 求 $\int x^3 \sqrt{x} dx$.

解 被积函数可利用同幂函数相乘的运算性质：$x^3\sqrt{x} = x^{3+\frac{1}{2}} = x^{\frac{7}{2}}$，再利用基本积分表公式（3）得

$$\int x^3 \sqrt{x} dx = \frac{2}{9} x^{\frac{9}{2}} + C .$$

例 3.21 求 $\int 2^x e^x dx$.

解 被积函数可利用指数函数相乘的运算性质：$2^x e^x = (2e)^x$，再利用基本积分表中公式（5）得

$$\int 2^x e^x dx = \frac{1}{\ln 2e}(2e)^x + C = \frac{1}{\ln 2 + 1} 2^x e^x + C .$$

三、不定积分的性质

由不定积分的定义不难得出，它有如下性质：

性质 1 设函数 $f(x)$ 与 $g(x)$ 的原函数存在，则

$$\int [f(x) \pm g(x)] dx = \int f(x) dx \pm \int g(x) dx .$$

性质 2 设函数 $f(x)$ 的原函数存在，k 为非零常数，则

$$\int kf(x) dx = k\int f(x) dx .$$

此外，根据积分与微分互为逆运算的特点，有

性质 3 设函数 $f(x)$ 的原函数存在，则

$$\frac{\mathrm{d}}{\mathrm{d}x}\left[\int f(x)\mathrm{d}x\right]=f(x) \quad 或 \quad \mathrm{d}\left[\int f(x)\mathrm{d}x\right]=f(x)\mathrm{d}x .$$

性质 4　函数 $F(x)$ 是 $F'(x)$ 的原函数，则

$$\int F'(x)\mathrm{d}x=F(x)+C \quad 或 \quad \int \mathrm{d}F(x)=F(x)+C .$$

注意性质 3 与性质 4 的区别，这两条性质说明当记号 d 与 $\int$ 连在一起时，正好抵消或者抵消后只差一个常数项.

例 3.22　求 $\int(x^2+\sqrt{x})\mathrm{d}x$.

解　利用不定积分的性质与积分表，得

$$\int(x^2+\sqrt{x})\mathrm{d}x=\int(x^2+x^{\frac{1}{2}})\mathrm{d}x=\int x^2\mathrm{d}x+\int x^{\frac{1}{2}}\mathrm{d}x=\frac{x^3}{3}+\frac{2}{3}x^{\frac{3}{2}}+C$$

例 3.23　求 $\int\tan^2 x\mathrm{d}x$.

解　被积函数可先利用三角函数公式 $1+\tan^2 x=\sec^2 x$ ，故

$$\int\tan^2 x\mathrm{d}x=\int(\sec^2 x-1)\mathrm{d}x=\int\sec^2 x\mathrm{d}x-\int\mathrm{d}x=\tan x-x+C$$

例 3.24　求 $\int\frac{1+x+x^2}{x(1+x^2)}\mathrm{d}x$.

解　因为被积函数 $\frac{1+x+x^2}{x(1+x^2)}=\frac{1}{x}+\frac{1}{1+x^2}$ ，故

$$\int\frac{1+x+x^2}{x(1+x^2)}\mathrm{d}x=\int\frac{1}{x}\mathrm{d}x+\int\frac{1}{1+x^2}\mathrm{d}x=\ln|x|+\arctan x+C .$$

习题 3.3

1. 设 $f(x)$ 的导函数是 $\sin x$ ，求 $f(x)$ 的全体原函数.
2. 求下列不定积分.

（1）$\int(x^2+2x-1)\mathrm{d}x$ ；　（2）$\int x^3\sqrt{x}\mathrm{d}x$ ；

（3）$\int 3ax^5\mathrm{d}x$ ；　（4）$\int 3^x\mathrm{e}^x\mathrm{d}x$ ；

（5）$\int\left(\frac{1}{x^2}-\frac{1}{x^3}\right)\mathrm{d}x$ ；　（6）$\int\frac{x^2}{1+x^2}\mathrm{d}x$ ；

（7）$\int\cot^2 x\mathrm{d}x$ ；　（8）$\int\frac{x^2-1}{x-1}\mathrm{d}x$.

3. 有一条曲线过点 $\left(\frac{\pi}{6},\frac{1}{2}\right)$ ，且在任一点的切线斜率为 $\cos x$ ，求该曲线的方程.

第四节　不定积分的计算方法

第三节中利用不定积分的性质和基本积分表直接积分的方法，所能计算的积分是非常有限的，尤其是基本积分表中要求被积函数的变量与积分变量必须保持一致的特点，很多时候是不能满足的. 比如，$\int\cos 2x\mathrm{d}x$ 中，被积函数为复合函数，这时就不能使用积分表直接积分，而要利用中间变量的代换，我们称之为换元积分法. 再比如，不定积分是形如 $\int x\cos x\mathrm{d}x$ 这类被积函数由某两个函数相乘时，也不能直接利用积分表，这时我们需要借助一种称为分部积分的运算法则. 我们从不定积分的换元积分法开始学习. 换元积分法一般分为两类，下面先介绍第一类换元积分法.

一、第一类换元积分法

例 3.25　求 $\int 2\cos 2x\mathrm{d}x$.

解　以复合函数 $\cos 2x$ 的中间变量是 $2x$ 为标准，被积函数中的系数 2 看作 $(2x)'$，再与积分变量 $\mathrm{d}x$ 结合 . 因为 $(2x)'\mathrm{d}x=\mathrm{d}2x$，故

$$\begin{aligned}\int 2\cos 2x\mathrm{d}x&=\int\cos 2x(2x)'\mathrm{d}x=\int\cos 2x\mathrm{d}(2x)(\text{令}u=2x)\\&=\int\cos u\mathrm{d}u=\sin u+C=\sin 2x+C.\end{aligned}$$

例 3.26　求 $\int x\mathrm{e}^{x^2}\mathrm{d}x$.

解　以复合函数 e^{x^2} 的中间变量 x^2 为标准，将被积函数中的 x 记为 $\left(\frac{1}{2}x^2\right)'$，故

$$\begin{aligned}\int x\mathrm{e}^{x^2}\mathrm{d}x&=\frac{1}{2}\int\mathrm{e}^{x^2}(x^2)'\mathrm{d}x=\frac{1}{2}\int\mathrm{e}^{x^2}\mathrm{d}(x^2)(\text{令}u=x^2)\\&=\frac{1}{2}\int\mathrm{e}^{u}\mathrm{d}u=\frac{1}{2}\mathrm{e}^{u}+C=\frac{1}{2}\mathrm{e}^{x^2}+C.\end{aligned}$$

事实上，设 $f(u)$ 具有原函数 $F(u)$，即

$$\int f(u)\mathrm{d}x=F(u)+C,$$

而当 u 是中间变量：$u=\varphi(x)$，且设 $\varphi(x)$ 可微，那么由复合函数微分法，有

$$\mathrm{d}F(\varphi(x))=f(\varphi(x))\varphi'(x)\mathrm{d}x.$$

而由不定积分定义有

$$\int f(\varphi(x))\varphi'(x)\mathrm{d}x=F(\varphi(x))+C=F(u)+C=\int f(u)\mathrm{d}u.$$

这样的积分方法称为第一类换元积分法.

定理 3.4　设 $f(u)$ 的原函数为 $F(u)$，$u=\varphi(x)$ 可微，则有换元公式

$$\int f(\varphi(x))\varphi'(x)\mathrm{d}x=\int f(u)\mathrm{d}u=F(u)+C=F(\varphi(x))+C.$$

第一类换元积分法中，以复合函数的中间变量为标准，将其余函数表示成中间变量的导数再与积分变量 $\mathrm{d}x$ 相结合，这可以视为将函数凑到微分符号里，因此，该方法又称为凑微分法．其目的就是使得被积函数的变量与积分变量统一．

例 3.27　求 $\int \frac{1}{1+2x}\mathrm{d}x$．

解　被积函数 $\frac{1}{1+2x}=\frac{1}{u}$，$u=1+2x$，而 $\mathrm{d}u=2\mathrm{d}x$，故

$$\int \frac{1}{1+2x}\mathrm{d}x=\frac{1}{2}\int \frac{1}{1+2x}\mathrm{d}(1+2x)=\frac{1}{2}\int \frac{1}{u}\mathrm{d}u=\frac{1}{2}\ln|u|+C=\frac{1}{2}\ln|1+2x|+C$$

第一类换元积分法熟悉之后，可以不用写出中间变量换元的步骤．

例 3.28　求 $\int \frac{1}{a^2+x^2}\mathrm{d}x$．

解　$\int \frac{1}{a^2+x^2}\mathrm{d}x=\frac{1}{a}\int \frac{d\left(\frac{x}{a}\right)}{1+\left(\frac{x}{a}\right)^2}=\frac{1}{a}\arctan\frac{x}{a}+C$．

例 3.29　求 $\int \frac{1}{x(1+\ln x)}\mathrm{d}x$．

解　因为 $\frac{1}{x}=(\ln x)'=(1+\ln x)'$，即 $\frac{1}{x}\mathrm{d}x=\mathrm{d}(1+\ln x)$，故

$$\int \frac{1}{x(1+\ln x)}\mathrm{d}x=\int \frac{\mathrm{d}(1+\ln x)}{1+\ln x}=\ln|1+\ln x|+C$$

与直接积分一样，第一类换元积分法有时也要利用三角恒等式．

例 3.30　求 $\int \tan x\mathrm{d}x$．

解　因为 $\tan x=\frac{\sin x}{\cos x}$，而 $\sin x=(-\cos x)'$，故

$$\int \tan x\mathrm{d}x=-\int \frac{(\cos x)'}{\cos x}\mathrm{d}x=-\int \frac{\mathrm{d}\cos x}{\cos x}=-\ln|\cos x|+C.$$

例 3.31　求 $\int \sin^3 x\mathrm{d}x$．

解　因为 $\sin^3 x=\sin^2 x\cdot\sin x$，而 $\sin x=(-\cos x)'$，且 $\sin^2 x=1-\cos^2 x$，故

$$\int \sin^2 x\sin x\mathrm{d}x=-\int (1-\cos^2 x)\mathrm{d}(\cos x)=-\cos x+\frac{1}{3}\cos^3 x+C.$$

例 3.32　求 $\int \cos^2 x\mathrm{d}x$．

解　$\int \cos^2 x\mathrm{d}x=\int \frac{1+\cos 2x}{2}\mathrm{d}x=\frac{1}{2}\left(\int 1\mathrm{d}x+\int \cos 2x\mathrm{d}x\right)$

$$=\frac{1}{2}\int 1\mathrm{d}x+\frac{1}{2}\int\cos 2x\mathrm{d}x=\frac{1}{2}x+\frac{1}{4}\int\cos 2x\mathrm{d}2x$$
$$=\frac{1}{2}x+\frac{\sin 2x}{4}+C.$$

例 3.33 求 $\int\sec x\mathrm{d}x$.

解 $\int\sec x\mathrm{d}x=\int\frac{\sec x(\sec x+\tan x)}{\sec x+\tan x}\mathrm{d}x$
$$=\int\frac{\mathrm{d}(\sec x+\tan x)}{\sec x+\tan x}=\ln|\sec x+\tan x|+C.$$

以上各例都是利用“凑微”将被积函数与积分变量凑成一致变量后，再积分，也就是第一类换元积分法，接下来将介绍另一种形式的变量代换的积分方法，即第二类换元积分法.

二、第二类换元积分法

积分换元运算

先看一个例子：

例 3.34 求 $\int\frac{1}{1+\sqrt{x}}\mathrm{d}x$.

解 因为被积函数中的 $\sqrt{x}$ 是影响积分运算的关键，这时可以引入一个新变量去代换掉 $\sqrt{x}$. 可以令 $t=\sqrt{x}$，即 $x=t^2$，故

$$\int\frac{1}{1+\sqrt{x}}\mathrm{d}x=\int\frac{1}{1+t}\mathrm{d}t^2=\int\frac{2t}{1+t}\mathrm{d}t=2\int\frac{1+t-1}{1+t}\mathrm{d}t$$
$$=2\int\left(1-\frac{1}{1+t}\right)\mathrm{d}t=2t-2\ln|1+t|+C$$
$$=2\sqrt{x}-2\ln|1+\sqrt{x}|+C.$$

类似于该例，通过引入新变量的变量代换 $x=\varphi(t)$，而将积分 $\int f(x)\mathrm{d}x$ 化为

$$\int f(\varphi(t))\mathrm{d}\varphi(t)=\int f(\varphi(t))\varphi'(t)\mathrm{d}t$$

后，对新变量 t 的积分的方法，就是第二类换元积分法. 需要注意的是最后要将 $t=\varphi^{-1}(x)$ 代回去. 为了保证这个反函数存在且可导，还应假定 $x=\varphi(t)$ 在 t 的某区间上单调、可导，且 $\varphi'(t)\neq 0$. 因此有如下定理.

定理 3.5 设 $x=\varphi(t)$ 单调、可导且 $\varphi'(t)\neq 0$，又设 $f(\varphi(t))\varphi'(t)$ 具有原函数，则有换元公式

$$\int f(x)\mathrm{d}x=\left(\int f(\varphi(t))\varphi'(t)\mathrm{d}t\right)\Big|_{t=\varphi^{-1}(x)},$$

其中，$t=\varphi^{-1}(x)$ 是 $x=\varphi(t)$ 的反函数.

除了像例 3.34 这样变量代换直接化掉根号外，有时仍要借助三角公式来化简. 比如对于 $\int\sqrt{1-x^2}\mathrm{d}x(a>0)$ 的计算，如果直接令根号的变量代换 $t=\sqrt{1-x^2}$，则在反解 x 的过程中仍然

留有根号，因此，此处应利用三角公式 $\sin^2 x+\cos^2 x=1$，即 $\cos^2 x=1-\sin^2 x$ 来化去根号.

例 3.35　求 $\int\sqrt{1-x^2}\mathrm{d}x\ (a>0)$.

解　令 $x=\sin t,\ t\in\left(-\dfrac{\pi}{2},\dfrac{\pi}{2}\right)$，则 $t=\arcsin x$. 又因为 $\mathrm{d}x=\mathrm{d}\sin t=\cos t\mathrm{d}t$，且被积函数 $\sqrt{1-x^2}=\sqrt{1-\sin^2 t}=\cos t$，故

$$\begin{aligned}\int\sqrt{1-x^2}\mathrm{d}x&=\int\cos t\cdot\cos t\mathrm{d}t=\int\cos^2 t\mathrm{d}t=\int\frac{1+\cos 2t}{2}\mathrm{d}t\\&=\frac{t}{2}+\frac{1}{4}\sin 2t+C=\frac{t}{2}+\frac{1}{2}\sin t\cos t+C\\&=\frac{1}{2}\arcsin x+\frac{1}{2}x\sqrt{1-x^2}+C.\end{aligned}$$

事实上，当遇见形如 $\sqrt{a^2-x^2}\ (a>0)$，可以作代换 $x=a\sin t,\ t\in\left(-\dfrac{\pi}{2},\dfrac{\pi}{2}\right)$ 化去根号.

例 3.36　求 $\int\dfrac{\mathrm{d}x}{\sqrt{x^2+a^2}}\ (a>0)$.

解　为了去掉根号，可利用三角公式 $1+\tan^2 t=\sec^2 t$，此处可以令 $x=a\tan t,\ t\in\left(-\dfrac{\pi}{2},\dfrac{\pi}{2}\right)$，则 $\mathrm{d}x=\mathrm{d}a\tan t=a\sec^2 t\mathrm{d}t$，故

$$\begin{aligned}\int\frac{\mathrm{d}x}{\sqrt{x^2+a^2}}&=\int\frac{a\sec^2 t\mathrm{d}t}{\sqrt{a^2\tan^2 t+a^2}}=\int\sec t\mathrm{d}t\\&=\ln\left|\sec t+\tan t\right|+C_1.\end{aligned}$$

注意，该例题在将变量 t 换回 x 的时候，还可以根据 $\tan t=\dfrac{x}{a}$ 作辅三角形，如图 3.8 所示. 可得

$$\sec t=\frac{\sqrt{a^2+x^2}}{a}=\sqrt{1+\frac{x^2}{a^2}}，\text{且有 }\sec t+\tan t>0，$$

故

$$\begin{aligned}\int\frac{\mathrm{d}x}{\sqrt{x^2+a^2}}&=\ln(\sec t+\tan t)+C_1\\&=\ln\left(\sqrt{1+\frac{x^2}{a^2}}+\frac{x}{a}\right)+C_1=\ln(\sqrt{a^2+x^2}+x)+C,\end{aligned}$$

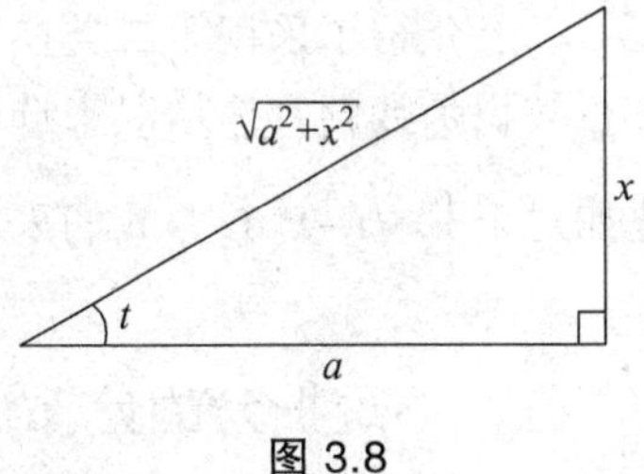

图 3.8

其中 $C=C_1-\ln a$.

例 3.37　求 $\int\dfrac{\mathrm{d}x}{\sqrt{x^2-a^2}}\ (a>0)$.

解　同上两例类似，可以利用 $\sec^2 t-1=\tan^2 t$ 化去根号，但注意到此例被积函数的定义域为 $x>a$ 和 $x<-a$ 两个区间，故我们应该分别在这两个区间去求不定积分.

当 $x>a$ 时，令 $x=a\sec t, t\in\left(0,\dfrac{\pi}{2}\right)$，故

$$\int\frac{\mathrm{d}x}{\sqrt{x^2-a^2}}=\int\frac{a\sec t\tan t}{\sqrt{a^2\sec^2 t-a^2}}\mathrm{d}t=\int\sec t\mathrm{d}t$$
$$=\ln(\sec t+\tan t)+C_1.$$

再利用 $\sec t=\dfrac{x}{a}, t\in\left(0,\dfrac{\pi}{2}\right)$ 作辅助三角形，如图 3.9 所示，可得

$$\tan t=\sqrt{\sec^2 t-1}=\frac{\sqrt{x^2-a^2}}{a},$$

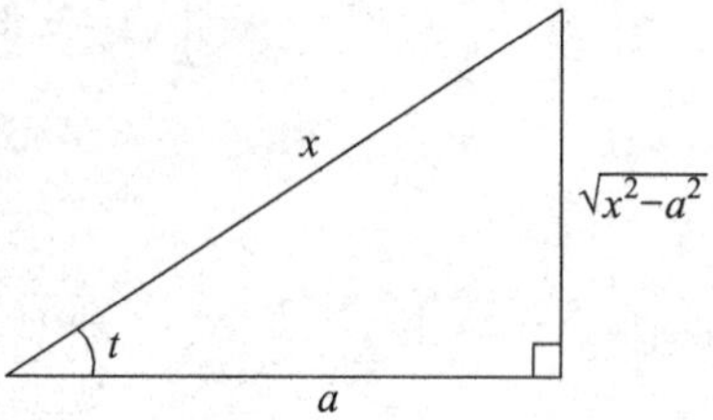

故

$$\int\frac{\mathrm{d}x}{\sqrt{x^2-a^2}}=\ln(\sec t+\tan t)+C_1=\ln(x+\sqrt{x^2-a^2})+C,$$

图 3.9

其中 $C=C_1-\ln a$.

当 $x<-a$ 时，令 $x=-u$，则 $u>a$，同理可得

$$\int\frac{\mathrm{d}x}{\sqrt{x^2-a^2}}=\int\frac{\mathrm{d}(-u)}{\sqrt{u^2-a^2}}=-\ln(u+\sqrt{u^2-a^2})+C_1$$
$$=-\ln(-x+\sqrt{x^2-a^2})+C_1=\ln(-x-\sqrt{x^2-a^2})+C,$$

其中 $C=C_1-2\ln a$.

综合 $x>a$ 和 $x<-a$ 两种情况结果，有

$$\int\frac{\mathrm{d}x}{\sqrt{x^2-a^2}}=\ln\left|x+\sqrt{x^2-a^2}\right|+C.$$

以上介绍了采用第二类换元积分法作变量代换化去根号的一般方法，但是具体解题时应分析被积函数的具体情况来选取合适的代换，并不是所有去根号都要用到变量代换的方法，比如对于 $\int x\sqrt{1-x^2}\mathrm{d}x$，我们采用第一类换元积分，将 $x\mathrm{d}x$ 凑成 $-\dfrac{1}{2}\mathrm{d}(1-x^2)$ 后解题更简捷.

三、不定积分的分部积分法

分部积分法

本节开始时我们曾经提到，对于形如 $\int x\cos x\mathrm{d}x$ 这类被积函数由某两个函数相乘时的积分计算，需要借助两个函数乘积的求导法则来推导另一个求积分的方法——分部积分法.

设 $u=u(x),\ v=v(x)$ 有连续的导函数，根据乘积的求导法则有

$$(uv)'=u'v+uv',$$

于是

$$uv'=(uv)'-u'v.$$

上式两边同时求不定积分，有

$$\int uv'\mathrm{d}x=\int (uv)'\mathrm{d}x-\int u'v\mathrm{d}x\,,$$

即

$$\int uv'\mathrm{d}x=uv+C-\int u'v\mathrm{d}x\,.$$

若忽略常数，有

$$\int uv'\mathrm{d}x=uv-\int u'v\mathrm{d}x\,. \tag{3.4}$$

公式(3.4)称为分部积分公式．当我们求 $\int uv'\mathrm{d}x$ 比较困难时，可以利用该公式转化求 $\int u'v\mathrm{d}x$．

公式(3.4)也可以表示为

$$\int u\mathrm{d}v=uv-\int v\mathrm{d}u\,.$$

1．分部积分的基本形式

首先，我们来讨论被积函数是幂函数与三角函数、指数函数相乘的情况．

例 3.38　求 $\int x\cos x\mathrm{d}x$．

解　令 $u=x$，$v'=\cos x$，则 $u'=1$，$v=\sin x$．代入分部积分公式，得

$$\int uv'\mathrm{d}x=uv-\int u'v\mathrm{d}x\,.$$

故

$$\int x\cos x\mathrm{d}x=x\sin x-\int \sin x\mathrm{d}x=x\sin x+\cos x+C\,.$$

此题若假设 $u=\cos x$，$v'=x$，则 $u'=-\sin x$，$v=\dfrac{x^2}{2}$．代入公式，得

$$\int x\cos x\mathrm{d}x=\frac{x^2}{2}\cos x-\int\frac{x^2}{2}(-\sin x)\mathrm{d}x=\frac{x^2}{2}\cos x+\frac{1}{2}\int x^2\sin x\mathrm{d}x\,.$$

而对于 $\int x^2\sin x\mathrm{d}x$ 的计算将更困难，因此，这样的假设是行不通的．

因此，利用分部积分法计算不定积分，选择 u,v 非常关键．

例 3.39　求 $\int x\mathrm{e}^x\mathrm{d}x$．

解　令 $u=x$，$v'=\mathrm{e}^x$，则 $u'=1$，$v=\mathrm{e}^x$．故

$$\int x\mathrm{e}^x\mathrm{d}x=x\mathrm{e}^x-\int \mathrm{e}^x\mathrm{d}x=x\mathrm{e}^x-\mathrm{e}^x+C\,.$$

从以上两例可以看出，当被积函数是幂函数与三角函数、指数函数相乘的时候，将幂函

数令为 u 可以在接下来的 u' 的转化中化简被积函数．但是，并不是说以后遇见幂函数与其他函数相乘时，都令其为 u，比如 $\int x\ln x\mathrm{d}x$．如果令 $u=x$，则 $v'=\ln x$，可问题是基本积分表中没有哪个函数求导后为 $\ln x$，因此再令幂函数为 u 是不行的．

例 3.40 求 $\int x\ln x\mathrm{d}x$．

解 令 $u=\ln x$，$v'=x$，则 $u'=\dfrac{1}{x}$，$v=\dfrac{x^2}{2}$．故

$$\int x\ln x\mathrm{d}x=\frac{x^2}{2}\ln x-\int\frac{x^2}{2}\frac{1}{x}\mathrm{d}x=\frac{x^2}{2}\ln x-\frac{x^2}{4}+C.$$

例 3.41 求 $\int x\arctan x\mathrm{d}x$．

解 令 $u=\arctan x$，$v'=x$，则 $u'=\dfrac{1}{1+x^2}$，$v=\dfrac{x^2}{2}$．故

$$\begin{aligned}\int x\arctan x\mathrm{d}x&=\frac{x^2}{2}\arctan x-\frac{1}{2}\int x^2\frac{1}{1+x^2}\mathrm{d}x\\&=\frac{x^2}{2}\arctan x-\frac{1}{2}\int\frac{1+x^2-1}{1+x^2}\mathrm{d}x\\&=\frac{x^2}{2}\arctan x-\frac{1}{2}(x-\arctan x)+C.\end{aligned}$$

可以看出，当被积函数是幂函数与对数函数、反三角函数相乘的时候，u 与 v' 的令法正好与被积函数是幂函数与三角函数、指数函数相乘时的情况相反，我们可以利用指数函数与对数函数互为反函数，三角函数与反三角函数互为反函数来记忆．此外，常数函数可以作为特殊的幂函数，当常数函数与对数函数或反三角函数相乘时，也可以套用此类方法．比如，对于 $\int\arctan x\mathrm{d}x$，可以看作被积函数是常数1和反三角函数 $\arctan x$ 相乘．

例 3.42 求 $\int\arctan x\mathrm{d}x$．

解 令 $u=\arctan x$，$v'=1$，则 $u'=\dfrac{1}{1+x^2}$，$v=x$．故

$$\begin{aligned}\int\arctan x\mathrm{d}x&=x\arctan x-\int\frac{x}{1+x^2}\mathrm{d}x=x\arctan x-\frac{1}{2}\int\frac{\mathrm{d}(1+x^2)}{1+x^2}\\&=x\arctan x-\frac{1}{2}\ln(1+x^2)+C\end{aligned}$$

2. 分部积分的其他形式

当被积函数不是幂函数与其他函数相乘的时候，有时也可以使用分部积分法．以下两个例子也是比较典型的．

例 3.43 求 $\int\mathrm{e}^x\cos x\mathrm{d}x$．

解 令 $u=\mathrm{e}^x$，$v'=\cos x$，则有 $u'=\mathrm{e}^x$，$v=\sin x$．故

$$\int e^x \cos x dx = e^x \sin x - \int e^x \sin x dx .$$

对于$\int e^x \sin x dx$，与要求的被积函数为同一类型，可对此再用一次分部积分法.

令$u = e^x$，$v' = \sin x$，则$u' = e^x$，$v = -\cos x$. 故

$$\begin{aligned}\int e^x \cos x dx &= e^x \sin x - e^x(-\cos x) + \int e^x(-\cos x)dx \\ &= e^x \sin x + e^x \cos x - \int e^x \cos dx.\end{aligned}$$

移项可得

$$2\int e^x \cos x dx = e^x \sin x + e^x \cos x$$

整理得

$$\int e^x \cos x dx = \frac{1}{2}e^x(\sin x + \cos x) + C .$$

注意此处的常数C不要漏写.

另法：令$u = \cos x$，$v' = e^x$也能得到相同的结果.

例 3.44　求$\int \sin(\ln x)dx$.

解　对于此类不定积分，将被积函数看作常数1和复合函数的乘积，可令$u = \sin(\ln x)$，$v' = 1$，则$u' = \cos(\ln x)\cdot\frac{1}{x}$，$v = x$. 故

$$\begin{aligned}\int \sin(\ln x)dx &= x\sin(\ln x) - \int \cos(\ln x)\cdot\frac{1}{x}\cdot x dx \\ &= x\sin(\ln x) - \int \cos(\ln x)dx.\end{aligned}$$

再对$\int \cos(\ln x)dx$使用分部积分法：

$$\int \sin(\ln x)dx = x\sin(\ln x) - x\cos(\ln x) - \int \sin(\ln x)dx .$$

移项整理得

$$\int \sin(\ln x)dx = \frac{1}{2}x[\sin(\ln x) - \cos(\ln x)] + C .$$

习题 3.4

1. 求下列不定积分.

（1）$\int \frac{1}{2x+3}dx$；　（2）$\int x\sqrt{x^2+1}dx$；　（3）$\int \frac{1}{1+4x^2}dx$；

（4）$\int \frac{1}{\sqrt{4-9x^2}}dx$；　（5）$\int \cos^5 x dx$；　（6）$\int \frac{1}{x(1+x^2)}dx$；

（7）$\int\frac{e^x}{1+2e^x}dx$；（8）$\int\frac{1}{x(1+2\ln x)}dx$.

2. 求下列不定积分.

（1）$\int\frac{x^2}{\sqrt{1-x^2}}dx$；（2）$\int\frac{1}{\sqrt{2+x^2}}dx$；

（3）$\int\sqrt{2-x^2}dx$；（4）$\int\frac{\sqrt{x^2-a^2}}{x}dx\ (a>0)$.

3. 求下列不定积分.

（1）$\int xe^{-x}dx$；（2）$\int(x^2-1)\cos xdx$；（3）$\int x\cos 3xdx$；

（4）$\int\operatorname{arccot} xdx$；（5）$\int x\sin x\cos xdx$；（6）$\int\cos\ln xdx$；

（7）$\int\ln^2 xdx$；（8）$\int x\tan^2 xdx$.

第五节　定积分的计算方法

通过微积分基本公式，我们已经知道，计算定积分$\int_a^b f(x)dx$的方法是将之转化为求$f(x)$的原函数的上、下限函数值之差. 在第四节，我们学习了求原函数的常见方法就是换元积分法和分部积分法，因此，只要能找到原函数，就可以用来计算定积分. 下面将讨论定积分的这两种计算方法.

一、定积分的换元法

定理 3.6　设函数$f(x)$在$[a,b]$上连续，函数$x=\varphi(t)$满足：

（1）在区间$[\alpha,\beta]$上是单值的，且具有连续导数；

（2）当t在$[\alpha,\beta]$上变化时，$x=\varphi(t)$的值在$[a,b]$上变化，且$\varphi(\alpha)=a$，$\varphi(\beta)=b$，则有定积分的换元公式

$$\int_a^b f(x)dx=\int_\alpha^\beta f(\varphi(t))\varphi'(t)dt.$$

在使用定积分的换元公式时需注意两点：

（1）使用$x=\varphi(t)$把变量x换成新变量t时，积分限也要换成相应于新变量t的积分限，且上限对应于上限，下限对应于下限；

（2）求出$f(\varphi(t))\varphi'(t)$的一个原函数$g(t)$后，不必像计算不定积分那样再把$g(t)$变换成变量x的函数，只需直接计算$g(\beta)-g(\alpha)$即可.

例 3.45　求定积分$\int_0^a\sqrt{a^2-x^2}dx\ (a>0)$.

解　设$x=a\sin t$，则$dx=a\cos tdt$，且当$x=0$时，$t=0$；当$x=a$时，$t=\frac{\pi}{2}$. 于是

$$\int_0^a \sqrt{a^2-x^2}\mathrm{d}x = a^2\int_0^{\frac{\pi}{2}}\cos^2 t\mathrm{d}t = \frac{a^2}{2}\int_0^{\frac{\pi}{2}}(1+\cos 2t)\mathrm{d}t = \frac{a^2}{2}\left[t+\frac{1}{2}\sin 2t\right]\Bigg|_0^{\frac{\pi}{2}} = \frac{\pi a^2}{4}.$$

另外，若本题利用定积分的几何意义计算更简单直观.

例 3.46　计算 $\int_0^{\pi}\frac{\sin x}{1+\cos^2 x}\mathrm{d}x$.

解　观察被积函数的形式，可以直接用凑微分法.

$$\int_0^{\pi}\frac{\sin x}{1+\cos^2 x}\mathrm{d}x = \int_0^{\pi} -\frac{1}{1+\cos^2 x}\mathrm{d}(\cos x) = -\arctan(\cos x)\Big|_0^{\pi} = \frac{\pi}{2}.$$

例 3.47　计算 $\int_{\sqrt{e}}^{e}\frac{\mathrm{d}x}{x\sqrt{(1+\ln x)\ln x}}$.

解　令 $\ln x = t$，积分上、下限变为 $\frac{1}{2}$ 与 1，则

$$\int_{\sqrt{e}}^{e}\frac{\mathrm{d}x}{x\sqrt{(1+\ln x)\ln x}} = \int_{\frac{1}{2}}^{1}\frac{\mathrm{d}t}{\sqrt{(1+t)t}}.$$

令 $t=\sin^2 x$，积分上、下限分别为 $\frac{\pi}{2}$ 和 $\frac{\pi}{4}$，则

$$\int_{\frac{\pi}{4}}^{\frac{\pi}{2}}\frac{2\sin x\mathrm{d}\sin x}{\sqrt{1+\sin^2 x}\cdot\sin x} = \int_{\frac{\pi}{4}}^{\frac{\pi}{2}}\frac{2\mathrm{d}\sin x}{\sqrt{1+\sin^2 x}} = 2\ln(\sin x+\sqrt{1+\sin^2 x})\Big|_{\frac{\pi}{4}}^{\frac{\pi}{2}}$$

$$= 2\ln\frac{1+\sqrt{2}}{\frac{\sqrt{2}}{2}+\sqrt{\frac{3}{2}}} = 2\ln\frac{\sqrt{2}+2}{1+\sqrt{3}}.$$

例 3.48　求定积分 $\int_0^{\frac{\pi}{2}}\cos^5 x\sin x\mathrm{d}x$.

解　设 $t=\cos x$，则 $\mathrm{d}t=-\sin x\mathrm{d}x$，且当 $x=0$ 时，$t=1$；当 $x=\frac{\pi}{2}$ 时，$t=0$，于是

$$\int_0^{\frac{\pi}{2}}\cos^5 x\sin x\mathrm{d}x = -\int_1^0 t^5\mathrm{d}t = \frac{t^6}{6}\Big|_0^1 = \frac{1}{6}.$$

注　在计算定积分时，换元必换限，配元不换限.

在第一节介绍了定积分的几个性质，现在补充一个关于奇、偶函数在对称区间 $[-a,a]$ 上的积分性质：

（1）若 $f(x)$ 在 $[-a,a]$ 上连续且为偶函数，则

$$\int_{-a}^{a} f(x)\mathrm{d}x = 2\int_0^a f(x)\mathrm{d}x.$$

（2）若 $f(x)$ 在 $[-a,a]$ 上连续且为奇函数，则

$$\int_{-a}^{a} f(x)\mathrm{d}x = 0 .$$

证明 根据积分区间的可加性，有

$$\int_{-a}^{a} f(x)\mathrm{d}x = \int_{-a}^{0} f(x)\mathrm{d}x + \int_{0}^{a} f(x)\mathrm{d}x .$$

对积分 $\int_{-a}^{0} f(x)\mathrm{d}x$ 作变量代换 $x=-t$，由换元积分法，得

$$\int_{-a}^{0} f(x)\mathrm{d}x = \int_{a}^{0} f(-t)(-\mathrm{d}t) = \int_{0}^{a} f(-t)\mathrm{d}t = \int_{0}^{a} f(-x)\mathrm{d}x .$$

于是

$$\int_{-a}^{a} f(x)\mathrm{d}x = \int_{0}^{a} f(-x)\mathrm{d}x + \int_{0}^{a} f(x)\mathrm{d}x = \int_{0}^{a} [f(x)+f(-x)]\mathrm{d}x .$$

（1）若 $f(x)$ 为偶函数时，$f(x)+f(-x)=2f(x)$，则

$$\int_{-a}^{a} f(x)\mathrm{d}x = 2\int_{0}^{a} f(x)\mathrm{d}x .$$

（2）若 $f(x)$ 为奇函数时，$f(x)+f(-x)=0$，则

$$\int_{-a}^{a} f(x)\mathrm{d}x = 0 .$$

有了这个性质，以后在计算定积分时，只要积分区间是关于原点对称的，则可以考虑被积函数是不是奇、偶函数，有时可以简化计算.

例 3.49 计算 $\int_{-2}^{2} (x+\sqrt{x^2+4})^2 \mathrm{d}x$.

解 原式 $= \int_{-2}^{2} (2x^2+4+2x\sqrt{x^2+4})\mathrm{d}x = 2\int_{-2}^{2} (x^2+2)\mathrm{d}x + 2\int_{-2}^{2} x\sqrt{x^2+4}\mathrm{d}x$.

由于积分区间关于原点对称，第一个积分被积函数为偶函数，第二个积分被积函数为奇函数，所以

$$\int_{-2}^{2} (x+\sqrt{x^2+4})^2 \mathrm{d}x = 4\int_{0}^{2} (x^2+2)\mathrm{d}x + 0 = 4\left[\frac{x^3}{3}+2x\right]_{0}^{2} = \frac{80}{3}$$

二、定积分的分部积分法

根据不定积分的分部积分法，两边同时取由 a 到 b 的积分，可得

$$\int_{a}^{b} u\mathrm{d}v = [uv]_{a}^{b} - \int_{a}^{b} v\mathrm{d}u$$

或

$$\int_{a}^{b} uv'\mathrm{d}x = [uv]_{a}^{b} - \int_{a}^{b} vu'\mathrm{d}x ,$$

其中 $u(x)$, $v(x)$ 在 $[a,b]$ 上有连续的导数 $u'(x)$, $v'(x)$.

定积分的分部积分公式在运用时与不定积分的分部积分公式区别是要边积分边代限.

例 3.50　计算 $\int_0^1 x\arctan x\mathrm{d}x$.

解　$$\int_0^1 x\arctan x\mathrm{d}x = \frac{1}{2}\int_0^1 \arctan x\mathrm{d}x^2 = \frac{1}{2}\left(x^2\arctan x\Big|_0^1 - \int_0^1 x^2\frac{1}{1+x^2}\mathrm{d}x\right)$$
$$=\frac{1}{2}\left[\frac{\pi}{4}-\left(x\Big|_0^1-\int_0^1\frac{1}{1+x^2}\mathrm{d}x\right)\right]$$
$$=\frac{1}{2}\left[\frac{\pi}{4}-1+\arctan x\Big|_0^1\right]=\frac{\pi}{4}-\frac{1}{2}.$$

例 3.51　计算 $\int_0^4 \mathrm{e}^{\sqrt{x}}\mathrm{d}x$.

解　先利用换元法，令 $t=\sqrt{x}$ ，则 $x=t^2, \mathrm{d}x=2t\mathrm{d}t$ ，当 $x=0$ 时，$t=0$；当 $x=4$ 时，$t=2$，于是

$$\int_0^4 \mathrm{e}^{\sqrt{x}}\mathrm{d}x=\int_0^2 \mathrm{e}^t\cdot 2t\mathrm{d}t=2\int_0^2 t\mathrm{d}\mathrm{e}^t = 2[t\mathrm{e}^t]_0^2-2\int_0^2\mathrm{e}^t\mathrm{d}t$$
$$=4\mathrm{e}^2-[2\mathrm{e}^t]_0^2=2\mathrm{e}^2+2.$$

本题既使用了换元法，又使用了分部积分法，希望读者熟练掌握此种题型.

习题 3.5

1. 计算下列定积分.

（1）$\int_{-1}^0 \frac{3x^4+3x^2+1}{x^2+1}\mathrm{d}x$ ；　（2）$\int_0^1 \frac{x^2}{x^2+1}\mathrm{d}x$　（3）$\int_0^{\frac{\pi}{4}} \tan^2 x\mathrm{d}x$.

2. 利用换元法计算下列定积分.

（1）$\int_{-2}^1 \frac{\mathrm{d}x}{(11+5x)^3}$ ；　（2）$\int_0^1 \frac{\mathrm{d}x}{\sqrt{4-x^2}}$ ；　（3）$\int_0^1 \sqrt{4x+3}\mathrm{d}x$ ；

（4）$\int_{-2}^0 \frac{\mathrm{d}x}{x^2+2x+2}$ ；　（5）$\int_0^{\frac{\pi}{2}} \sin x\cos^2 x\mathrm{d}x$ ；　（6）$\int_0^a x^2\sqrt{a^2-x^2}\mathrm{d}x$ ；

（7）$\int_0^1 \frac{\mathrm{d}x}{\sqrt{(1+x^2)^3}}$ ；　（8）$\int_0^{\ln 3} \frac{\mathrm{d}x}{\sqrt{1+\mathrm{e}^x}}$ ；　（9）$\int_{\sqrt{2}}^2 \frac{\mathrm{d}x}{x^2\sqrt{x^2-1}}$ ；

（10）$\int_1^2 \frac{\mathrm{d}x}{x\sqrt{1+\ln x}}$ ；　（11）$\int_{-1}^1 \frac{x}{\sqrt{5-4x}}\mathrm{d}x$ ；　（12）$\int_0^{\ln 2} \mathrm{e}^{-x}\mathrm{d}x$.

3. 利用分部积分法计算下列定积分.

（1）$\int_1^{\mathrm{e}} x\ln x\mathrm{d}x$ ；　（2）$\int_0^1 x\mathrm{e}^{-2x}\mathrm{d}x$ ；

（3）$\int_1^{\mathrm{e}} (\ln x)^3\mathrm{d}x$ ；　（4）$\int_0^{\frac{1}{2}} \arcsin x\mathrm{d}x$.

4. 利用奇、偶函数的积分性质计算下列定积分.

（1）$\int_{-1}^{1}\frac{x^2\sin x}{1+x^4}dx$；　　（2）$\int_{-5}^{5}\frac{x^2\sin x^3}{x^4+2x^2+1}dx$；

（3）$\int_{-\frac{\pi}{2}}^{\frac{\pi}{2}}4\cos^4\theta d\theta$；　　（4）$\int_{-1}^{1}\cos x\ln\frac{2-x}{2+x}dx$.

第六节　定积分的应用

在自然科学中，有许多实际问题最后都可归结为定积分问题. 在本节将应用定积分的方法来分析和解决一些几何、经济学中的问题. 首先说明一种运用定积分解决实际问题时常用的方法——将所求量表达成为定积分的分析方法——微元法（或元素法）. 它是我们解决许多实际问题的核心.

一、微元法

微元法，也称元素法，为了说明这种方法的解题思路，我们先来复习一下曲边梯形的面积问题.

设函数 $f(x)$ 在区间 $[a,b]$ 上连续非负，将以曲线 $y=f(x)$ 为曲边、底为 $[a,b]$ 的曲边梯形的面积记为 A，把 A 表示为定积分的步骤是：

（1）分割：用任意一组分点把区间 $[a,b]$ 分成长度为 $\Delta x_i\,(i=1,2,\cdots,n)$ 的 n 个小区间，相应地把曲边梯形分成 n 个很小的曲边梯形，第 i 个小曲边梯形的面积设为 ΔA_i，于是有

$$A=\sum_{i=1}^{n}\Delta A_i\,.$$

（2）近似：计算 ΔA_i 的近似值：

$$\Delta A_i\approx f(\xi_i)\Delta x_i\,.$$

（3）求和：得 A 的近似值：

$$A\approx\sum_{i=1}^{n}f(\xi_i)\Delta x_i\,.$$

（4）取极限：得

$$A=\lim_{\lambda\to 0}\sum_{i=1}^{n}f(\xi_i)\Delta x_i=\int_a^b f(x)dx\,.$$

通过上面的步骤可以看出，能用定积分表示量 A 的前提是：量 A 与区间 $[a,b]$ 有关，当区间被任意分为若干个小段时，量 A 总是相应地被分为若干个部分量（或简述为“化整为零”），其 A 等于所有部分量之和（或为“积零成整”）. 这一性质称为量 A 对于区间 $[a,b]$ 具有**可加性**.

为了简便起见，省略下标 i，用 ΔA 表示任意一个小区间 $[x,x+\mathrm{d}x]$ 上的小曲边梯形的面积（见图 3.10），取 $[x,x+\mathrm{d}x]$ 的左端点 x 为 ξ，从而

$$A=\sum\Delta A,$$

$$\Delta A\approx f(x)\mathrm{d}x,$$

故

$$A=\lim\sum f(x)\mathrm{d}x=\int_a^b f(x)\mathrm{d}x.$$

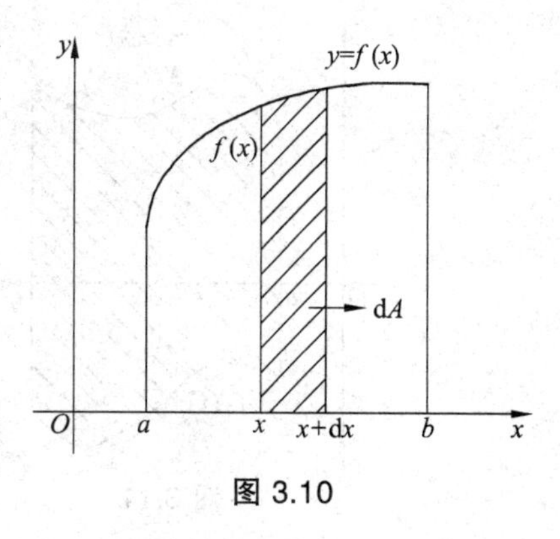

图 3.10

一般情况下，如果某一实际问题中的所求量 I 是非均匀地分布在某区间 $[a,b]$ 上的整体量，且对区间 $[a,b]$ 具有可加性，则可以按照下面的简化步骤把它表示为定积分.

（1）求微元：将区间 $[a,b]$ 任意分成 n 个小区间，取其中任意一个小区间并记为 $[x,x+\mathrm{d}x]$，把相应于这个小区间的部分量 ΔI 近似地表示为 $[a,b]$ 上的一个连续函数在点 x 处的值 $f(x)$ 与 Δx 的乘积，即 $\Delta I\approx f(x)\mathrm{d}x$，称 $f(x)\mathrm{d}x$ 为量 I 的微元，记为 $\mathrm{d}I$，即

$$\mathrm{d}I=f(x)\mathrm{d}x.$$

（2）以 $f(x)\mathrm{d}x$ 为被积式在区间 $[a,b]$ 上作定积分把这些微元无限相加，得

$$I=\int_a^b f(x)\mathrm{d}x.$$

上述简化了步骤的方法通常称为定积分的**微元法**或**元素法**. 接下来我们将应用这个方法来讨论几何、经济学中一些问题.

二、定积分的几何应用

1. 平面图形的面积

前面我们已经知道了定积分可以计算曲边梯形的面积，实际上还可以通过微元法计算一些比较复杂的平面图形的面积. 它主要包含两种类型的平面图形.

（1）由 $x=a,x=b,y=f_1(x),y=f_2(x)\ (f_1(x)\leqslant f_2(x),x\in[a,b])$，所围成的平面图形的面积（见图 3.11）.

在 $[a,b]$ 上任取位于 $[x,x+\mathrm{d}x]$ 区间的部分图形，把截取的部分图形看作长方形来计算面积的近似值，为

$$\Delta A\approx[f_2(x)-f_1(x)]\mathrm{d}x,$$

即

$$\mathrm{d}A=[f_2(x)-f_1(x)]\mathrm{d}x.$$

利用微元法把上式在 $[a,b]$ 上积分，即得

$$A=\int_a^b[f_2(x)-f_1(x)]\mathrm{d}x.$$

此公式就是平面图形的面积计算公式，如果 $f_1(x),f_2(x)$ 的大小不能确定，公式可写为

$$A=\int_a^b|f_2(x)-f_1(x)|\mathrm{d}x.$$

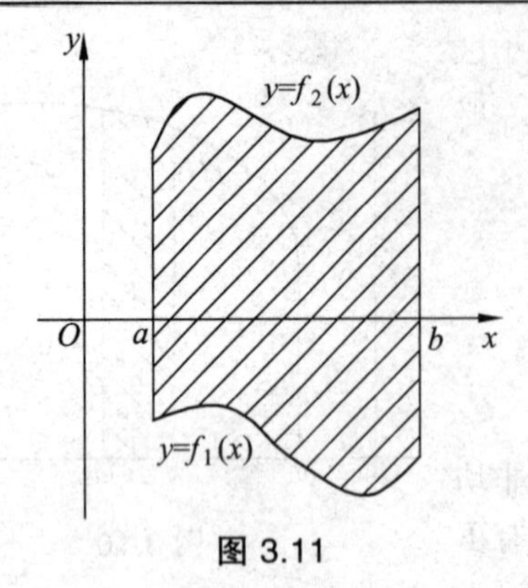

图 3.11

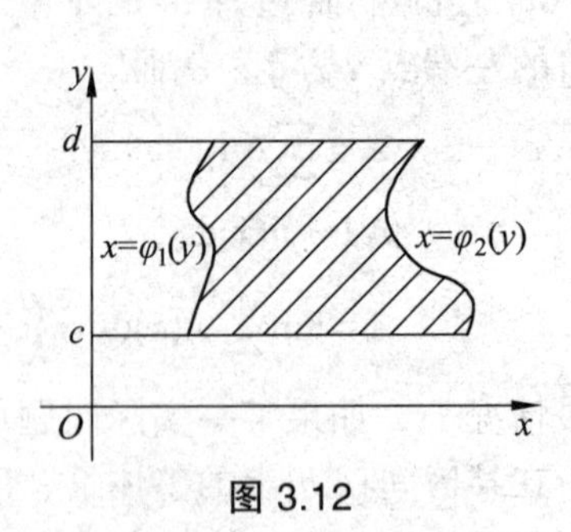

图 3.12

（2）由 $y=c, y=d, x=\varphi_1(y), x=\varphi_2(y)$ 所围成的平面图形的面积（见图 3.12）.

仿照上面的讨论可得面积计算公式

$$A=\int_c^d [\varphi_2(y)-\varphi_1(y)]\mathrm{d}y$$

或

$$A=\int_c^d \left|\varphi_2(y)-\varphi_1(y)\right|\mathrm{d}y .$$

例 3.52 计算由抛物线 $y=x^2$ 与 $y^2=x$ 所围成的图形面积.

解 由方程组

$$\begin{cases} y^2=x \\ y=x^2 \end{cases}$$

解得两抛物线的交点为 $(0,0)$ 和 $(1,1)$，所围成的图形如图 3.13 所示.

取横坐标 x 为积分变量，相应于 $[0,1]$ 上的任一小区间 $[x,x+\mathrm{d}x]$ 的部分面积近似于高为 $\sqrt{x}-x^2$ 、底为 $\mathrm{d}x$ 的小矩形的面积，从而得到面积元素

$$\mathrm{d}A=(\sqrt{x}-x^2)\mathrm{d}x .$$

在区间 $[0,1]$ 上作定积分，得所求面积为

$$A=\int_0^1(\sqrt{x}-x^2)\mathrm{d}x=\left[\frac{2}{3}x^{\frac{3}{2}}-\frac{1}{3}x^3\right]_0^1=\frac{1}{3} .$$

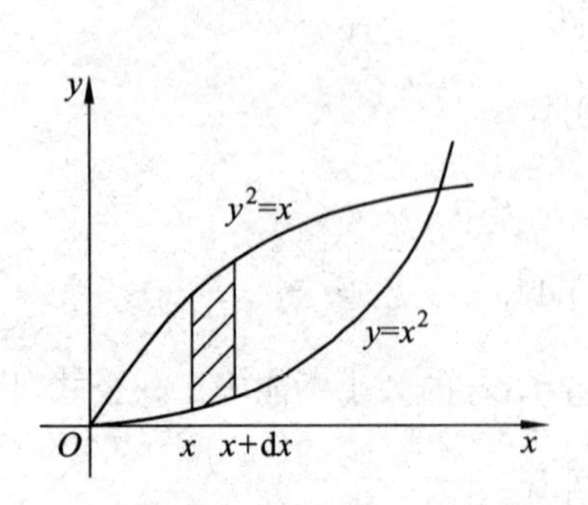

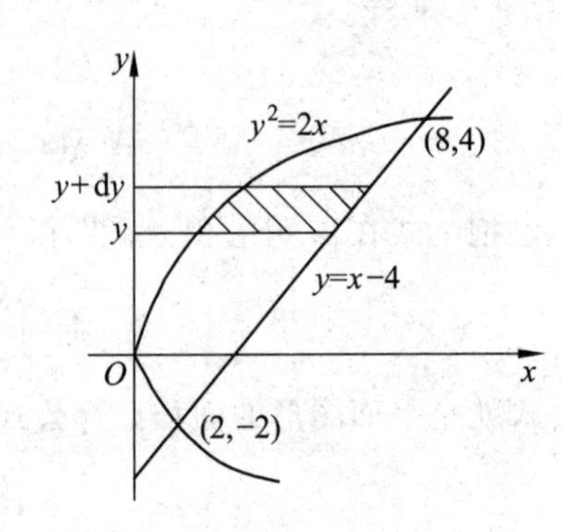

图 3.13　　　　图 3.14

例 3.53　计算由抛物线 $y^2=2x$ 与直线 $y=x-4$ 所围成的图形的面积.

解　由方程组

$$\begin{cases} y^2=2x \\ y=x-4 \end{cases}$$

解得交点为 $(2,-2)$ 和 $(8,4)$，如 3.14 所示，图形在直线 $y=-2$ 及 $y=4$ 之间.

取纵坐标 y 为积分变量，相应于 $[-2,4]$ 上的任一小区间 $[y,y+\mathrm{d}y]$ 的部分面积近似于高为 $\mathrm{d}y$、底为 $(y+4)-\frac{1}{2}y^2$ 的小矩形的面积，从而得到面积元素

$$\mathrm{d}A=\left(y+4-\frac{1}{2}y^2\right)\mathrm{d}y.$$

在区间 $[-2,4]$ 上作定积分，得所求面积为

$$A=\int_{-2}^{4}\left(y+4-\frac{1}{2}y^2\right)\mathrm{d}y=\left[\frac{y^2}{2}+4y-\frac{y^3}{6}\right]_{-2}^{4}=18.$$

读者可以思考一下，如果此题是取横坐标 x 为积分变量，计算步骤又当如何？与取纵坐标 y 为积分变量的计算相比较，哪种更简便？同时，通过该例说明在计算面积时到底选取哪个坐标为积分变量需要分析图形特点，选择较简单的计算方式.

例 3.54　求椭圆 $\frac{x^2}{a^2}+\frac{y^2}{b^2}=1$ 所围成的图形的面积.

解　如图 3.15 所示，椭圆关于两坐标轴都对称，所以椭圆所围成的图形的面积为

$$A=4A_1,$$

其中，A_1 为该椭圆在第一象限部分与两坐标轴所围图形的面积，因此

$$A=4A_1=4\int_0^a y\mathrm{d}x.$$

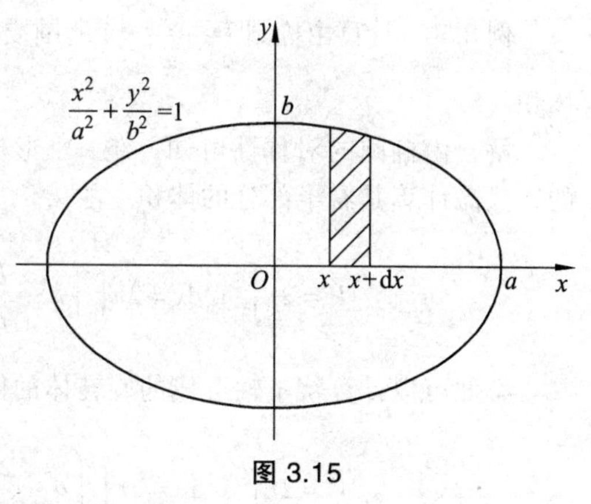

图 3.15

利用椭圆的参数方程

$$\begin{cases} x=a\cos t \\ y=b\sin t \end{cases} \left(0\leqslant t\leqslant\frac{\pi}{2}\right),$$

应用换元法，则 $\mathrm{d}x=-a\sin t\mathrm{d}t$，当 $x=0$ 时，$t=\frac{\pi}{2}$；当 $x=a$ 时，$t=0$. 则

$$A=4\int_{\frac{\pi}{2}}^{0}b\sin t(-a\sin t)\mathrm{d}t=-4ab\int_{\frac{\pi}{2}}^{0}\sin^2 t\mathrm{d}t=4ab\int_0^{\frac{\pi}{2}}\sin^2 t\mathrm{d}t$$

$$=2ab\int_0^{\frac{\pi}{2}}(1-\cos 2t)\mathrm{d}t=\pi ab.$$

当 $a=b$ 时，就是我们所熟悉的圆面积的计算公式：$A=\pi a^2$.

2. 体　积

（1）旋转体的体积.

一个平面图形绕该平面内一条直线旋转一周所得的立体称为旋转体，这个直线叫作旋转轴. 我们比较熟悉的圆柱、圆锥、圆台、球体都可以看成旋转体.

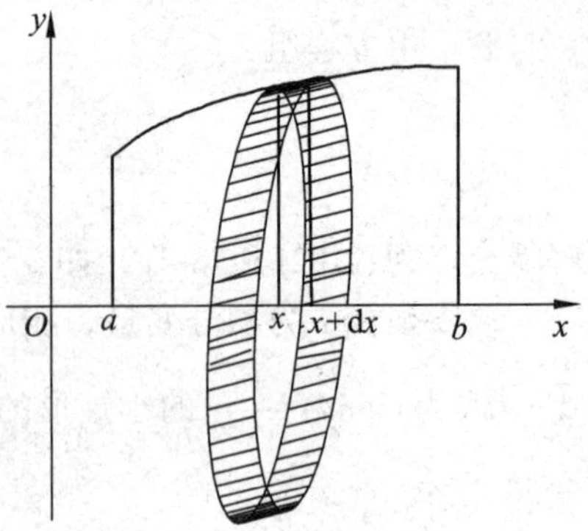

旋转体可以看作由连续曲线 $y=f(x)$, $x=a$, $x=b$ 以及 x 轴所围成的曲边梯形绕 x 轴旋转而成的（见图 3.16）. 它的体积近似于以 $y=f(x)$ 为底、dx 为高的圆柱体的体积，即体积元素为

$$dV=\pi[f(x)]^2 dx.$$

在区间 $[a,b]$ 上作定积分，则所求旋转体的体积为

$$V=\int_a^b \pi[f(x)]^2 dx.$$

图 3.16

类似地可知，如果曲边梯形的底为 y 轴上的区间 $[c,d]$，曲边为 $x=\varphi(y)$，$\varphi(y)$ 在 $[c,d]$ 上连续，则曲边梯形绕 y 轴旋转而得的旋转体的体积为

$$V=\int_c^d \pi[\varphi(y)]^2 dy.$$

例 3.55 求由曲线段 $y=\sin x\,(0\leqslant x\leqslant\pi)$ 所围成的曲边梯形绕 x 轴旋转一周所得的旋转体的体积.

解 $V=\int_0^\pi \pi[f(x)]^2 dx=\pi\int_0^\pi \sin^2 x dx=\pi\int_0^\pi \frac{1-\cos 2x}{2}dx=\frac{1}{2}\pi^2.$

例 3.56 计算由椭圆 $\frac{x^2}{a^2}+\frac{y^2}{b^2}=1$ 所围成的图形分别绕 x 轴、绕 y 轴旋转而成的两个旋转体的体积.

解 由椭圆的对称性可知，绕 x 轴形成的旋转体是由上半椭圆和 x 轴所围图形旋转出来的，只需计算其右半部分的体积. 故

$$V=2\pi\int_0^a y^2 dx=2\pi\int_0^a\left(b^2-\frac{b^2}{a^2}x^2\right)dx=2\pi b^2\left[x-\frac{x^3}{3a^2}\right]_0^a=\frac{4}{3}\pi ab^2.$$

类似可以计算绕 y 轴形成的旋转体的体积

$$V=2\pi\int_0^b x^2 dy=2\pi\int_0^b\left(a^2-\frac{a^2}{b^2}y^2\right)dy=2\pi a^2\left[y-\frac{y^3}{3b^2}\right]_0^b=\frac{4}{3}\pi a^2 b.$$

当 $a=b$ 时，此题中的两个旋转体都成了半径为 a 的球体，其体积为 $\frac{4}{3}\pi a^3$.

（2）平行截面面积为已知的立体体积.

上述旋转体是非常特殊的一种立体，如果一个立体不是旋转体，却知道该立体上垂直于一定轴的各个截面的面积，那么该立体的体积也可以用定积分来计算.

如图 3.17 所示的立体是位于过点 $x=a$ 及点 $x=b$ 且垂直于 x 轴的两平面之间的图形.

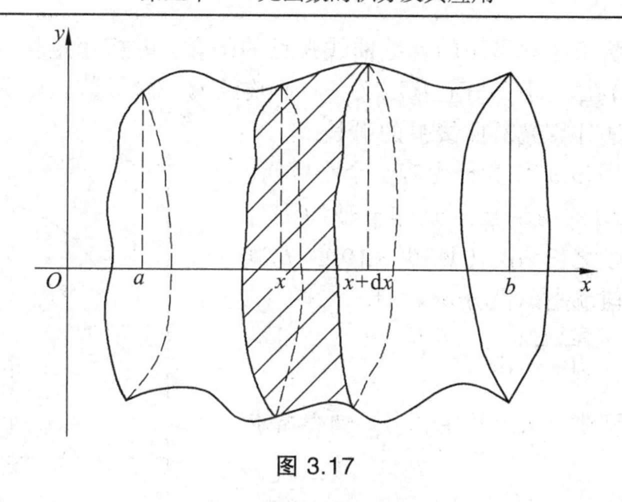

图 3.17

以 $A(x)$ 表示过点 x 且垂直于 x 轴的截面面积．假定 $A(x)$ 为 x 的已知的连续函数，这时，取 x 为积分变量，$x\in[a,b]$，立体中相应于 $[a,b]$ 上任一小区间 $[x,x+\mathrm{d}x]$ 的一薄片的体积，近似于底面积为 $A(x)$、高为 $\mathrm{d}x$ 的柱体的体积，则体积元素为

$$\mathrm{d}V=A(x)\mathrm{d}x .$$

在区间 $[a,b]$ 上作定积分，便得所求立体的体积

$$V=\int_a^b A(x)\mathrm{d}x .$$

例 3.57　设有一平面过一半径为 R 的圆柱体的底面直径，并与此底面成 α 的角（见图 3.18），计算此圆柱体被平面所截下部分的体积．

解　取平面与圆柱体的底面的交线为 x 轴，立体中过点 $x(-R\leqslant x\leqslant R)$ 且垂直于 x 轴的截面是一个直角三角形．它的两条直角边分别为 y 和 $y\tan\alpha$，因而截面面积为

$$A(x)=\frac{1}{2}y^2\tan\alpha=\frac{1}{2}(R^2-x^2)\tan\alpha .$$

于是立体体积为

$$V=\frac{1}{2}\int_{-R}^{R}(R^2-x^2)\tan\alpha\mathrm{d}x$$

$$=\frac{1}{2}\tan\alpha\left[R^2x-\frac{x^3}{3}\right]_{-R}^{R}=\frac{2}{3}R^3\tan\alpha.$$

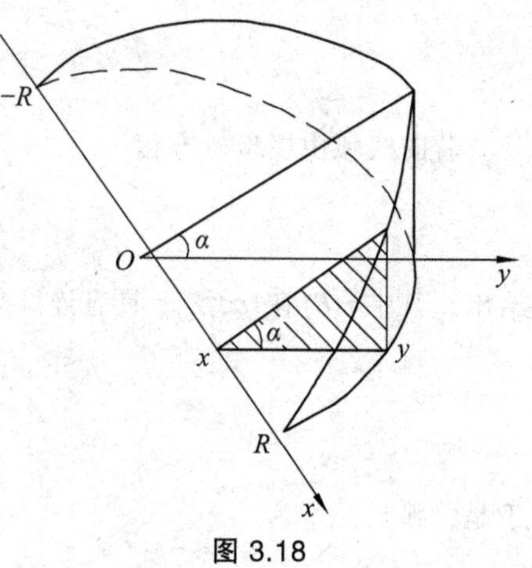

图 3.18

读者可以考虑，如果所取截面为过点 $y(0\leqslant y\leqslant R)$，且垂直于 y 轴，则截面图形不再是直角三角形，而应是矩形，这时求解过程又应如何？

3. 平面曲线的弧长

在计算圆的周长时可以利用圆的内接正多边形的周长当边数无限增多时的极限来确定，

现在我们用类似的方法来建立平面的连续曲线弧长的概念，并应用定积分来计算弧长.

如果函数 $y=f(x)$ 在区间 $[a,b]$ 上有定义，且有连续的一阶导数，则称它的图形为光滑的曲线弧. 下面用微元法计算光滑曲线弧的弧长.

（1）求微元：把区间 $[a,b]$ 任意分为若干个小区间，过任一小区间 $[x,x+\mathrm{d}x]$ 的两端点分别作 y 轴的平行线，所截得曲线微弧段之长为 Δs（见图 3.19）. 光滑曲线微弧段长的近似值就是弧微分 $\mathrm{d}s$，且

$$\mathrm{d}s=\sqrt{1+y'^2}\,\mathrm{d}x .$$

图 3.19

（2）作积分：在区间 $[a,b]$ 上作定积分，便得所求弧长为

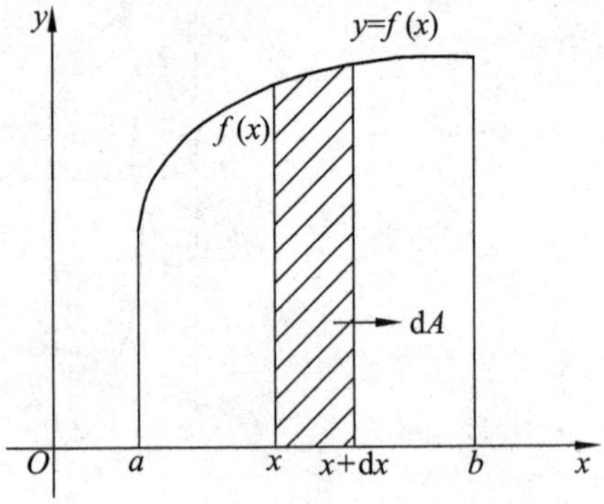

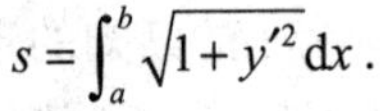

$$s=\int_a^b\sqrt{1+y'^2}\,\mathrm{d}x .$$

若曲线弧由参数方程

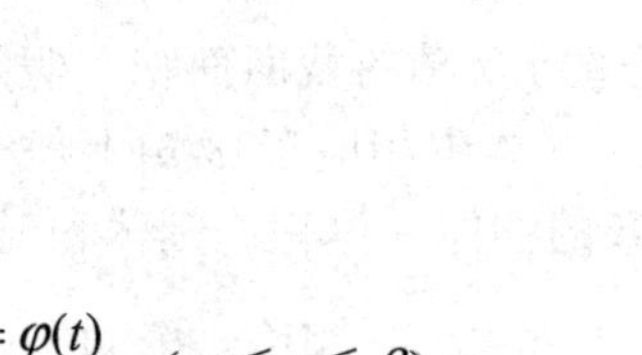

$$\begin{cases}x=\varphi(t)\\ y=\psi(t)\end{cases}\quad(\alpha\leqslant t\leqslant\beta)$$

给出，其中 $\varphi(t)$ 和 $\psi(t)$ 在区间 $[\alpha,\beta]$ 上具有连续的导数，则弧长微元为

$$\mathrm{d}s=\sqrt{1+y'^2}\,\mathrm{d}x=\sqrt{(\mathrm{d}x)^2+(\mathrm{d}y)^2}=\sqrt{\varphi'^2(t)+\psi'^2(t)}\,\mathrm{d}t ,$$

从而所求弧长为

$$s=\int_\alpha^\beta\sqrt{\varphi'^2(t)+\psi'^2(t)}\,\mathrm{d}t .$$

若曲线弧由极坐标方程

$$r=r(\theta)\ \ (\alpha\leqslant\theta\leqslant\beta)$$

给出，其中 $r(\theta)$ 在 $[\alpha,\beta]$ 上具有连续导数，则由直角坐标与极坐标的关系可得

$$\begin{cases}x=r\cos\theta\\ y=r\sin\theta\end{cases}\quad(\alpha\leqslant\theta\leqslant\beta) .$$

于是，弧长元素为

$$\mathrm{d}s=\sqrt{x'^2(\theta)+y'^2(\theta)}\,\mathrm{d}\theta=\sqrt{r^2(\theta)+r'^2(\theta)}\,\mathrm{d}\theta ,$$

从而所求弧长为

$$s=\int_\alpha^\beta\sqrt{r^2(\theta)+r'^2(\theta)}\,\mathrm{d}\theta .$$

例 3.58　计算摆线 $\begin{cases} x = a(\theta - \sin\theta) \\ y = a(1-\cos\theta) \end{cases}$ 的一拱 $(0 \leqslant \theta \leqslant 2\pi)$ 的长.

解　因为 $x'(\theta) = a(1-\cos\theta),\ y'(\theta) = a\sin\theta$，则

$$\begin{aligned} \mathrm{d}s &= \sqrt{x'^2(\theta) + y'^2(\theta)}\mathrm{d}\theta = \sqrt{a^2(1-\cos\theta)^2 + a^2\sin^2\theta}\mathrm{d}\theta \\ &= a\sqrt{2(1-\cos\theta)}\mathrm{d}\theta = 2a\sin\frac{\theta}{2}\mathrm{d}\theta. \end{aligned}$$

于是
$$s = \int_0^{2\pi} 2a\sin\frac{\theta}{2}\mathrm{d}\theta = 4a\left[-\cos\frac{\theta}{2}\right]_0^{2\pi} = 8a$$

三、定积分在经济学中的应用

定积分不仅可以解决几何上的很多问题，而且在经济学中有着广泛的应用. 本节通过具体事例研究定积分在经济学中的应用，如求总成本函数、需求函数、收益函数和利润函数等方面函数.

1. 由经济函数的边际，求经济函数在区间上的增量

由第二章边际分析知，对一已知经济函数 $F(x)$（如总成本函数 $C(x)$，需求函数 $Q(p)$，总收入函数 $R(x)$ 和利润函数 $L(x)$ 等），它的边际函数就是它的导函数 $F'(x)$.

作为导数(微分)的逆运算，若对已知的边际函数 $F'(x)$ 求不定积分，则可求得原经济函数

$$\int F'(x)\mathrm{d}x = F(x) + C,$$

其中，积分常数 C 可由经济函数的具体条件确定.

另外，也可由牛顿-莱布尼茨公式得

$$\int_0^x F'(t)\mathrm{d}t = F(x) - F(0),$$

于是
$$F(x) = \int_0^x F'(t)\mathrm{d}t + F(0).$$

由牛顿-莱布尼茨公式可求出原经济函数从 a 到 b 的增量，即

$$\Delta F = F(b) - F(a) = \int_a^b F'(x)\mathrm{d}x.$$

已知边际函数，利用定积分求经济学中的如下函数：

（1）总成本函数.

已知生产某产品的边际成本为 $C'(x)$，x 为产量，固定成本为 $C(0)$，则总成本函数为

$$C(x) = \int_0^x C'(x)\mathrm{d}x + C(0).$$

（2）总收益函数.

已知销售某产品的边际收益为 $R'(x)$，x 为销售量，$R(0) = 0$，则总收益函数为

$$R(x)=\int_0^x R'(x)\mathrm{d}x .$$

（3）利润函数.

设利润函数 $L(x)=R(x)-C(x)$，其中 x 为产量，$R(x)$ 是收益函数，$C(x)$ 是成本函数，若 $L(x),R(x),C(x)$ 均可导，则边际利润为

$$L'(x)=R'(x)-C'(x) .$$

因此总利润为

$$L(x)=\int_0^x L'(x)\mathrm{d}x+L(0)=\int_0^x [R'(x)-C'(x)]\mathrm{d}x-C(0) .$$

例 3.59 生产某产品的边际成本函数为 $C'(x)=3x^2-14x+100$，固定成本 $C(0)=1000$，求生产 x 个产品的总成本函数.

解 $C(x)=C(0)+\int_0^x C'(x)\mathrm{d}x=1000+\int_0^x (3x^2-14x+100)\mathrm{d}x$

$=1000+x^3-7x^2+100x .$

例 3.60 已知边际收益为 $R'(x)=78-2x$，设 $R(0)=0$，求收益函数 $R(x)$.

解 $R(x)=R(0)+\int_0^x (78-2x)\mathrm{d}x=78x-x^2 .$

例 3.61 设某商品的边际收益为 $R'(x)=200-\dfrac{x}{100}$.

（1）求销售 50 个商品时的总收益；

（2）如果已经销售了 100 个商品，求再销售 100 个商品的总收益.

解（1）总收益函数：

$$R(x)=\int_0^x R'(Q)\mathrm{d}Q=\int_0^x \left[200-\frac{x}{100}\right]\mathrm{d}x ,$$

所以 $R(50)=9987.5$.

（2）总收益：$R(200)-R(100)=\int_{100}^{200}\left[200-\dfrac{x}{100}\right]\mathrm{d}x=19850$.

例 3.62 已知生产某产品 x 台的边际成本为 $C'(x)=\dfrac{150}{\sqrt{1+x^2}}+1$（万元/台），边际收入为 $R'(x)=30-\dfrac{2}{5}x$（万元/台）.

（1）若不变成本为 $C(0)=10$（万元/台），求总成本函数、总收入函数和总利润函数；

（2）当产量从 40 台增加到 80 台时，总成本与总收入的增量.

解（1）总成本为

$$C(x)=C(0)+\int_0^x C'(x)\mathrm{d}x=10+\int_0^x \left[\frac{150}{\sqrt{1+x^2}}+1\right]\mathrm{d}x$$

$$=10+150\ln(x+\sqrt{1+x^2})+x.$$

由于当产量为零时总收入为零，即 $R(0)=0$，于是总收入为

$$R(x)=R(0)+\int_0^x R'(x)\mathrm{d}x=0+\int_0^x\left(30-\frac{2}{5}x\right)\mathrm{d}x=30x-\frac{1}{5}x^2,$$

总利润函数为

$$L(x)=R(x)-C(x)=29x-\frac{1}{5}x^2-150\ln(x+\sqrt{1+x^2})-10.$$

（2）当产量从 40 台增加到 80 台时，总成本的增量为

$$C(80)-C(40)=\int_{40}^{80}C'(x)\mathrm{d}x=143.96\text{（万元）}.$$

当产量从 40 台增加到 80 台时，总收入的增量为

$$R(80)-R(40)=\int_{40}^{80}R'(x)\mathrm{d}x=240\text{（万元）}.$$

2. 由变化率求总量

利用微分学的思想可以求总量的变化率. 反过来，若已知总量的变化率也可以利用积分学的思想来求总量，即已知某产品在时刻 t 的总产量的变化率为 $f(t)$，则从时刻 t_1 到时刻 t_2 的总产量为

$$Q=\int_{t_1}^{t_2}f(t)\mathrm{d}t.$$

例 3.63　某工厂生产某商品，在时刻 t 的总产量变化率为 $x'(t)=100+12t$（单位/小时）. 求由 $t=2$ 到 $t=4$ 这两小时的总产量.

解　$Q=\int_2^4 x'(t)\mathrm{d}t=\int_2^4(100+12t)\mathrm{d}t=[100t+6t^2]_2^4=272$.

例 3.64　在某地区当消费者个人收入为 x 时，消费支出 $W(x)$ 的变化率 $W'(x)=\frac{15}{\sqrt{x}}$，当个人收入由 900 增加到 1600 时，消费支出增加多少？

解　$W=\int_{900}^{1600}\frac{15}{\sqrt{x}}\mathrm{d}x=[30\sqrt{x}]_{900}^{1600}=300$.

习题 3.6

1. 求由下列各曲线所围成的图形的面积.

（1）曲线 $y=x^2$ 与曲线 $y=2-x^2$；

（2）曲线 $y=\mathrm{e}^x, x=0$ 与直线 $y=\mathrm{e}$；

（3）曲线 $y=x^2$ 与直线 $y=x, y=2x$；

（4）曲线 $y=\frac{1}{x}$ 与直线 $y=x, x=2$；

（5）曲线 $y=\mathrm{e}^x, y=\mathrm{e}^{-x}$ 与直线 $x=1$.

2. 设某产品的边际收益是产量 Q（单位）的函数 $R'(Q)=15-2Q$（元／单位），试求总收

益函数.

3. 某厂生产某产品 Q（百台）的总成本 $C(Q)$（万元）的变化率为 $C'(Q)=2$（设固定成本为零），总收益（万元）的变化率为产量 Q（百台）的函数 $R'(Q)=7-2Q$. 问：

（1）生产量为多少时，总利润最大？最大利润为多少？

（2）在利润最大的基础上又多生产了 50 台，总利润减少了多少？

综合习题三

1. 已知 $M=\int_{-\frac{\pi}{2}}^{\frac{\pi}{2}}\frac{(1+x)^2}{1+x^2}\mathrm{d}x$，$N=\int_{-\frac{\pi}{2}}^{\frac{\pi}{2}}\frac{1+x}{\mathrm{e}^x}\mathrm{d}x$，$K=\int_{-\frac{\pi}{2}}^{\frac{\pi}{2}}(1+\sqrt{\cos x})\mathrm{d}x$，则（　　）.

A. $M>N>K$　　　B. $M>K>N$

C. $K>M>N$　　　D. $N>M>K$

2. 已知函数 $f(x)=\begin{cases}2(x-1), x<1\\ \ln x, x\geqslant 1\end{cases}$，则 $f(x)$ 的一个原函数是（　　）.

A. $F(x)=\begin{cases}(x-1)^2, x<1\\ x(\ln x-1), x\geqslant 1\end{cases}$　　　B. $F(x)=\begin{cases}(x-1)^2, x<1\\ x(\ln x+1)-1, x\geqslant 1\end{cases}$

C. $F(x)=\begin{cases}(x-1)^2, x<1\\ x(\ln x+1)+1, x\geqslant 1\end{cases}$　　　D. $F(x)=\begin{cases}(x-1)^2, x<1\\ x(\ln x-1)+1, x\geqslant 1\end{cases}$

3. 已知函数 $f(x)=\begin{cases}\sin x, x\in[0,\pi)\\ 2, x\in[\pi,2\pi]\end{cases}$，$F(x)=\int_0^x f(t)\mathrm{d}t$，则（　　）.

A. $x=\pi$ 为 $F(x)$ 的跳跃间断点　　　B. $x=\pi$ 为 $F(x)$ 的可去间断点

C. $F(x)$ 在 $x=\pi$ 连续但不可导　　　D. $F(x)$ 在 $x=\pi$ 可导

4. $\lim\limits_{n\to\infty}\frac{1}{n^2}\left(\sin\frac{1}{n}+2\sin\frac{2}{n}+\cdots+n\sin\frac{n}{n}\right)=$（　　）.

5. 设 $\int_0^a x\mathrm{e}^{2x}\mathrm{d}x=\frac{1}{4}$，则 $a=$______.

6. 设函数 $f(x)$ 具有 2 阶连续导数，若曲线 $y=f(x)$ 过点 $(0,0)$ 且与曲线 $y=2^x$ 在点 $(1,2)$ 处相切，则 $\int_0^1 xf''(x)\mathrm{d}x=$______.

7. 设 D 由曲线 $xy+1=0$ 与直线 $y+x=0$ 及 $y=2$ 所围成，则 D 的面积为______.

8. 已知函数 $f(x)$ 在 $(-\infty,+\infty)$ 上连续，$f(x)=(x+1)^2+2\int_0^x f(t)\mathrm{d}t$，则当 $n\geqslant 2$ 时，$f^{(n)}(0)=$______.

9. 设函数 $f(x)$ 连续，$\varphi(x)=\int_0^{x^2} xf(t)\mathrm{d}t$，若 $\varphi(1)=1$，$\varphi'(1)=5$，则 $f(1)=$______.

10. 设 $\begin{cases}x=\arctan t\\ y=3t+t^3\end{cases}$，则 $\left.\frac{\mathrm{d}^2y}{\mathrm{d}x^2}\right|_{t=1}=$______.

11. $\int_5^{+\infty}\frac{1}{x^2-4x+3}\mathrm{d}x=$______.

12. 设封闭曲线 L 的极坐标方程为 $r=\cos 3\theta\left(-\dfrac{\pi}{6}\leqslant\theta\leqslant\dfrac{\pi}{6}\right)$，$t$ 为参数，则 L 围成的平面图形的面积为_______.

13. 计算下列各式.

（1）$\lim\limits_{x\to\infty}\dfrac{\int_0^x t\ln(1+t\sin t)\mathrm{d}t}{1-\cos x^2}$；（2）$\lim\limits_{x\to+\infty}\dfrac{\int_1^x[t^2(\mathrm{e}^{\frac{1}{x}}-1)-t]\mathrm{d}t}{x^2\ln\left(1+\dfrac{1}{x}\right)}$；

（3）$\int_{-\frac{\pi}{2}}^{\frac{\pi}{2}}\left(\dfrac{\sin x}{1+\cos x}+|x|\right)\mathrm{d}x$；（4）$\int_{-\infty}^{1}\dfrac{1}{x^2+2x+5}\mathrm{d}x$.

14. 设函数 $f(x)=\dfrac{x}{1+x}$，$x\in[0,1]$，定义函数列

$$f_1(x)=f(x), f_2(x)=f(f_1(x)),\cdots, f_n(x)=f(f_{n-1}(x)),\cdots,$$

记 S_n 是曲线 $y=f_n(x)$，直线 $x=1$ 及 x 轴所围成平面图形的面积，求极限 $\lim\limits_{n\to\infty}nS_n$.

15. 设 D 是由曲线 $y=\sqrt{1-x^2}\,(0\leqslant x\leqslant 1)$ 与 $\begin{cases}x=\cos^3 t\\ y=\sin^3 t\end{cases}\left(0\leqslant t\leqslant\dfrac{\pi}{2}\right)$ 所围成的平面区域，求 D 绕 x 轴转一周所得旋转体的体积和表面积.

16. 设 $A>0$，D 是由曲线段 $y=A\sin x\left(0\leqslant x\leqslant\dfrac{\pi}{2}\right)$ 及直线 $y=0$，$x=\dfrac{\pi}{2}$ 所围成的平面区域，V_1,V_2 分别表示 D 绕 x 轴与 y 轴旋转所成的旋转体的体积，若 $V_1=V_2$，求 A 的值.

17. 设函数 $f(x)=\int_0^1|t^2-x^2|\,\mathrm{d}t\,(x>0)$，求 $f'(x)$，并求 $f(x)$ 的最小值.

18. 已知函数 $f(x)=\int_x^1\sqrt{1+t^2}\,\mathrm{d}t+\int_1^{x^2}\sqrt{1+t}\,\mathrm{d}t$，求 $f(x)$ 零点的个数.

19. 已知函数 $f(x)$ 在 $\left[0,\dfrac{3\pi}{2}\right]$ 上连续，在 $\left(0,\dfrac{3\pi}{2}\right)$ 内是函数 $\dfrac{\cos x}{2x-3\pi}$ 的一个原函数，且 $f(0)=0$

（1）求 $f(x)$ 在区间 $\left[0,\dfrac{3\pi}{2}\right]$ 上的平均值；

（2）证明 $f(x)$ 在区间 $\left(0,\dfrac{3\pi}{2}\right)$ 存在唯一零点.

20. 设函数 $f(x),g(x)$ 在区间 $[a,b]$ 上连续，且 $f(x)$ 单调增加，$0\leqslant g(x)\leqslant 1$，证明：

（1）$0\leqslant\int_a^x g(t)\mathrm{d}t\leqslant x-a, x\in[a,b]$；

（2）$\int_a^{a+\int_a^b g(t)\mathrm{d}t} f(x)\mathrm{d}x\leqslant\int_a^b f(x)g(x)\mathrm{d}x$.

第四章　多元微积分

在实际问题中，常常会遇到一个变量依赖于多个变量的情况，这种有着多个自变量的函数称为多元函数. 多元函数的微分与积分是一元函数微积分的推广，它们之间存在着许多相似之处，本章主要以二元函数为例，来研究多元函数微积分学的一些基础知识及其简单应用.

第一节　多元函数的基本概念

一、平面点集

中学时，我们已经知道平面直角坐标系的建立，即把平面上的点 M 与一对有序实数 (x_0,y_0) 一一对应起来，因而可以用代数的方法研究几何问题. 人们往往把有序实数对 (x,y) 与平面上的点视作等同，这种建立了坐标系的平面称为**坐标平面**. 而坐标平面上具有某种特质 P 的点集合，叫作**平面点集**，记作

$$E=\{(x,y)|(x,y)\text{ 具有性质 }P\}.$$

例如，平面上以原点为中心，r 为半径的圆内所有点的集合是

$$E=\{(x,y)\mid x^2+y^2<r^2\}$$

或

$$E=\{P\mid |OP|<r\},$$

其中 $|OP|$ 表示点到原点 O 的距离.

由平面上一条或几条曲线所围成的一部分平面或整个平面，称为**平面区域**，简称**区域**. 围成区域的曲线称为区域的**边界**；边界上的点称为**边界点**；包括边界的区域称为**闭区域**；不包括边界的区域称为**开区域**. 如果一个区域延伸到无穷远处，则称该区域为**无界区域**，否则为**有界区域**.

对应一元函数在坐标轴上我们给出的邻域概念，现在引入坐标平面上的邻域概念.

设 $P_0(x_0,y_0)$ 是 xOy 平面上的一个点，δ 是某一正数，与点 $P_0(x_0,y_0)$ 的距离小于 δ 的点 $P(x,y)$ 的全体，称为点 P_0 的 δ 邻域，记作 $U(P_0,\delta)$，即

$$U(P_0,\delta)=\{P\,\big|\,|PP_0|<\delta\}$$

或

$$U(P_0,\delta)=\left\{(x,y)\,\middle|\,\sqrt{(x-x_0)^2+(y-y_0)^2}<\delta\right\}.$$

相应的，点 P_0 的去心邻域，记作 $\mathring{U}(P_0,\delta)$，即

$$\mathring{U}(P_0,\delta)=\left\{P\middle|0<|PP_0|<\delta\right\}.$$

二、二元函数的概念

在很多实际问题中都会遇到多个变量之间的依赖关系，比如，圆柱体的体积 V 与它的底半径 r、高 h 之间的关系 $V=\pi r^2 h$．当 r,h 在集合 $\left\{(r,h)\middle|r>0,h>0\right\}$ 内取定一对值时，V 的值就随之确定了.

定义 4.1　设 D 是平面上的一个区域，如果对于 D 上的每一点 $P(x,y)$，变量 z 按照一定的法则总有确定的值与之对应，则称 z 是变量 x,y 的二元函数，记为

$$z=f(x,y)\text{，}\ (x,y)\in D\text{，}$$

其中 D 称为该函数的**定义域**，x,y 称为**自变量**，z 称为**因变量**，如图 4.1 所示.

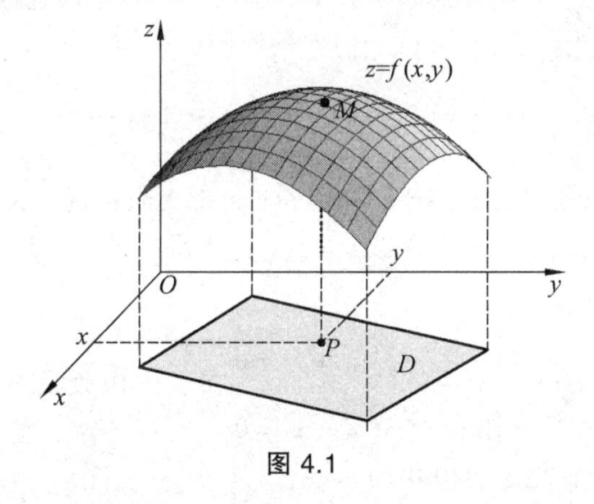

图 4.1

类似的，可以定义三元函数以及三元以上的函数，通常把二元及二元以上的函数统称为**多元函数**.

与一元函数类似，关于多元函数的定义域，同样规定函数的定义域由自变量具有的某种实际意义来确定. 如果函数由解析式给出，定义域就应该是使解析式有意义的点 (x,y) 的全体构成的平面点集.

例 4.1　求函数 $z=\ln(y-x)+\dfrac{\sqrt{x}}{\sqrt{1-(x^2+y^2)}}$ 的定义域.

解　由函数解析式知，自变量应满足下列不等式组

$$\begin{cases}y-x>0\\x\geqslant 0\\1-(x^2+y^2)>0\end{cases},$$

故

$$D=\left\{(x,y)\middle|y-x>0,x\geqslant 0,x^2+y^2<1\right\},$$

如图 4.2 所示，阴影部分即为定义域 D.

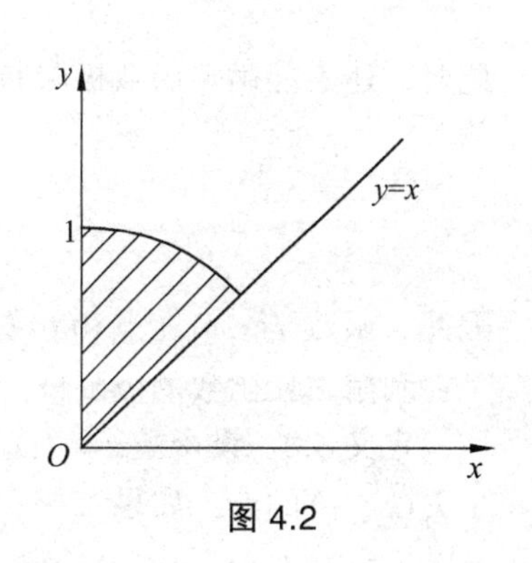

图 4.2

设函数 $z=f(x,y)$ 的定义域为 D，现对 D 上任意取定的点 $P(x,y)$，有其对应的函数值 $z=f(x,y)$．若以 x 为横坐标、y 为纵坐标、$z=f(x,y)$ 为竖坐标，则确定了空间上的一个点 $M(x,y,z)$，当 (x,y) 取遍 D 上一切点时，就得到一个空间点集

$$\{(x,y,z)\,|\,z=f(x,y),(x,y)\in D\},$$

这个点集称为二元函数的**图形**.

三、二元函数的极限与连续性

二元函数的极限

同样类似于一元函数的极限，当二元函数 $z=f(x,y)$ 的自变量 (x,y) 无限趋于定点 (x_0,y_0)，即 $P\to P_0$ 时，若对应的函数值 $f(x,y)$ 无限接近一个确定的常数 A，我们就说 A 是函数 $f(x,y)$ 当点 $(x,y)\to(x_0,y_0)$ 时的极限.

定义 4.2 设函数 $z=f(x,y)$ 在点 $P_0(x_0,y_0)$ 的某一去心邻域内有定义，而 $P(x,y)$ 是该邻域内异于 P_0 的点．如果当 P 以任何方式趋于 P_0 时，函数 $z=f(x,y)$ 的值趋于一个确定的常数 A，则称 A 是函数 $z=f(x,y)$ 当点 $(x,y)\to(x_0,y_0)$ 时的极限，记作

$$\lim_{(x,y)\to(x_0,y_0)} f(x,y)=A \quad 或 \quad f(x,y)\to A\ (x\to x_0, y\to y_0).$$

注意此定义要求 P 以任何方式趋于 P_0 时，$f(x,y)$ 都无限接近于常数 A．因此，如果 $P(x,y)$ 沿一种或几种方式趋于 $P_0(x_0,y_0)$ 时，函数 $z=f(x,y)$ 无限接近 A，还不能表明函数极限存在，比如下例.

例 4.2 讨论函数 $f(x,y)=\begin{cases}\dfrac{xy}{x^2+y^2}, & x^2+y^2\neq 0\\ 0, & x^2+y^2=0\end{cases}$ 在点 $(0,0)$ 处是否有极限.

解 当点 $P(x,y)$ 沿 x 轴趋于 $P_0(0,0)$ 时，

$$\lim_{\substack{(x,y)\to(0,0)\\ y=0}} f(x,y)=\lim_{x\to 0} f(x,0)=\lim_{x\to 0} 0=0;$$

当点 $P(x,y)$ 沿 y 轴趋于 $P_0(0,0)$ 时，

$$\lim_{\substack{(x,y)\to(0,0)\\ x=0}} f(x,y)=\lim_{y\to 0} f(0,y)=\lim_{y\to 0} 0=0.$$

此时，还不能确定函数极限是 0，因为当点 $P(x,y)$ 沿 $y=x$ 趋于 $P_0(0,0)$ 时，

$$\lim_{\substack{(x,y)\to(0,0)\\ y=x}} f(x,y)=\lim_{\substack{(x,y)\to(0,0)\\ y=x}} \frac{x^2}{x^2+x^2}=\frac{1}{2},$$

因此，函数 $f(x,y)$ 在点 $(0,0)$ 处没有极限.

利用二元函数的极限概念，可定义二元函数的连续性.

定义 4.3 设函数 $z=f(x,y)$ 在点 $P_0(x_0,y_0)$ 的某一邻域内有定义，而 $P(x,y)$ 是该邻域内异于 $P_0(x_0,y_0)$ 的点．如果

$$\lim_{(x,y)\to(x_0,y_0)} f(x,y)=f(x_0,y_0)\,,$$

则称函数 $f(x,y)$ 在点 $P_0(x_0,y_0)$ 连续.

如果函数 $z=f(x,y)$ 在区域 D 的每一点都连续，那么函数 $z=f(x,y)$ 在区域 D 上连续，或称 $z=f(x,y)$ 是区域 D 上的**连续函数**.

当然，该定义也可以推广到多元函数的连续性上.

类似于一元初等函数，二元或二元以上的多元初等函数，它们在各自的定义域内都是连续的. 二元初等函数在点 P_0 处有极限，若该点在此函数的定义域内，则函数在点 P_0 连续，此时函数在该点的极限值就是函数在该点的函数值，即

$$\lim_{P\to P_0} f(P)=f(P_0)\,.$$

例 4.3　求 $\lim\limits_{(x,y)\to(2,1)}\dfrac{x+y}{xy}$.

解　因为函数 $f(x,y)=\dfrac{x+y}{xy}$ 是初等函数，其定义域是 $D=\{(x,y)|x\neq 0,y\neq 0\}$，而 $P_0(2,1)$ 又为定义域内的点，故

$$\lim_{(x,y)\to(2,1)}\frac{x+y}{xy}=f(2,1)=\frac{3}{2}\,.$$

例 4.4　求 $\lim\limits_{(x,y)\to(0,0)}\dfrac{\sqrt{xy+4}-2}{xy}$.

解　因为函数定义域 $D=\{(x,y)|x\neq 0,y\neq 0\}$，则 P_0 不在定义域，而函数属于 $\dfrac{0}{0}$ 型，此时类似于一元函数，应先想办法消去零因子.

$$\begin{aligned}\lim_{(x,y)\to(0,0)}\frac{\sqrt{xy+4}-2}{xy}&=\lim_{(x,y)\to(0,0)}\frac{(xy+4)-4}{xy(\sqrt{xy+4}+2)}\\&=\lim_{(x,y)\to(0,0)}\frac{1}{(\sqrt{xy+4}+2)}=\frac{1}{4}.\end{aligned}$$

以上运算的最后一步用到了二元函数 $\dfrac{1}{(\sqrt{xy+4}+2)}$ 在点 $(0,0)$ 处的连续性.

二元及二元以上多元函数的求极限法则和定理也类似于一元函数，比如一元函数的重要极限法则，在多元函数求极限且满足相应条件时也是适用的.

例 4.5　求 $\lim\limits_{(x,y)\to(0,1)}\dfrac{\sin(xy)}{x}$.

解　
$$\begin{aligned}\lim_{(x,y)\to(0,1)}\frac{\sin(xy)}{x}&=\lim_{(x,y)\to(0,1)}\left[\frac{\sin(xy)}{xy}\cdot y\right]\\&=\lim_{(x,y)\to(0,1)}\frac{\sin(xy)}{xy}\cdot\lim_{(x,y)\to(0,1)}y=1\times 1=1\,.\end{aligned}$$

例 4.6 求 $\lim\limits_{\substack{x\to\infty\\y\to1}}\left(1+\dfrac{y}{x}\right)^{x}$.

解 $$\lim_{\substack{x\to\infty\\y\to1}}\left(1+\frac{y}{x}\right)^{x}=\lim_{\substack{x\to\infty\\y\to1}}\left(1+\frac{y}{x}\right)^{\frac{x}{y}\cdot y}=\lim_{\substack{x\to\infty\\y\to1}}\left[\left(1+\frac{y}{x}\right)^{\frac{x}{y}}\right]^{y}$$
$$=\lim_{\substack{x\to\infty\\y\to1}}\mathrm{e}^{y}=\mathrm{e}.$$

习题 4.1

习题

1. 讨论下列函数的极限是否存在.

（1）$\lim\limits_{(x,y)\to(0,0)}\dfrac{x+y}{x-y}$； （2）$\lim\limits_{(x,y)\to(0,0)}\dfrac{xy}{x^3+y^3}$.

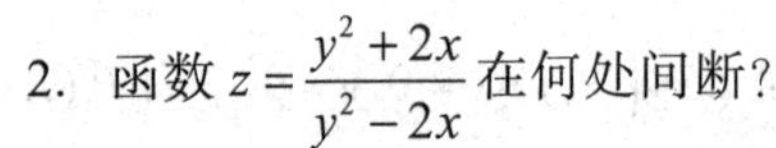

2. 函数 $z=\dfrac{y^2+2x}{y^2-2x}$ 在何处间断？

3. 求下列函数极限.

（1）$\lim\limits_{(x,y)\to(0,0)}\dfrac{1-\sqrt{xy+1}}{xy}$； （2）$\lim\limits_{(x,y)\to(0,0)}(xy)\sin\dfrac{1}{xy}$；

（3）$\lim\limits_{(x,y)\to(0,1)}\left(1+\dfrac{x}{y}\right)^{\frac{1}{x}}$； （4）$\lim\limits_{\substack{x\to\infty\\y\to\infty}}\dfrac{x^2+y^2}{x^4+y^4}$；

（5）$\lim\limits_{(x,y)\to(0,0)}\dfrac{1-\cos(x^2+y^2)}{(x^2+y^2)\mathrm{e}^{x^2y^2}}$； （6）$\lim\limits_{(x,y)\to(2,0)}\dfrac{\sin(xy)}{y}$；

（7）$\lim\limits_{(x,y)\to(0,1)}\dfrac{1-xy}{x^2+y^2}$； （8）$\lim\limits_{(x,y)\to(1,0)}\dfrac{\ln\sqrt{xy+1}}{\sqrt{x^2+y^2}}$.

第二节 偏导数、全微分及二元函数极值

一、偏导数的定义

多元函数的偏导数

我们从研究一元函数的变化率入手引入了导数的概念，对于多元函数同样需要讨论它的变化率. 由于多元函数的自变量不止一个，这时就需要我们将一些变量固定（即看作常量），来研究函数对其中一个自变量的变化率问题. 比如，对二元函数 $z=f(x,y)$，研究自变量 y 固定时，函数对 x 的导数，就称为 $z=f(x,y)$ 对于 x 的偏导数，即有如下定义：

定义 4.4 设函数 $z=f(x,y)$ 在点 (x_0,y_0) 的某一邻域内有定义，当 y 固定在 y_0 而 x 在 x_0 处有增量 Δx 时，相应的函数有增量 $f(x_0+\Delta x,y_0)-f(x_0,y_0)$. 如果

$$\lim_{\Delta x\to0}\frac{f(x_0+\Delta x,y_0)-f(x_0,y_0)}{\Delta x}\tag{4.1}$$

存在，则称此极限为函数 $z=f(x,y)$ 在点 (x_0,y_0) 处对 x 的**偏导数**，记作

$$\left.\frac{\partial z}{\partial x}\right|_{\substack{x=x_0\\y=y_0}},\quad \left.\frac{\partial f}{\partial x}\right|_{\substack{x=x_0\\y=y_0}},\quad \left.z_x{}'\right|_{\substack{x=x_0\\y=y_0}} \text{ 或 } f_x{}'(x_0,y_0),$$

则极限(4.1)可记为

$$f_x'(x_0,y_0)=\lim_{\Delta x\to 0}\frac{f(x_0+\Delta x,y_0)-f(x_0,y_0)}{\Delta x} \tag{4.2}$$

类似地，函数 $z=f(x,y)$ 在点 (x_0,y_0) 处对 y 的偏导数定义为

$$f_y{}'(x_0,y_0)=\lim_{\Delta y\to 0}\frac{f(x_0,y_0+\Delta y)-f(x_0,y_0)}{\Delta y},$$

记作

$$\left.\frac{\partial z}{\partial y}\right|_{\substack{x=x_0\\y=y_0}},\quad \left.\frac{\partial f}{\partial y}\right|_{\substack{x=x_0\\y=y_0}},\quad \left.z_y'\right|_{\substack{x=x_0\\y=y_0}} \text{ 或 } f_y{}'(x_0,y_0).$$

如果函数 $z=f(x,y)$ 在区域 D 的每一点对 x 的偏导数都存在，那么这个偏导数就是 x,y 的函数，我们称之为 $z=f(x,y)$ 对自变量 x 的**偏导函数**，记作

$$\frac{\partial z}{\partial x},\ \frac{\partial f}{\partial x},\ z_x' \text{ 或 } f_x{}'(x,y).$$

类似地，可以定义 $z=f(x,y)$ 对自变量 y 的偏导函数，记作

$$\frac{\partial z}{\partial y},\ \frac{\partial f}{\partial y},\ z_y' \text{ 或 } f_y{}'(x,y).$$

显然，函数 $z=f(x,y)$ 在点 (x_0,y_0) 处对 x 的偏导数 $f_x{}'(x_0,y_0)$ 就是偏导函数 $f_x{}'(x,y)$ 在点 (x_0,y_0) 处的函数值；$f_y{}'(x_0,y_0)$ 就是偏导函数 $f_y{}'(x,y)$ 在点 (x_0,y_0) 处的函数值.

偏导数的概念还可以推广到二元以上的函数. 例如，三元函数 $u=f(x,y,z)$ 在点 (x,y,z) 处对 x 的偏导数定义为

$$f_x{}'(x,y,z)=\lim_{\Delta x\to 0}\frac{f(x+\Delta x,y,z)-f(x,y,z)}{\Delta x},$$

其中，点 (x,y,z) 是函数 $u=f(x,y,z)$ 定义域内的点.

由偏导数的定义知，二元函数偏导数的计算，只需要将其中一个变量看作常量而对另一个变量求导.

例 4.7　求 $z=x^2+3xy+y^2$ 在点 $(1,2)$ 处的偏导数.

解　把 y 看作常量，得

$$\frac{\partial z}{\partial x}=2x+3y;$$

把 x 看作常量，得

$$\frac{\partial z}{\partial y}=3x+2y.$$

将 $(1,2)$ 代入上面结果，得

$$\left.\frac{\partial z}{\partial x}\right|_{\substack{x=1\\y=2}}=2\cdot 1+3\cdot 2=8,$$

$$\left.\frac{\partial z}{\partial y}\right|_{\substack{x=1\\y=2}}=3\cdot 1+2\cdot 2=7.$$

例 4.8 求 $z=x^y\,(x>0,x\neq 1)$ 的偏导函数.

解 把 y 看作常量，则函数类似于幂函数的求导，得

$$\frac{\partial z}{\partial x}=yx^{y-1};$$

把 x 看作常量，则函数类似指数函数的求导，得

$$\frac{\partial z}{\partial y}=x^y\ln x.$$

例 4.9 求 $r=\sqrt{x^2+y^2+z^2}$ 的偏导数

解 把 y,z 看作常量，得

$$\frac{\partial r}{\partial x}=\frac{x}{\sqrt{x^2+y^2+z^2}}=\frac{x}{r};$$

由函数关于自变量的对称性，得

$$\frac{\partial r}{\partial y}=\frac{y}{r}，\quad \frac{\partial r}{\partial z}=\frac{z}{r}.$$

一元函数中，我们讨论过函数在点可导与连续的关系，而对于多元函数，其偏导数存在，是否也一定连续呢？

例 4.10 讨论函数 $f(x,y)=\begin{cases}\dfrac{xy}{x^2+y^2}, & x^2+y^2\neq 0\\ 0, & x^2+y^2=0\end{cases}$ 在点 $(0,0)$ 处的偏导与连续性.

解 函数在点 $(0,0)$ 处对 x 的偏导数为

$$f_x'(0,0)=\lim_{\Delta x\to 0}\frac{f(0+\Delta x,0)-f(0,0)}{\Delta x}=\lim_{\Delta x\to 0}0=0;$$

同时，函数在点 $(0,0)$ 处对 y 的偏导数为

$$f_y'(0,0)=\lim_{\Delta y\to 0}\frac{f(0,0+\Delta y)-f(0,0)}{\Delta y}=\lim_{\Delta y\to 0}0=0,$$

即函数在点 $(0,0)$ 处的偏导数存在，但是在例 4.2 中，该函数在点 $(0,0)$ 处没有极限，故函数在该点不连续.

所以，对于多元函数来说，即使各偏导数存在，也不能保证函数在该点连续，这是因为各偏导数存在只能保证点沿平行于坐标轴的方向趋于定点，而不是以任何方式趋于定点.

二、高阶偏导数

以二元函数 $z=f(x,y)$ 为例. 设函数 $z=f(x,y)$ 在区域 D 内具有偏导数 $\frac{\partial z}{\partial x}=f_x'(x,y)$，$\frac{\partial z}{\partial y}=f_y'(x,y)$，那么在 D 内 $f_x'(x,y)$，$f_y'(x,y)$ 都是 x 和 y 的函数. 如果这两个函数的偏导数存在，则称它们是函数 $z=f(x,y)$ 的二阶偏导数. 按照对变量的求导顺序，有下列四个二阶偏导数：

$$\frac{\partial}{\partial x}\left(\frac{\partial z}{\partial x}\right)=\frac{\partial^2 z}{\partial x^2}=f_{xx}''(x,y),$$

$$\frac{\partial}{\partial x}\left(\frac{\partial z}{\partial y}\right)=\frac{\partial^2 z}{\partial y\partial x}=f_{yx}''(x,y),$$

$$\frac{\partial}{\partial y}\left(\frac{\partial z}{\partial x}\right)=\frac{\partial^2 z}{\partial x\partial y}=f_{xy}''(x,y),$$

$$\frac{\partial}{\partial y}\left(\frac{\partial z}{\partial y}\right)=\frac{\partial^2 z}{\partial y^2}=f_{yy}''(x,y),$$

其中 $f_{yx}''(x,y)$ 和 $f_{xy}''(x,y)$ 称为混合偏导数. 同样，还可以定义三阶、四阶、…以及 n 阶偏导数. 二阶及二阶以上的偏导数统称为高阶偏导数.

例 4.11　设 $z=x^3y^2-3xy+1$，求函数的二阶偏导数.

解　因为

$$\frac{\partial z}{\partial x}=3x^2y^2-3y,\quad \frac{\partial z}{\partial y}=2x^3y-3x,$$

故

$$\frac{\partial}{\partial x}\left(\frac{\partial z}{\partial x}\right)=6xy^2,\quad \frac{\partial}{\partial x}\left(\frac{\partial z}{\partial y}\right)=6x^2y-3,$$

$$\frac{\partial}{\partial y}\left(\frac{\partial z}{\partial y}\right)=2x^3,\quad \frac{\partial}{\partial y}\left(\frac{\partial z}{\partial x}\right)=6x^2y-3.$$

我们可以看到，本例中的两个二阶混合偏导数相等，即 $\frac{\partial^2 z}{\partial x\partial y}=\frac{\partial^2 z}{\partial y\partial x}$. 事实上，这不是偶然的，我们有如下定理：

定理 4.1　如果函数 $z=f(x,y)$ 的两个二阶混合偏导数 $\frac{\partial^2 z}{\partial x\partial y}$ 和 $\frac{\partial^2 z}{\partial y\partial x}$ 在区域 D 内连续，那么在该区域内的这两个二阶混合偏导数必相等.

例 4.12 已知函数 $z=\ln\sqrt{x^2+y^2}$，求证 $\dfrac{\partial^2 z}{\partial x^2}+\dfrac{\partial^2 z}{\partial y^2}=0$.

证明 因为

$$z=\ln\sqrt{x^2+y^2}=\frac{1}{2}\ln(x^2+y^2),$$

所以

$$\frac{\partial z}{\partial x}=\frac{1}{2(x^2+y^2)}\cdot 2x=\frac{x}{x^2+y^2}.$$

由函数对变量的对称性，有

$$\frac{\partial z}{\partial y}=\frac{y}{x^2+y^2}.$$

故

$$\frac{\partial^2 z}{\partial x^2}=\frac{(x^2+y^2)-x\cdot 2x}{(x^2+y^2)^2}=\frac{y^2-x^2}{(x^2+y^2)^2},$$

$$\frac{\partial^2 z}{\partial y^2}=\frac{(x^2+y^2)-y\cdot 2y}{(x^2+y^2)^2}=\frac{x^2-y^2}{(x^2+y^2)^2}.$$

故

$$\frac{\partial^2 z}{\partial x^2}+\frac{\partial^2 z}{\partial y^2}=\frac{y^2-x^2}{(x^2+y^2)^2}+\frac{x^2-y^2}{(x^2+y^2)^2}=0.$$

三、全微分与方向导数

多元函数的全微分

前面在介绍一元函数的微分概念时，曾讨论了正方形金属薄片受热后，由边长的改变量导致其面积的改变量的近似问题，而多元函数的全微分也是研究相同本质的问题.

例 4.13 长方形金属薄皮受热膨胀问题.

如图 4.3 所示的一长方形金属薄片，其长和宽记为 x_0 和 y_0，则面积为 $S=x_0y_0$. 当受热后，长、宽分别变为 $x_0+\Delta x$ 和 $y_0+\Delta y$，那么该金属薄片的面积 S 改变了多少？

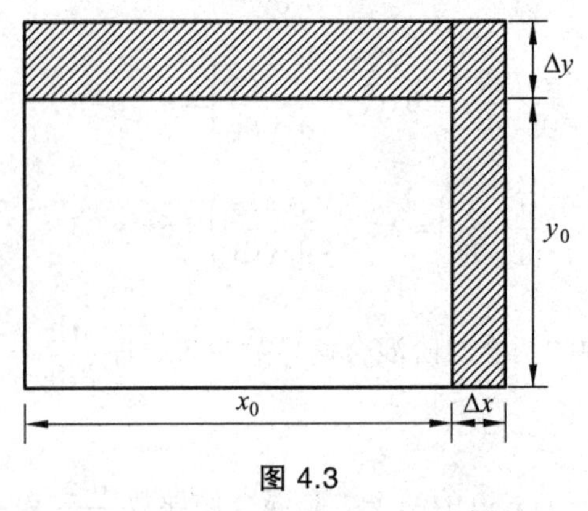

图 4.3

解 由题意，有

$$\Delta S=(x_0+\Delta x)(y_0+\Delta y)-x_0y_0=y_0\Delta x+x_0\Delta y+\Delta x\Delta y.$$

上式可看作由两部分构成：一部分为 Δx 和 Δy 的线性函数 $y_0\Delta x + x_0\Delta y$；另一部分为 $\Delta x\Delta y$，而当 $\Delta x \to 0, \Delta y \to 0$ 时，$\rho = \sqrt{(\Delta x)^2 + (\Delta y)^2} \to 0$，该部分就是 ρ 的高阶无穷小，记为 $o(\rho)$．因此，可略去 $\Delta x\Delta y$，用 $y_0\Delta x + x_0\Delta y$ 近似表示 ΔS．我们称这里的面积改变量 ΔS 为 $S = x_0 y_0$ 在点 (x, y) 的全增量，而 $y_0\Delta x + x_0\Delta y$ 是函数 $S = x_0 y_0$ 在点 (x_0, y_0) 的全微分.

定义 4.5 若二元函数 $z = f(x, y)$ 在点 (x, y) 的全增量

$$\Delta z = f(x + \Delta x, y + \Delta y) - f(x, y)$$

可以表示为

$$\Delta z = A\Delta x + B\Delta y + o\rho(x)\text{，}$$

其中 A, B 仅与 x 和 y 有关，而与 Δx，Δy 无关；$\rho = \sqrt{(\Delta x)^2 + (\Delta y)^2}$，$o(\rho)$ 是关于 ρ 的高阶无穷小，则称函数 $z = f(x, y)$ 在点 (x, y) **可微**，并称 $A\Delta x + B\Delta y$ 为 $z = f(x, y)$ 在点 (x, y) 的**全微分**，记为 $\mathrm{d}z$ 或 $\mathrm{d}f(x, y)$，即

$$\mathrm{d}z = A\Delta x + B\Delta y\text{ .}$$

若函数在区域 D 内各点都可微，则称函数在 D **可微**.

前面曾提出，多元函数在某点的各偏导数存在，不能保证函数在该点连续．而由全微分的定义可以证明，如果函数 $z = f(x, y)$ 在点 (x, y) 可微分，则函数在该点是连续的，此时函数 $z = f(x, y)$ 在点 (x, y) 的偏导也是存在的.

定理 4.2（可微的必要条件） 如果函数 $z = f(x, y)$ 在点 (x, y) 可微分，则函数在点 (x, y) 的偏导数 $\dfrac{\partial z}{\partial x} = f_x'(x, y)$，$\dfrac{\partial z}{\partial y} = f_y'(x, y)$ 必定存在，且 $z = f(x, y)$ 在点 (x, y) 的全微分为

$$\mathrm{d}z = \frac{\partial z}{\partial x}\Delta x + \frac{\partial z}{\partial y}\Delta y$$

注意 该定理仅为二元函数可微的必要条件而非充分条件．例如，函数

$$f(x, y) = \begin{cases} \dfrac{xy}{\sqrt{x^2 + y^2}}, x^2 + y^2 \neq 0 \\ 0, \quad\quad x^2 + y^2 = 0 \end{cases}$$

可以求出函数在点 $(0,0)$ 处的偏导数 $f_x'(x, y) = 0$，$f_y'(x, y) = 0$．所以有

$$\Delta z - [f_x(0,0) \cdot \Delta x + f_y(0,0) \cdot \Delta y] = \frac{\Delta x \cdot \Delta y}{\sqrt{(\Delta x)^2 + (\Delta y)^2}}\text{ .}$$

现在考虑点 $(\Delta x, \Delta y)$ 沿直线 $y = x$ 趋于点 $(0,0)$，则

$$\frac{\dfrac{\Delta x \cdot \Delta y}{\sqrt{(\Delta x)^2 + (\Delta y)^2}}}{\rho} = \frac{\Delta x \cdot \Delta y}{(\Delta x)^2 + (\Delta y)^2} = \frac{\Delta x \cdot \Delta x}{(\Delta x)^2 + (\Delta x)^2} = \frac{1}{2}\text{ .}$$

这表示，当 $\rho=\sqrt{(\Delta x)^2+(\Delta y)^2}\to 0$， $\Delta z-[f_x(0,0)\cdot\Delta x+f_y(0,0)\cdot\Delta y]$ 并不是较 ρ 的高阶无穷小，由全微分定义知函数

$$f(x,y)=\begin{cases}\dfrac{xy}{\sqrt{x^2+y^2}}, & x^2+y^2\neq 0\\ 0, & x^2+y^2=0\end{cases}$$ 在点 $(0,0)$ 处不可微.

定理 4.3（可微的充分条件） 如果函数 $z=f(x,y)$ 的偏导数 $\dfrac{\partial z}{\partial x}=f_x'(x,y)$， $\dfrac{\partial z}{\partial y}=f_y'(x,y)$ 在点 (x,y) 连续，则函数在该点可微分.

定理 4.2 和定理 4.3 的结论也可以推广至三元及三元以上函数.

类似于一元函数，自变量的微分就是自变量的增量，即 $\mathrm{d}x=\Delta x$， $\mathrm{d}y=\Delta y$． 于是函数 $z=f(x,y)$ 在点 (x,y) 的全微分为

$$\mathrm{d}z=\frac{\partial z}{\partial x}\mathrm{d}x+\frac{\partial z}{\partial y}\mathrm{d}y$$

例 4.14 求函数 $z=x^2\ln y$ 在点 $(2,4)$ 的全微分.

解 因为 $\dfrac{\partial z}{\partial x}=2x\ln y$，有 $\left.\dfrac{\partial z}{\partial x}\right|_{\substack{x=2\\y=4}}=4\ln 4$；

同样的，因为 $\dfrac{\partial z}{\partial y}=\dfrac{x^2}{y}$，有 $\left.\dfrac{\partial z}{\partial y}\right|_{\substack{x=2\\y=4}}=1$.

因此 $\mathrm{d}z=4\ln 4\mathrm{d}x+\mathrm{d}y$.

例 4.15 求函数 $z=x^2y+\sin(x+y)$ 的全微分.

解 因为

$$\frac{\partial z}{\partial x}=2xy+\cos(x+y)，\quad \frac{\partial z}{\partial y}=x^2+\cos(x+y)，$$

则
$$\mathrm{d}z=[2xy+\cos(x+y)]\mathrm{d}x+[x^2+\cos(x+y)]\mathrm{d}y.$$

类似于一元函数微分近似计算增量的公式，全微分是多元函数所有的自变量变化引起的全增量的近似值，因此，相应的也有全增量近似计算公式：因为 $\Delta z\approx \mathrm{d}z$，故

$$f(x_0+\Delta x,y_0+\Delta y)-f(x_0,y_0)\approx f_x(x_0,y_0)\Delta x+f_y(x_0,y_0)\Delta y，$$

故

$$f(x_0+\Delta x,y_0+\Delta y)\approx f(x_0,y_0)+f_x(x_0,y_0)\Delta x+f_y(x_0,y_0)\Delta y. \tag{4.3}$$

例 4.16 求 $(0.97)^{1.01}$ 的近似值.

解 设函数 $f(x,y)=x^y$， $x_0=1,\ y_0=1$， $\Delta x=-0.03,\ \Delta y=0.01$，因为 $f(x_0,y_0)=f(1,1)=1$，所以

$$f_x'(x_0,y_0)=yx^{y-1}\Big|_{\substack{x=1\\y=1}}=1,$$

$$f_y'(x_0,y_0)=x^y\ln x\Big|_{\substack{x=1\\y=1}}=0.$$

代入（4.3）得

$$(0.97)^{1.01}\approx 1+1\times(-0.03)+0\times 0.01=0.97.$$

二元函数 $f(x,y)$ 在点 $P_0(x_0,y_0)$ 可微分，可以帮助我们计算下面这种方向导数问题.

由偏导数的定义已经知道偏导数反映的是函数沿着坐标轴方向的变化率，但许多生活事例的现象告诉我们，只考虑沿坐标轴方向的变化率是不够的，比如空气的流动、大气气压的流动，也就是说，有时需要讨论函数沿某一个指定方向的变化率问题，这时大家需要知道的一个概念就是方向导数.

假设 xOy 平面上以 $P_0(x_0,y_0)$ 为起点的射线 l，其参数方程为

$$\begin{cases}x=x_0+t\cos\alpha\\ y=y_0+t\cos\beta\end{cases}(t\geqslant 0),$$

其中，α 为射线与 x 轴的夹角，β 为射线与 y 轴的夹角. 因为函数 $z=f(x,y)$ 在点 $P_0(x_0,y_0)$ 处的某个邻域 $U(P_0)$ 内有定义，则该函数上的点沿射线 l 由点 P_0 到点 P 时取得的增量 $f(x_0+t\cos\alpha,y_0+t\cos\beta)-f(x_0,y_0)$ 与点 P_0 到 P 之间的距离 $|PP_0|=t$ 的比值为

$$\frac{f(x_0+t\cos\alpha,y_0+t\cos\beta)-f(x_0,y_0)}{t}$$

若当 P 沿射线 l 趋于 P_0（记为 $t\to 0^+$）时该比值的极限存在，则称此极限为函数 $f(x,y)$ 在点 P_0 沿方向 $\boldsymbol{l}$ 的方向导数，记为 $\left.\frac{\partial f}{\partial \boldsymbol{l}}\right|_{(x_0,y_0)}$，即

$$\left.\frac{\partial f}{\partial \boldsymbol{l}}\right|_{(x_0,y_0)}=\lim_{t\to 0^+}\frac{f(x_0+t\cos\alpha,y_0+t\cos\beta)-f(x_0,y_0)}{t}.$$

从以上的定义可知，方向导数 $\left.\frac{\partial f}{\partial \boldsymbol{l}}\right|_{(x_0,y_0)}$ 就是函数 $f(x,y)$ 在点 P_0 沿方向 l 的变化率，假设函数在点 $P_0(x_0,y_0)$ 的偏导数存在，沿平行于 x 轴($\alpha=0,\beta=\frac{\pi}{2}$)方向的方向导数为

$$\left.\frac{\partial f}{\partial \boldsymbol{l}}\right|_{(x_0,y_0)}=\lim_{t\to 0^+}\frac{f(x_0+t,y_0)-f(x_0,y_0)}{t}=f_x'(x_0,y_0);$$

沿平行于 y 轴($\alpha=\frac{\pi}{2},\beta=0$)方向的方向导数为

$$\left.\frac{\partial f}{\partial \boldsymbol{l}}\right|_{(x_0,y_0)}=\lim_{t\to 0^+}\frac{f(x_0,y_0+t)-f(x_0,y_0)}{t}=f_y'(x_0,y_0).$$

值得注意的是，方向导数存在，偏导数不一定存在. 比如，$z=\sqrt{x^2+y^2}$ 在点 $O(0,0)$ 处沿平行

于 x 轴($\alpha=0$, $\beta=\frac{\pi}{2}$)方向的方向导数 $\left.\frac{\partial f}{\partial \boldsymbol{l}}\right|_{(0,0)}=1$，而该函数的偏导数 $\left.\frac{\partial z}{\partial x}\right|_{(0,0)}$ 不存在.

我们有如下定理和公式.

定理 4.4 如果函数 $f(x,y)$ 在点 $P_0(x_0,y_0)$ 可微分，则函数在该点沿任意方向 $\boldsymbol{l}$ 的方向导数存在，且有

$$\left.\frac{\partial f}{\partial \boldsymbol{l}}\right|_{(x_0,y_0)}=f_x'(x_0,y_0)\cos\alpha+f_y'(x_0,y_0)\cos\beta ,$$

其中, α 为该方向 $\boldsymbol{l}$ 与 x 轴的夹角， β 为方向 $\boldsymbol{l}$ 与 y 轴的夹角.

有时称 $\cos\alpha,\cos\beta$ 为方向 $\boldsymbol{l}$ 的方向余弦，通常称 $\boldsymbol{e}_l=(\cos\alpha,\cos\beta)$ 为与方向 $\boldsymbol{l}$ 同向的单位向量．在二元函数的情形下，设函数 $f(x,y)$ 在平面 D 内具有一阶连续偏导数，则对于点 $P_0(x_0,y_0)\in D$ ，都可以定出一个向量

$$f_x'(x_0,y_0)\boldsymbol{i}+f_y'(x_0,y_0)\boldsymbol{j} ,$$

我们把该向量称为函数 $f(x,y)$ 在点 $P_0(x_0,y_0)$ 的梯度，记作 $\mathbf{grad}f(x_0,y_0)$ ，即

$$\mathbf{grad}f(x_0,y_0)=f_x'(x_0,y_0)\boldsymbol{i}+f_y'(x_0,y_0)\boldsymbol{j} .$$

事实上，如果函数 $f(x,y)$ 在点 $P_0(x_0,y_0)$ 可微分，则

$$\begin{aligned}\left.\frac{\partial f}{\partial \boldsymbol{l}}\right|_{(x_0,y_0)}&=f_x'(x_0,y_0)\cos\alpha+f_y'(x_0,y_0)\cos\beta\\&=\mathbf{grad}f(x_0,y_0)\cdot\boldsymbol{e}_l=\left|\mathbf{grad}f(x_0,y_0)\right|\cos\theta,\end{aligned}$$

其中 θ 为向量 $\mathbf{grad}f(x_0,y_0)$ 与向量 $\boldsymbol{e}_l$ 的夹角.

从该关系式可以看出，当向量 $\mathbf{grad}f(x_0,y_0)$ 与向量 $\boldsymbol{e}_l$ 的夹角 $\theta=0$ ，即沿梯度方向时，方向导数 $\left.\frac{\partial f}{\partial \boldsymbol{l}}\right|_{(x_0,y_0)}$ 取得最大值，这个最大值就是梯度的模 $\left|\mathbf{grad}f(x_0,y_0)\right|$.

有关方向导数与梯度的计算将留给读者课后练习.

四、二元函数的极值

实际问题中，经常会遇到求多元函数的最大值和最小值问题．与一元函数类似，多元函数的最值与多元函数的极值有着密切的联系．本节以二元函数为例，通过讨论其偏导数的符号等相关问题，来研究二元函数的极值与最值.

定义 4.6 设函数 $z=f(x,y)$ 在点 (x_0,y_0) 的某一邻域内有定义，如果对于该邻域内异于 (x_0,y_0) 的任意一点 (x,y) ，都有

$$f(x,y)<f(x_0,y_0) \quad 或 \quad f(x,y)>f(x_0,y_0) ,$$

则称函数在点 (x_0,y_0) 有**极大值**或**极小值**，而点 (x_0,y_0) 称为函数的**极大值点**或**极小值点**．函数的极大值、极小值统称为**极值**，极大值点和极小值点统称为**极值点**.

例 4.17 函数 $z=2x^2+3y^2$ 在点 $(0,0)$ 处有极小值．因为对于点 $(0,0)$ 的邻域内异于 $(0,0)$ 的任意一点 (x,y) ，其函数值 $f(x,y)>0$ ，而 $f(0,0)=0$ ，所以

$$f(x,y)>f(0,0) ,$$

故函数在 $(0,0)$ 处取得极小值.

例 4.18　函数 $z=-\sqrt{x^2+y^2}$ 在点 $(0,0)$ 处有极大值. 因为对于点 $(0,0)$ 的邻域内异于 $(0,0)$ 的任意一点 (x,y)，其函数值 $f(x,y)<0$，而 $f(0,0)=0$，所以

$$f(x,y)<f(0,0),$$

故函数在 $(0,0)$ 处取得极大值.

例 4.19　函数 $z=xy$ 在点 $(0,0)$ 处既不取得极大值也不取得极小值.

当然，以上关于二元函数极值的概念，也可以推广到三元及三元以上的函数.

一元函数的极值可以通过函数导数的符号来确定，同样的，二元函数的极值问题是否也可以通过偏导数来解决？下面两个定理就是这问题的结论.

定理 4.5（极值存在的必要条件）　函数 $z=f(x,y)$ 在点 (x_0,y_0) 具有偏导数，且在该点处有极值，则有

$$f'_x(x_0,y_0)=0,\quad f'_y(x_0,y_0)=0.$$

与一元函数类似，能使 $f'_x(x,y)=0$ 和 $f'_y(x,y)=0$ 同时成立的点 (x_0,y_0)，都称其为函数的**驻点**. 从定理 4.5 知，具有偏导数的极值点一定是驻点，但是函数的驻点不一定是极值点，比如例 4.19 中，点 $(0,0)$ 是函数 $z=xy$ 的驻点，但该函数在 $(0,0)$ 无极值.

定理 4.6（极值存在的充分条件）　函数 $z=f(x,y)$ 在点 (x_0,y_0) 的某个邻域内具有一阶及二阶连续偏导数，且在该点有 $f'_x(x_0,y_0)=0$，$f'_y(x_0,y_0)=0$. 记

$$f''_{xx}(x_0,y_0)=A,\quad f''_{xy}(x_0,y_0)=B,\quad f''_{yy}(x_0,y_0)=C,$$

则 $z=f(x,y)$ 在点 (x_0,y_0) 是否取得极值的条件如下：

（1）$AC-B^2>0$ 时具有极值，且当 $A<0$ 时有极大值，当 $A>0$ 时有极小值；

（2）$AC-B^2<0$ 时没有极值；

（3）$AC-B^2=0$ 时可能有极值，也可能没有极值.

由以上两个定理，可以归纳出求二元函数 $z=f(x,y)$ 极值的一般步骤：

第一步，解方程组：

$$f'_x(x,y)=0,\quad f'_y(x,y)=0,$$

求得一切实数解，即可求得一切驻点.

第二步，对于每一个驻点 (x_0,y_0)，求出二阶偏导数的值 A, B 和 C.

第三步，确定 $AC-B^2$ 的符号，按定理 4.6 的结论判定 $f(x_0,y_0)$ 是否为极值，是极大值还是极小值.

例 4.20　求函数 $f(x,y)=x^3-y^3+3x^2+3y^2-9x$ 的极值.

解　先解方程组：

$$f'_x(x,y)=0,\quad f'_y(x,y)=0,$$

即

$$f'_x(x,y)=3x^2+6x-9=0,\quad f'_y(x,y)=-3y^2+6y=0,$$

得驻点为 $(1,0)$，$(1,2)$，$(-3,0)$，$(-3,2)$．

再求二阶偏导数

$$f''_{xx}(x,y)=6x+6，\quad f''_{xy}(x,y)=0，\quad f''_{yy}(x,y)=-6y+6 .$$

因为在点 $(1,0)$ 处，有 $AC-B^2=12\cdot6>0$，且 $A>0$，故函数在 $(1,0)$ 处有极小值 $f(1,0)=-5$；

在点 $(1,2)$ 处，$AC-B^2=12\cdot(-6)<0$，所以 $f(1,2)$ 不是极值；

在点 $(-3,0)$ 处，$AC-B^2=(-12)\cdot6<0$，所以 $f(-3,0)$ 不是极值；

在点 $(-3,2)$ 处，$AC-B^2=(-12)\cdot(-6)>0$，且 $A<0$，故函数在 $(-3,2)$ 处有极大值 $f(-3,2)=31$．

与一元函数类似，如果函数在某点的偏导数不存在，函数也有可能在该点取得极值．如例 4.18，函数 $z=-\sqrt{x^2+y^2}$ 在点 $(0,0)$ 处有极大值，但是函数在点 $(0,0)$ 处的偏导数是不存在的．

同样也可以利用二元函数的极值来求二元函数的最大值和最小值．如果函数 $f(x,y)$ 在有界闭区域 D 上连续，则函数 $f(x,y)$ 在 D 上能取得最大值和最小值．在实际问题中，函数的最大（小）值常常在区域 D 的内部取得，若求这类问题的最值时，当遇到函数在区域内只有一个驻点时，那么该驻点处的函数极值就是函数在 D 内的最大（小）值．此类问题与一元函数相似，本节不再举例．接下来讨论多元函数在实际问题中遇到函数的自变量有附加约束时的极值问题，即条件极值．

五、条件极值、拉格朗日乘数法

我们先来讨论这样一个例子：表面积为 a^2 而体积为最大的长方体的体积问题．

设长方体的三条棱长分别为 x，y，z，则体积 $V=xyz$．又因为表面积为 a^2，则自变量 x，y，z 还要满足 $S=2(xy+yz+xz)=a^2$．

这就是求函数 $V=xyz$ 在条件 $S=2(xy+yz+xz)=a^2$ 下的最大值问题，也就是一个条件极值问题．

因为 $2(xy+yz+xz)=a^2$，故

$$z=\frac{a^2-2xy}{2(x+y)}.$$

代入体积公式得

$$V=\frac{xy(a^2-2xy)}{2(x+y)}.$$

故该问题转化为新的体积公式下的无条件极值．

但是，很多时候将条件极值转化为无条件极值并不容易，需要新的另外的求条件极值的方法，这就是拉格朗日乘数法．

对于函数 $z=f(x,y)$ 在条件 $\varphi(x,y)=0$ 下的极值问题．

第一步，构造辅助函数 $L(x,y)=f(x,y)+\lambda\varphi(x,y)$，其中 λ 是待定常数，称为拉格朗日乘数，$L(x,y)$ 称为拉格朗日函数；

第二步，分别求 $L(x,y)$ 对 x , y 的一阶偏导数，并解联立方程

$$\begin{cases} L'_x = f_x(x,y) + \lambda\varphi_x(x,y) \\ L'_y = f_y(x,y) + \lambda\varphi_y(x,y) \\ \varphi(x,y) = 0 \end{cases}.$$

第三步，消 λ 解出 x , y .

当然，这种方法也可以推广到自变量多于两个或约束条件多于一个的情形.

至于如何判断 (x,y) 是否为极值点，在实际问题中往往可以根据具体问题的性质来判定. 比如本节刚开始时提出的体积问题.

例 4.21　求表面积为 a^2 而体积为最大的长方体的体积.

解　设长方体的三条棱长分别为 x , y , z ，则体积

$$V = xyz\ (x>0, y>0, z>0).$$

由题意，体积需满足条件

$$\varphi(x,y,z) = 2(xy+yz+xz) - a^2 = 0 .$$

作拉格朗日函数

$$L(x,y,z) = xyz + \lambda[2(xy+yz+xz) - a^2],$$

分别对 x , y , z 求偏导数，有

$$L'_x = yz + 2\lambda(y+z) ,$$
$$L'_y = xz + 2\lambda(x+z) ,$$
$$L'_z = xy + 2\lambda(x+y) .$$

求解方程组

$$\begin{cases} yz + 2\lambda(y+z) = 0 \\ xz + 2\lambda(x+z) = 0 \\ xy + 2\lambda(x+y) = 0 \\ 2(xy+yz+xz) - a^2 = 0 \end{cases},$$

得 $x = y = z = \dfrac{\sqrt{6}}{6}a$ ，这是唯一的极值点. 因为由问题本身可知最大值一定存在，所以最大值就在这个极值点取得. 也就是说，表面积为 a^2 的长方体中，以棱长为 $\dfrac{\sqrt{6}}{6}a$ 的正方体的体积为最大，最大体积 $V = \dfrac{\sqrt{6}}{36}a^3$.

例 4.22　某工厂生产两种产品，其日产量分别为 x 件和 y 件，已知总成本函数为 $C(x,y) = 8x^2 - xy + 12y^2$ （元），商品的限额为 $x + y = 42$ ，求最小成本.

解　由题意知目标函数为

$$C(x,y) = 8x^2 - xy + 12y^2 ,$$

约束条件为

$$x+y=42,$$

作拉格朗日函数

$$L(x,y,\lambda)=8x^2-xy+12y^2+\lambda(x+y-42),$$

令
$$\begin{cases}L'_x=16x-y+\lambda=0\\L'_y=-x+24y+\lambda=0\\x+y-42=0\end{cases},$$

求得 $x=25, y=17$，所以最小成本为 $C(25,17)=8043$ (元).

例 4.23 已知函数 $f(x,y)=x+y+xy$，曲线 C：$x^2+y^2+xy=3$，求 $f(x,y)$ 在曲线 C 上的最大方向导数.

解 因为 $f(x,y)$ 沿着梯度方向的方向导数最大，且最大值为梯度的模. 而

$$f'_x(x,y)=1+y,\ f'_y(x,y)=1+x,$$

故
$$\mathbf{grad}f(x,y)=(1+y)\boldsymbol{i}+(1+x)\boldsymbol{j},$$

其模为 $\sqrt{(1+y)^2+(1+x)^2}$.

此题可化为函数 $g(x,y)=\sqrt{(1+y)^2+(1+x)^2}$ 在约束条件 C：$x^2+y^2+xy=3$ 下的最大值，即条件极值问题. 为了计算简便，先求 $d(x,y)=(1+y)^2+(1+x)^2$ 在约束条件 C：$x^2+y^2+xy=3$ 下的最大值.

作拉格朗日函数

$$L(x,y,\lambda)=(1+y)^2+(1+x)^2+\lambda(x^2+y^2+xy-3),$$

令
$$\begin{cases}L'_x=2(1+x)+\lambda(2x+y)=0\\L'_y=2(1+y)+\lambda(2y+x)=0\\x^2+y^2+xy-3=0\end{cases},$$

求得 $M_1(1,1)$, $M_2(-1,-1)$, $M_3(2,-1)$, $M_4(-1,2)$.

因为 $d(M_1)=8$, $d(M_2)=0$, $d(M_3)=9$, $d(M_4)=9$，所以最大值为 $\sqrt{9}=3$.

习题 4.2

1. 求函数 $f(x,y)=x+y-\sqrt{x^2+y^2}$ 在点 $(3,4)$ 处的偏导数 $f'_x(3,4)$.

2. 求下列函数的偏导数.

（1）$z=\mathrm{e}^{xy}+yx^2$；　　（2）$z=\ln(x+\sqrt{x^2+y^2})$；

（3）$z=\mathrm{e}^{\cos\frac{x}{y}}$；　　（4）$z=(1+xy)^y$.

3. 已知 $z=\arctan\dfrac{y}{x}$，求其二阶偏导数.

4. 证明函数 $u=\dfrac{1}{\sqrt{x^2+y^2+z^2}}$ 满足方程 $\dfrac{\partial^2 u}{\partial x^2}+\dfrac{\partial^2 u}{\partial y^2}+\dfrac{\partial^2 u}{\partial z^2}=0$.

5. 求函数 $z=\dfrac{y}{x}$ 当 $x=2$, $y=1$, $\Delta x=0.1$, $\Delta y=-0.2$ 时的全增量和全微分.

6. 求函数 $z=\mathrm{e}^{xy}$ 当 $x=1$, $y=1$, $\Delta x=0.15$, $\Delta y=0.1$ 时的全微分.

7. 求下列函数的全微分.

（1）$z=x^3+y^3-3xy$；　　　　（2）$z=\sin^2 x+\cos^2 y$.

8. 计算 $\sqrt[3]{(2.02)^2+(1.99)^2}$ 的近似值.（保留 4 位有效小数）

9. 求函数 $z=x^2+y^2$ 在点 $(1,2)$ 处沿点 $(1,2)$ 到点 $(2,2+\sqrt{3})$ 方向的方向导数.

10. 求函数 $z=4x-4y-x^2-y^2$ 的极值.

11. 生产两种产品甲和乙的总费用是 $C(x,y)=250-4x-7y+0.2x^2+0.1y^2$，求总费用最少时的甲和乙的产量 x 与 y.

12. 某公司甲、乙两个分厂生产同一产品，但成本不同. 甲分厂生产 x 单位产品和乙分厂生产 y 单位产品时的总成本费用为 $C(x,y)=x^2+2y^2+5xy+700$，若公司生产总任务为 500 单位，问两个分厂如何分配任务才能使总成本费用最少？

第三节　二重积分的概念及简单计算

在一元函数积分学中已知道定积分是求某种确定形式的和的极限，讨论函数 $f(x)$ 在区间 $[a,b]$ 上可积就是讨论函数在区间上分割、近似、求和与取极限，如果把这种和的极限推广到区域、曲线以及曲面上多元函数的情形，就得到重积分、曲线积分及曲面积分的概念. 本节重点介绍重积分中二重积分的概念、计算与应用.

一、二重积分的概念

二重积分的概念

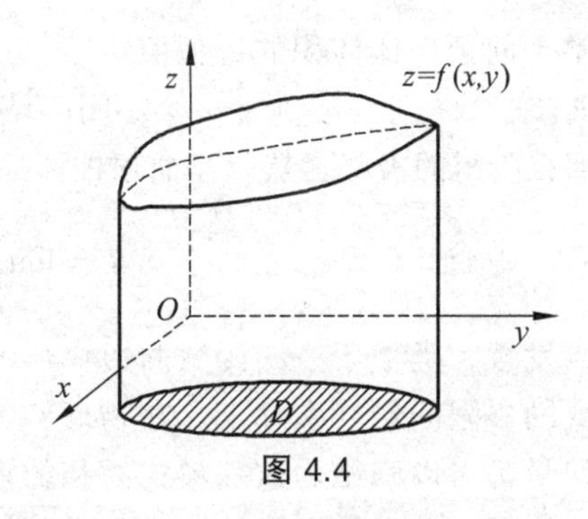

图 4.4

如图 4.4 所示，设有一立体，它的底是 xOy 面上的闭区域 D，其侧面是以 D 的边界曲线为准线而母线平行于 z 轴的柱面，它的顶是曲面 $z=f(x,y)$（ $f(x,y)\geqslant 0$ 且在 D 上连续），这种立体叫作曲顶柱体. 先来讨论该曲顶柱体的体积问题.

中学时已知道平顶柱体的高是不变的，其面积可以用公式

$$体积=高\times底面积$$

来计算．而曲顶柱体的高 $f(x,y)$ 是随着点 (x,y) 在区域 D 上的变化而变化的，回忆一元函数中曲边梯形求面积的方法，不难想到，可以用同样的思路来解决曲顶柱体的体积问题．如图 4.5 所示，可以把曲顶柱体看成若干个小平顶柱体的和．

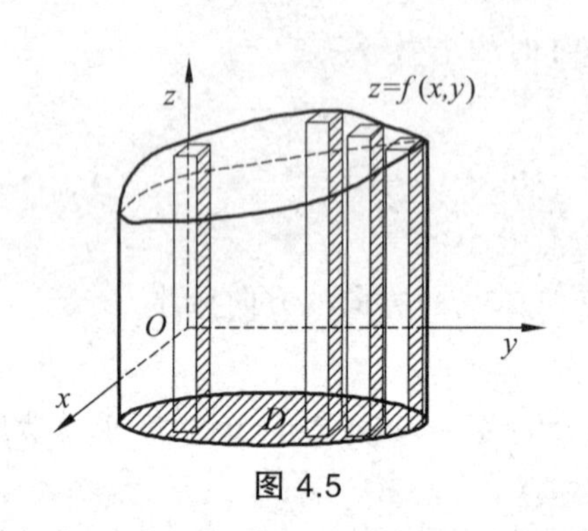

图 4.5

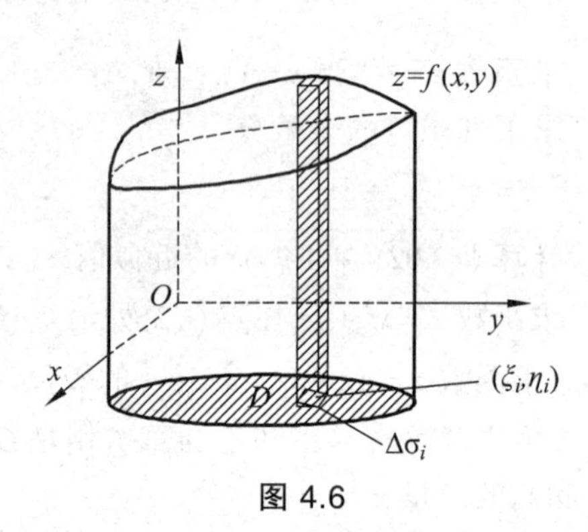

图 4.6

因此，类似于曲边梯形面积的求解步骤，可以按如下四个步骤来求解曲顶柱体的体积．

第一步，分割．用一组曲线网把 D 分成 n 个小闭区域

$$\Delta\sigma_1,\Delta\sigma_2,\cdots,\Delta\sigma_n$$

分别以这些小闭区域的边界曲线为准线，作母线平行于 z 轴的柱面，这些柱面把原来的曲顶柱体分为 n 个小曲顶柱体．

第二步，近似．对于小闭区域来说，$f(x,y)$ 的变化很小，这时可以近似地将小曲顶柱体看作小平顶柱体．在每一个 $\Delta\sigma_i$ 中任取一点 (ξ_i,η_i)，以 $f(\xi_i,\eta_i)$ 为高而底面积为 $\Delta\sigma_i$ 的平顶柱体（见图 4.6）的体积为

$$f(\xi_i,\eta_i)\Delta\sigma_i\ (i=1,2,\cdots,n)$$

第三步，求和．类似于曲边梯形的面积问题，也可以用这 n 个小平顶柱体体积之和

$$\sum_{i=1}^{n}f(\xi_i,\eta_i)\Delta\sigma_i$$

来表示整个曲顶柱体体积的近似值．

第四步，取极限．如果令 n 个小闭区域的直径中的最大值（记为 λ）趋于零，取上述和的极限，那么所得的极限自然就是曲顶柱体的体积 V，即

$$V=\lim_{\lambda\to 0}\sum_{i=1}^{n}f(\xi_i,\eta_i)\Delta\sigma_i\ .$$

可以发现，类似于一元函数曲边梯形的面积求法，二元函数的曲顶柱体的体积最终也为一个和式的极限问题．实际上，在物理、力学、几何和工程技术中，有许多实际问题的物理量或几何量都可以归结为这一形式的和的极限．比如，平面薄片的质量问题，该问题留给读者思考，根据这种和的极限抽象出二重积分的定义．

定义 4.7 设 $f(x,y)$ 是有界闭区域 D 上的有界函数，将闭区域 D 任意分成 n 个小闭区域

$$\Delta\sigma_1,\Delta\sigma_2,\cdots,\Delta\sigma_n\ ,$$

其中，$\Delta\sigma_i$ 表示第 i 个小闭区域，也表示它的面积．在每一个 $\Delta\sigma_i$ 上任取一点 (ξ_i,η_i)，作乘积 $f(\xi_i,\eta_i)\Delta\sigma_i$（$i=1,2,\cdots,n$），并作和 $\sum\limits_{i=1}^{n} f(\xi_i,\eta_i)\Delta\sigma_i$．如果当各小闭区域的直径中的最大值（记为 λ）趋于零时，和的极限存在，则称此极限为函数 $f(x,y)$ 在闭区域 D 上的二重积分，记作 $\iint\limits_D f(x,y)\mathrm{d}\sigma$，即

$$\iint\limits_D f(x,y)\mathrm{d}\sigma=\lim_{\lambda\to 0}\sum_{i=1}^{n} f(\xi_i,\eta_i)\Delta\sigma_i ,$$

其中 $f(x,y)$ 叫作被积函数，$f(x,y)\mathrm{d}\sigma$ 叫作被积表达式，$\mathrm{d}\sigma$ 叫作面积元素，x 和 y 叫作积分变量，D 叫作积分区域，$\sum\limits_{i=1}^{n} f(\xi_i,\eta_i)\Delta\sigma_i$ 叫作积分和.

与一元函数定积分定义类似，分割方式不影响计算结果．即在二重积分定义中对闭区域 D 的划分是任意的，若在直角坐标系中按平行于坐标轴的直线网格来对 D 进行划分，那么除了包含边界的小闭区域（这些小闭区域和的极限为零，可忽略）外，其余的小闭区域均为矩形区域，其面积可记为 $\Delta\sigma_i=\Delta x_j\cdot\Delta y_k$，也就是说，也可以把面积元素 $\mathrm{d}\sigma$ 记为 $\mathrm{d}x\mathrm{d}y$，因而，二重积分还可记作

$$\iint\limits_D f(x,y)\mathrm{d}x\mathrm{d}y ,$$

其中 $\mathrm{d}x\mathrm{d}y$ 叫作直角坐标系中的面积元素.

需要注意的是，当 $f(x,y)$ 在闭区域 D 上连续时，函数 $f(x,y)$ 在 D 上的二重积分必定存在，而我们总是假定函数 $f(x,y)$ 在闭区域 D 上连续．今后不再加以说明.

由定义 4.7 可知，以 $f(x,y)$ 为曲顶，D 为底的曲顶柱体的体积是函数 $f(x,y)$ 在 D 上的二重积分

$$V=\iint\limits_D f(x,y)\mathrm{d}\sigma ;$$

以 $\mu(x,y)$ 为面密度的薄片在闭区域 D 上所占的质量为

$$M=\iint\limits_D \mu(x,y)\mathrm{d}\sigma .$$

类似于一元函数定积分的几何意义，也可以给出二元函数 $f(x,y)$ 在 D 上的二重积分的几何意义．一般的，$f(x,y)$ 在 D 上的二重积分就等于这些部分区域上的柱体体积的代数和.

二、二重积分的性质

比较定积分与二重积分的定义可以想到，二重积分与定积分有着类似的性质，叙述如下.

规定　当 $f(x,y)=1$ 时，σ 为闭区域 D 的面积，则

$$\sigma=\iint\limits_D 1\cdot\mathrm{d}\sigma=\iint\limits_D \mathrm{d}\sigma .$$

性质 1 设 k_1, k_2 为常数，则

$$\iint_D [k_1 f(x,y) + k_2 g(x,y)]\mathrm{d}\sigma = k_1 \iint_D f(x,y)\mathrm{d}\sigma + k_2 \iint_D g(x,y)\mathrm{d}\sigma .$$

性质 2 如果闭区域 D 被有限条曲线分为有限个部分闭区域，则在 D 上的二重积分等于在各部分闭区域上的二重积分之和. 比如，D 分为两个闭区域 D_1 和 D_2，则

$$\iint_D f(x,y)\mathrm{d}\sigma = \iint_{D_1} f(x,y)\mathrm{d}\sigma + \iint_{D_2} f(x,y)\mathrm{d}\sigma .$$

和定积分性质一样，该条性质表示了二重积分对于积分区域具有可加性.

性质 3 如果在闭区域 D 上，$f(x,y) \leqslant g(x,y)$，则有

$$\iint_D f(x,y)\mathrm{d}\sigma \leqslant \iint_D g(x,y)\mathrm{d}\sigma .$$

特别地，因为 $-|f(x,y)| \leqslant f(x,y) \leqslant |f(x,y)|$，则有

$$\left|\iint_D f(x,y)\mathrm{d}\sigma\right| \leqslant \iint_D |f(x,y)|\mathrm{d}\sigma .$$

和定积分性质一样，该条性质可以在不计算二重积分数值的情况下用来比较积分大小.

例 4.24 利用定积分的性质，比较下列积分的大小.

（1）$\iint_D (x+y)^2\mathrm{d}\sigma$ 与 $\iint_D (x+y)^3\mathrm{d}\sigma$，其中积分区域 D 由 x 轴，y 轴与直线 $x+y=1$ 所围成.

（2）$\iint_D \ln(x+y)\mathrm{d}\sigma$ 与 $\iint_D [\ln(x+y)]^2\mathrm{d}\sigma$，其中 D 是三角形闭区域，三顶点分别为 $(1,0)$，$(1,1)$，$(2,0)$.

解 （1）由题意知，积分区域 $D=\{(x,y)|x+y \leqslant 1\}$，即在该闭区域上有

$$(x+y)^2 \geqslant (x+y)^3 ,$$

则有

$$\iint_D (x+y)^2\mathrm{d}\sigma \geqslant \iint_D (x+y)^3\mathrm{d}\sigma .$$

（2）由题意知，积分区域 D 由 $x+y=2$ 与 $x=1$ 以及 x 轴所围，在该闭区域上有

$$1 \leqslant x+y \leqslant 2 ,$$

即

$$0 \leqslant \ln(x+y) \leqslant 1 ,$$

则

$$\ln(x+y) \geqslant [\ln(x+y)]^2 .$$

故

$$\iint_D \ln(x+y)\mathrm{d}\sigma \geqslant \iint_D [\ln(x+y)]^2\mathrm{d}\sigma .$$

性质 4 设 M，m 分别是 $f(x,y)$ 在闭区域 D 上的最大值和最小值，σ 为 D 的面积，则有

$$m\sigma \leqslant \iint_D f(x,y)\mathrm{d}\sigma \leqslant M\sigma .$$

例 4.25 已知 $I=\iint_D (x^2+4y^2+9)\mathrm{d}\sigma$，其中 $D=\{(x,y)|x^2+y^2 \leqslant 4\}$，试估计该二重积分的值.

解 由题意可设

$$f(x,y)=x^2+4y^2+9,$$

解方程组：

$$f_x(x,y)=2x=0,\quad f_y(x,y)=8y=0,$$

可得唯一驻点 $(0,0)$，即 $f(0,0)=9$ 为函数在区域 D 上的最小值 m；而区域 D 上的函数的最大值在边界上的点 $(0,2)$ 或 $(0,-2)$ 处取得，即 $M=f(0,2)=f(0,-2)=25$．故由性质 4 有

$$m\sigma\leqslant\iint_D f(x,y)\mathrm{d}\sigma\leqslant M\sigma,$$

得

$$36\pi\leqslant I\leqslant100\pi.$$

性质 5 设函数 $f(x,y)$ 在闭区域 D 上连续，σ 为 D 的面积，则在 D 上至少存在一点 (ξ,η) 使得

$$\iint_D f(x,y)\mathrm{d}\sigma=f(\xi,\eta)\cdot\sigma$$

该性质类似于定积分的中值定理，也称为二重积分的中值定理，此处不证明.

三、利用直角坐标计算二重积分

二重积分计算

按照二重积分的定义来计算二重积分，对于一些被积函数、积分区域都简单的情况来说是可行的，但是对于一般情况而言，该方法就不那么有效了．接下来，我们将介绍一些常用的方便的二重积分的计算方法．首先，我们来学习将二重积分化为二次积分（即两次定积分）来计算.

与定积分一样，我们仍然用几何的观点来讨论二重积分 $\iint_D f(x,y)\mathrm{d}\sigma$ 的计算问题，讨论中假设 $f(x,y)\geqslant0$.

情形Ⅰ：X 型积分区域，即积分区域 D（见图 4.7）可以用不等式

$$\varphi_1(x)\leqslant y\leqslant\varphi_2(x),\ a\leqslant x\leqslant b$$

来表示，其中函数 $\varphi_1(x)$，$\varphi_2(x)$ 在区间 $[a,b]$ 上连续.

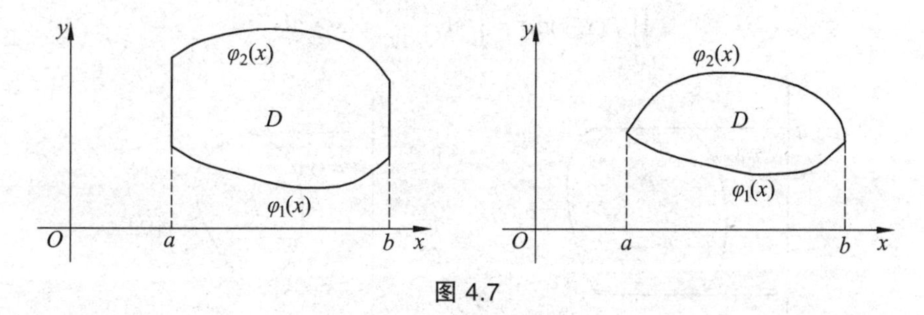

图 4.7

由二重积分的几何意义，二重积分 $\iint_D f(x,y)\mathrm{d}\sigma$ 的值等于以区域 D 为底，以曲面 $z=f(x,y)$

为顶的曲顶柱体的体积．如图 4.8 所示，不妨先在区间 $[a,b]$ 上任意取定点 x_0，作平行于 yOz 的平面 $x=x_0$，记为 $A(x_0)$，如果我们知道了图中平行截面 $A(x_0)$ 的面积，而该平行截面 $A(x_0)$ 可以看作曲边梯形的面积求解问题，即

$$A(x_0)=\int_{\varphi_1(x_0)}^{\varphi_2(x_0)} f(x_0,y)\mathrm{d}y\,,$$

再按照定积分微元法，我们就可以求到该立体的体积．

这样，可推广到过区间 $[a,b]$ 上任意点 x 且平行于 yOz 面的平面截曲顶柱体所得的截面面积为

$$A(x)=\int_{\varphi_1(x)}^{\varphi_2(x)} f(x,y)\mathrm{d}y$$

图 4.8

于是，按照微元法，

$$V=\int_a^b A(x)\mathrm{d}x=\int_a^b\left[\int_{\varphi_1(x)}^{\varphi_2(x)} f(x,y)\mathrm{d}y\right]\mathrm{d}x\,.$$

按照二重积分的几何意义，这个体积就是所求的二重积分 $\iint\limits_D f(x,y)\mathrm{d}\sigma$ 的值，从而有等式

$$\iint\limits_D f(x,y)\mathrm{d}\sigma=\int_a^b\left[\int_{\varphi_1(x)}^{\varphi_2(x)} f(x,y)\mathrm{d}y\right]\mathrm{d}x\,. \tag{4.4}$$

上式右端的积分就是先对 y、后对 x 的二次积分，也可以写作

$$\iint\limits_D f(x,y)\mathrm{d}\sigma=\int_a^b\mathrm{d}x\int_{\varphi_1(x)}^{\varphi_2(x)} f(x,y)\mathrm{d}y\,. \tag{4.5}$$

X 型积分区域的特点是：穿过 D 内部且平行于 y 轴的直线与 D 的边界相交不多于两点．

情形Ⅱ：Y 型积分区域，如图 4.9 所示，如果积分区域用不等式

$$\varphi_1(y)\leqslant x\leqslant\varphi_2(y),\ c\leqslant y\leqslant d$$

来表示，其中函数 $\varphi_1(x)$，$\varphi_2(x)$ 在区间 $[c,d]$ 上连续，那么就有

$$\iint\limits_D f(x,y)\mathrm{d}\sigma=\int_c^d\left[\int_{\varphi_1(y)}^{\varphi_2(y)} f(x,y)\mathrm{d}x\right]\mathrm{d}y\,. \tag{4.6}$$

该类型积分叫作先对 x、后对 y 的积分，也可以写作

$$\iint\limits_D f(x,y)\mathrm{d}\sigma=\int_c^d\mathrm{d}y\int_{\varphi_1(y)}^{\varphi_2(y)} f(x,y)\mathrm{d}x \tag{4.7}$$

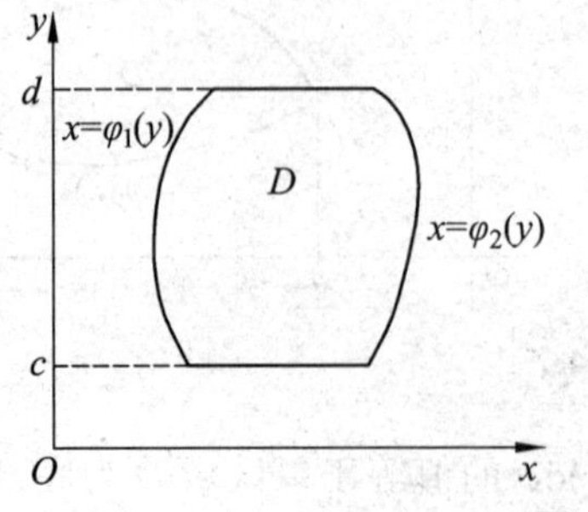

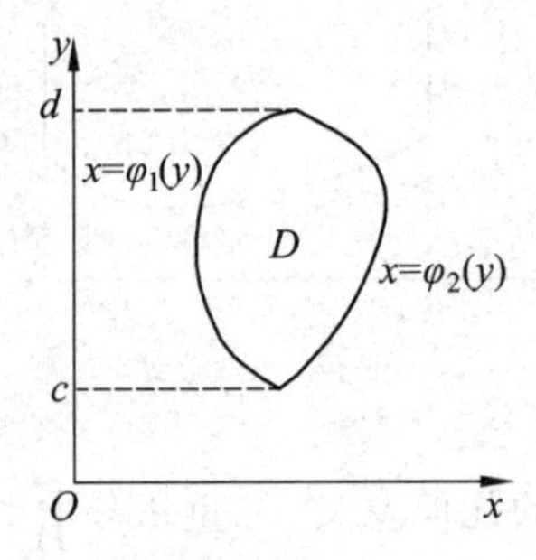

图 4.9

Y 型积分区域的特点是：穿过 D 内部且平行于 x 轴的直线与 D 的边界相交不多于两点.

将二重积分化为二次积分，其积分区域与积分限是关键．其中，积分区域可以根据实际情况来确定，有时积分区域必须是 X 型，有时积分区域必须是 Y 型，有时积分区域既可以是 X 型也可以是 Y 型，读者可以试着画图讨论．积分限的确定则根据题意先画出积分区域 D 的图形：若积分区域是 X 型，如图 4.10 所示，可以在区间 $[a,b]$ 上任意取定一点 x，过该点作平行于 y 轴的直线，根据直线与边界交点的纵坐标变化来定，即从 $\varphi_1(x)$ 到 $\varphi_2(x)$，这就是公式(4.4)中先把 x 看作常量而对 y 积分时的下限和上限．接下来，再把 x 看作变量对其积分，积分区间正好是 $[a,b]$．而对于 Y 型积分区域可以采用类似做法，将从以下例题中去体会.

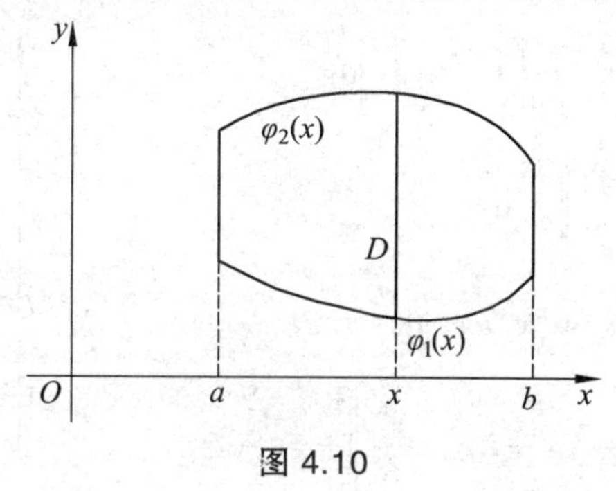

图 4.10

例 4.26　计算二重积分 $\iint\limits_D f(x,y)\mathrm{d}\sigma$，其中 $f(x,y)=xy$，D 由直线 $y=1$、$x=2$ 以及 $y=x$ 围成.

解（解法 1）　首先根据题意画出积分区域 D（见图 4.11）．若将 D 视为 X 型，在 D 内部任意取一条平行于 y 轴的直线，该直线与边界的交点的纵坐标即确定了变量 y 的改变从 $y=1$ 变到 $y=x$，而该直线在 D 内部横坐标的变化范围是 $[1,2]$，即变量 x 的积分范围，由公式(4.4)可得

$$\iint\limits_D f(x,y)\mathrm{d}\sigma=\iint\limits_D xy\mathrm{d}\sigma=\int_1^2\left[\int_1^x xy\mathrm{d}y\right]\mathrm{d}x=\int_1^2\left[x\cdot\frac{y^2}{2}\right]_1^x\mathrm{d}x$$

$$=\int_1^2\left(\frac{x^3}{2}-\frac{x}{2}\right)\mathrm{d}x=\left[\frac{x^4}{8}-\frac{x^2}{4}\right]_1^2=\frac{9}{8}.$$

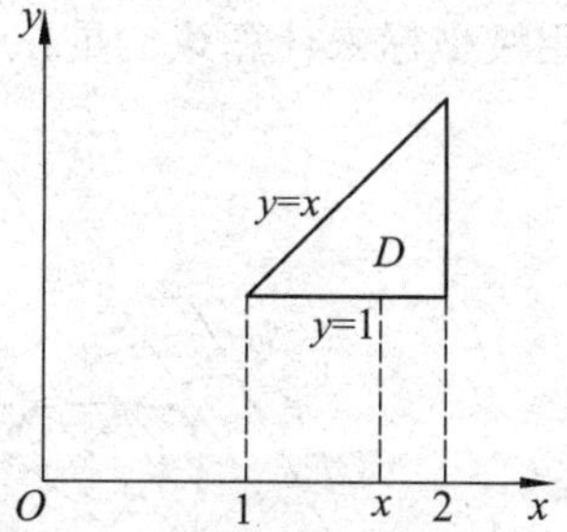

图 4.11

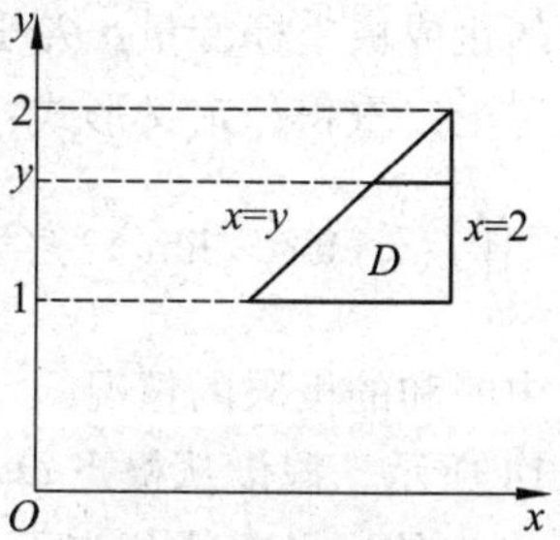

图 4.12

（解法 2）　如图 4.12 所示，我们也可以将区域 D 视为 Y 型，这样在 D 内部任意取一条平行于 x 轴的直线，该直线与边界的交点的横坐标即确定了变量 x 的改变从 $x=y$ 变到 $x=2$，而直线在 D 内部纵坐标的变化范围 $[1,2]$ 就是变量 y 的积分范围，利用公式(4.6)可得

$$\iint\limits_D f(x,y)\mathrm{d}\sigma=\iint\limits_D xy\mathrm{d}\sigma=\int_1^2\left[\int_y^2 xy\mathrm{d}x\right]\mathrm{d}y=\int_1^2\left[y\cdot\frac{x^2}{2}\right]_y^2\mathrm{d}y$$

$$=\int_1^2\left(2y-\frac{y^3}{2}\right)\mathrm{d}y=\left[y^2-\frac{y^4}{8}\right]_1^2=\frac{9}{8}.$$

例 4.27 计算 $\iint\limits_D f(x,y)\mathrm{d}\sigma$，其中 $f(x,y)=xy$，D 由抛物线 $y^2=x$ 及直线 $y=x-2$ 围成.

解 画出积分区域 D，如图 4.13 所示，将其视为 Y 型，利用公式(4.6)，可得

$$\iint\limits_D f(x,y)\mathrm{d}\sigma=\iint\limits_D xy\mathrm{d}\sigma=\int_{-1}^2\left[\int_{y^2}^{y+2} xy\mathrm{d}x\right]\mathrm{d}y$$

$$=\int_{-1}^2\left[y\cdot\frac{x^2}{2}\right]_{y^2}^{y+2}\mathrm{d}y$$

$$=\frac{1}{2}\int_{-1}^2[y(y+2)^2-y^5]\mathrm{d}y$$

$$=\frac{1}{2}\left[\frac{y^4}{4}+\frac{4}{3}y^3+2y^2-\frac{y^6}{6}\right]_{-1}^2=\frac{45}{8}.$$

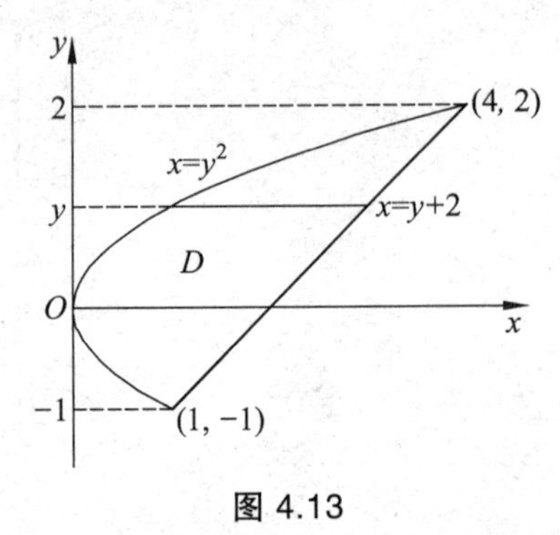

图 4.13

若将该积分区域 D 看作 X 型，则需要将其分成两个区域后再利用二重积分性质与公式(4.6)来计算，也就是说将比直接用公式(4.4)计算更麻烦．这说明，在化二重积分为二次积分时，为了计算简便，需要选择恰当的积分次序．有时，二重积分在实际运用中，既要考虑积分区域的形状，又要考虑被积函数的特性．比如，计算圆柱面 $x^2+y^2=R^2$ 与 $x^2+z^2=R^2$ 所围成的立体的体积时，可以利用这两个直交圆柱面所围成的立体关于坐标平面的对称性，我们只需要算出它在第一卦限的体积后再乘 8 就可以了，此题留给读者练习．

四、利用极坐标计算二重积分

有些二重积分的积分区域 D，其边界曲线用极坐标方程来表示比较方便，并且被积函数也可以简单的化成极坐标变量 ρ,θ，这时，就需要考虑利用极坐标来计算该二重积分了．接下来，我们就讨论二重积分定义形式：

$$\iint\limits_D f(x,y)\mathrm{d}\sigma=\lim_{\lambda\to 0}\sum_{i=1}^n f(\xi_i,\eta_i)\Delta\sigma_i$$

在极坐标系中的和的极限的情况.

如图 4.14 所示，假设从极点 O 出发且穿过闭区域 D 内部的射线与 D 的边界曲线相交不多于两点．我们用以极点为中心的一族同心圆（$\rho=$ 常数 ρ_i），以及从极点出发的一族射线（$\theta=$ 常数 θ_i），把 D 分成 n 个小闭区域．除了包含边界点的一些小闭区域外，大多数的小闭区域的面积 $\Delta\sigma_i$ 可计算如下：

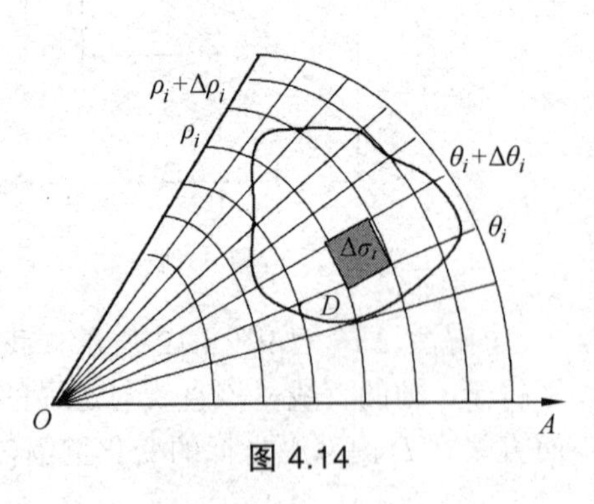

图 4.14

$$\begin{aligned}\Delta\sigma_i &= \frac{1}{2}(\rho_i+\Delta\rho_i)^2\cdot\Delta\theta_i-\frac{1}{2}\rho_i^2\cdot\Delta\theta_i\\ &=\frac{1}{2}(2\rho_i+\Delta\rho_i)\Delta\rho_i\cdot\Delta\theta_i\\ &=\frac{\rho_i+(\rho_i+\Delta\rho_i)}{2}\Delta\rho_i\cdot\Delta\theta_i,\end{aligned}$$

其中$\frac{\rho_i+(\rho_i+\Delta\rho_i)}{2}$表示相邻两圆弧的半径的平均值，记为$\bar{\rho}_i$，故上式结果为

$$\bar{\rho}_i\cdot\Delta\rho_i\cdot\Delta\theta_i$$

在这个小闭区域内取圆周$\rho=\bar{\rho}_i$上的点$(\bar{\rho}_i,\bar{\theta}_i)$，若该点的直角坐标设为$(\xi_i,\eta_i)$，则由直角坐标与极坐标之间的关系有

$$\xi_i=\bar{\rho}_i\cos\bar{\theta}_i，\quad \eta_i=\bar{\rho}_i\sin\bar{\theta}_i$$

于是

$$\lim_{\lambda\to 0}\sum_{i=1}^{n}f(\xi_i,\eta_i)\Delta\sigma_i=\lim_{\lambda\to 0}\sum_{i=1}^{n}f(\bar{\rho}_i\cos\bar{\theta}_i,\bar{\rho}_i\sin\bar{\theta}_i)\bar{\rho}_i\cdot\Delta\rho_i\cdot\Delta\theta_i,$$

即

$$\iint_D f(x,y)\mathrm{d}\sigma=\iint_D f(\rho\cos\theta,\rho\sin\theta)\rho\mathrm{d}\rho\mathrm{d}\theta. \tag{4.8}$$

这就是二重积分的变量从直角坐标变换为极坐标的变换公式，其中$\rho\mathrm{d}\rho\mathrm{d}\theta$就是二重积分在极坐标系中的面积元素. 将直角坐标转换为极坐标时，按此公式，将被积函数中的x和y分别换成$\rho\cos\theta$和$\rho\sin\theta$，并将直角坐标系的面积元素$\mathrm{d}x\mathrm{d}y$换成极坐标中的面积元素$\rho\mathrm{d}\rho\mathrm{d}\theta$就可以了.

计算极坐标系中的二重积分时，同样可以像直角坐标系一样将其化为二次积分，这时需要一条从极点出发穿过区域D内部的射线，射线与边界的交点确定了极半径ρ的上下限，而射线在区域D内角度的变化范围就是变量θ的积分范围.

如图4.15所示，如果积分区域D可以用不等式

$$\varphi_1(\theta)\leqslant\rho\leqslant\varphi_2(\theta),\ \alpha\leqslant\theta\leqslant\beta$$

来表示，其中$\varphi_1(\theta),\varphi_2(\theta)$在区间$[\alpha,\beta]$上连续，则

$$\iint_D f(\rho\cos\theta,\rho\sin\theta)\rho\mathrm{d}\rho\mathrm{d}\theta=\int_\alpha^\beta\left[\int_{\varphi_1(\theta)}^{\varphi_2(\theta)}f(\rho\cos\theta,\rho\sin\theta)\rho\mathrm{d}\rho\right]\mathrm{d}\theta. \tag{4.9}$$

上式也可以写作

$$\iint_D f(\rho\cos\theta,\rho\sin\theta)\rho\mathrm{d}\rho\mathrm{d}\theta=\int_\alpha^\beta\mathrm{d}\theta\int_{\varphi_1(\theta)}^{\varphi_2(\theta)}f(\rho\cos\theta,\rho\sin\theta)\rho\mathrm{d}\rho \tag{4.10}$$

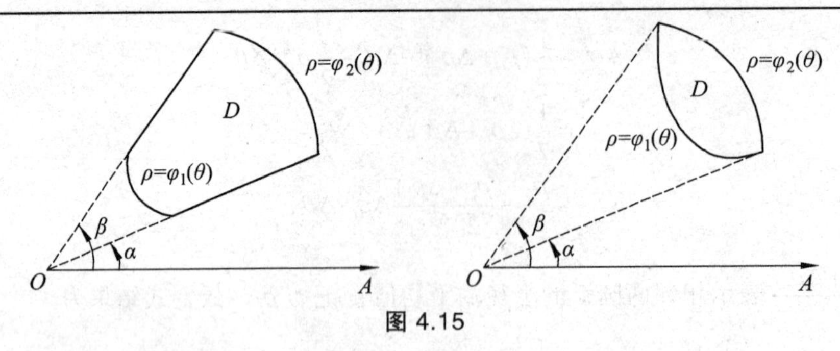

图 4.15

例 4.28 计算二重积分 $\iint\limits_D f(x,y)\mathrm{d}x\mathrm{d}y$，其中被积函数 $f(x,y)=\mathrm{e}^{-(x^2+y^2)}$，积分区域 D 由圆周 $x^2+y^2=a^2$ 所围成.

解 如果本题用直角坐标来计算，显然比较复杂，因此我们将其转化为极坐标系下来计算. 极坐标中，该积分闭区域 D 可以表示为

$$0\leqslant \rho\leqslant a,\ 0\leqslant\theta\leqslant 2\pi$$

故由公式(4.8)和公式(4.9)可得

$$\begin{aligned}\iint\limits_D f(x,y)\mathrm{d}x\mathrm{d}y&=\iint\limits_D \mathrm{e}^{-(x^2+y^2)}\mathrm{d}x\mathrm{d}y=\iint\limits_D \mathrm{e}^{-\rho^2}\rho\mathrm{d}\rho\mathrm{d}\theta\\&=\int_0^{2\pi}\left[\int_0^a \mathrm{e}^{-\rho^2}\rho\mathrm{d}\rho\right]\mathrm{d}\theta=\int_0^{2\pi}\left[-\frac{1}{2}\mathrm{e}^{-\rho^2}\right]_0^a\mathrm{d}\theta\\&=\frac{1}{2}(1-\mathrm{e}^{-a^2})\int_0^{2\pi}\mathrm{d}\theta=\pi(1-\mathrm{e}^{-a^2}).\end{aligned}$$

例 4.29 计算球体 $x^2+y^2+z^2\leqslant 4a^2$ 被圆柱面 $x^2+y^2=2ax(a>0)$ 所截得的（含在圆柱面内的部分）立体的体积.

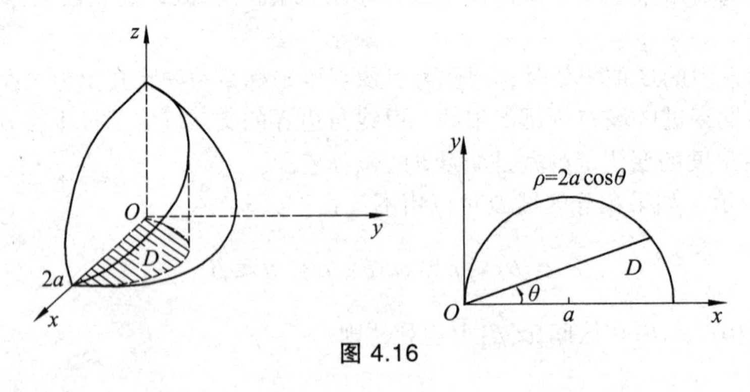

图 4.16

解 图 4.16 为所求立体在第一卦限中的积分区域，由对称性，可以求出在第一卦限中的部分 V_1 后再乘以 4 就可以了. 而

$$V_1=\iint\limits_D\sqrt{4a^2-x^2-y^2}\,\mathrm{d}x\mathrm{d}y,$$

其中 D 为半圆周 $y=\sqrt{2ax-x^2}$ 与 x 轴所围成的闭区域. 在极坐标中，D 可以表示为

$$0 \leqslant \rho \leqslant 2a\cos\theta,\ 0 \leqslant \theta \leqslant \frac{\pi}{2},$$

于是

$$V_1 = \iint_D \sqrt{4a^2-\rho^2}\,\rho \mathrm{d}\rho \mathrm{d}\theta = \int_0^{\frac{\pi}{2}} \mathrm{d}\theta \int_0^{2a\cos\theta} \sqrt{4a^2-\rho^2}\,\rho \mathrm{d}\rho$$

$$= \frac{8}{3}a^3 \int_0^{\frac{\pi}{2}} (1-\sin^3\theta)\mathrm{d}\theta = \frac{8}{3}a^3\left(\frac{\pi}{2}-\frac{2}{3}\right),$$

故 $V = 4V_1 = \dfrac{32}{3}a^3\left(\dfrac{\pi}{2}-\dfrac{2}{3}\right)$.

本章学习了二重积分与定积分类似的作为和的极限的概念，相信读者不难将该定义推广到三重积分，并且还可以把积分概念的积分范围从数轴上一个区间的情形推广到积分范围为平面或空间内的一个闭区域的情形. 将积分概念推广到积分范围为一段曲线弧或一片曲面的积分称为**曲线积分**和**曲面积分**. 因为篇幅及课时的原因，对此类概念本书不做介绍，读者可根据教材提供的参考书进行自学.

习题 4.3

1. 设 $I_1 = \iint\limits_{D_1} (x^2+y^2)^3 \mathrm{d}\sigma$，其中 $D_1 = \{(x,y)|-1 \leqslant x \leqslant 1, -2 \leqslant y \leqslant 2\}$；又 $I_2 = \iint\limits_{D_2} (x^2+y^2)^3 \mathrm{d}\sigma$，其中 $D_2 = \{(x,y)|0 \leqslant x \leqslant 1, 0 \leqslant y \leqslant 2\}$. 试利用二重积分的几何意义说明 I_1 与 I_2 之间的关系.

2. 根据二重积分的性质，比较下列积分的大小：

（1）$I_1 = \iint\limits_D (x+y)^2 \mathrm{d}\sigma$ 与 $I_2 = \iint\limits_D (x+y)^3 \mathrm{d}\sigma$，其中积分区域 D 由圆周 $(x-2)^2+(y-1)^2=2$ 所围成；

（2）$I_1 = \iint\limits_D \ln(x+y)\mathrm{d}\sigma$ 与 $I_2 = \iint\limits_D [\ln(x+y)]^2 \mathrm{d}\sigma$，其中 $D = \{(x,y)|3 \leqslant x \leqslant 5, 0 \leqslant y \leqslant 1\}$.

3. 已知 $I = \iint\limits_D xy(x+y)\mathrm{d}\sigma$，其中 $D = \{(x,y)|0 \leqslant x \leqslant 1, 0 \leqslant y \leqslant 1\}$，试利用二重积分的性质估计其积分值.

4. 在直角坐标系下计算下列二重积分.

（1）$\iint\limits_D y\sqrt{1+(x^2-y^2)}\mathrm{d}\sigma$，其中积分区域 D 由直线 $y=x, x=-1$ 和 $y=1$ 所围成；

（2）$\iint\limits_D x\sqrt{y}\mathrm{d}\sigma$，其中积分区域 D 由两条抛物线 $y=\sqrt{x}, y=x^2$ 所围成；

（3）$\iint\limits_D xy^2\mathrm{d}\sigma$，其中 D 由圆周 $x^2+y^2=4$ 及 y 轴所围成的右半闭区域；

5. 利用极坐标计算下列二重积分.

（1）$\iint\limits_D \mathrm{e}^{x^2+y^2}\mathrm{d}\sigma$，其中 D 是由圆周 $x^2+y^2=4$ 所围成的闭区域；

（2）$\iint\limits_{D}\ln(1+x^2+y^2)\mathrm{d}\sigma$，其中 D 是由圆周 $x^2+y^2=1$ 及坐标轴所围成的在第一象限内的闭区域；

（3）$\iint\limits_{D}\arctan\dfrac{y}{x}\mathrm{d}\sigma$，其中 D 是由圆周 $x^2+y^2=4$，$x^2+y^2=1$ 及直线 $y=0$，$y=x$ 所围成的在第一象限内的闭区域.

6. 选用适当的坐标系计算下列各题.

（1）$\iint\limits_{D}\dfrac{x^2}{y^2}\mathrm{d}\sigma$，其中 D 是由直线 $x=2$，$y=x$ 以及曲线 $xy=1$ 所围成的闭区域；

（2）$\iint\limits_{D}(x^2+y^2)\mathrm{d}\sigma$，其中 D 是由直线 $y=x$，$y=x+a$，$y=a$，$y=3a$（$a>0$）所围成的闭区域；

（3）$\iint\limits_{D}\sqrt{x^2+y^2}\mathrm{d}\sigma$，其中 $D=\left\{(x,y)\middle|a^2\leqslant x^2+y^2\leqslant b^2\right\}$.

习题

综合习题四

1. 已知函数 $f(x,y)=\dfrac{\mathrm{e}^x}{x-y}$，则（　　）.

A. $f_x'-f_y'=0$　　B. $f_x'+f_y'=0$

C. $f_x'-f_y'=f$　　D. $f_x'+f_y'=f$

2. 设函数 $u(x,y)$ 在有界闭区域 D 上连续，在 D 的内部具有 2 阶连续偏导数，且满足 $\dfrac{\partial^2 u}{\partial x\partial y}\neq 0$ 及 $\dfrac{\partial^2 u}{\partial x^2}+\dfrac{\partial^2 u}{\partial y^2}=0$，则（　　）.

A. $u(x,y)$ 的最大值和最小值在 D 的边界上取得

B. $u(x,y)$ 的最大值和最小值在 D 的内部取得

C. $u(x,y)$ 的最大值在 D 的内部取得，最小值在 D 的边界上取得

D. $u(x,y)$ 的最小值在 D 的内部取得，最大值在 D 的边界上取得

3. 设积分 $J_i=\iint\limits_{D_i}\sqrt[3]{x-y}\mathrm{d}x\mathrm{d}y\ (i=1,2,3)$，其中 $D_1=\left\{(x,y)\middle|0\leqslant x\leqslant 1,0\leqslant y\leqslant 1\right\}$，$D_2=\left\{(x,y)\middle|0\leqslant x\leqslant 1,0\leqslant y\leqslant \sqrt{x}\right\}$，$D_3=\left\{(x,y)\middle|0\leqslant x\leqslant 1,x^2\leqslant y\leqslant 1\right\}$，则（　　）.

A. $J_1<J_2<J_3$　　B. $J_3<J_1<J_2$

C. $J_2<J_3<J_1$　　D. $J_2<J_1<J_3$

4. $\int_{-1}^{0}\mathrm{d}x\int_{-x}^{2-x^2}(1-xy)\mathrm{d}y+\int_{0}^{1}\mathrm{d}x\int_{x}^{2-x^2}(1-xy)\mathrm{d}y=$（　　）.

A. $\dfrac{5}{3}$　　B. $\dfrac{5}{6}$

C. $\dfrac{7}{3}$　　D. $\dfrac{7}{6}$

5. 设 D 是第一象限由曲线 $2xy=1$，$4xy=1$ 与直线 $y=x$，$y=\sqrt{3}x$ 围成的平面区域，函数

$f(x,y)$ 在 D 上连续，则 $\iint\limits_D f(x,y)\mathrm{d}x\mathrm{d}y=$（　　）.

A. $\int_{\frac{\pi}{4}}^{\frac{\pi}{3}}\mathrm{d}\theta\int_{\frac{1}{2\sin 2\theta}}^{\frac{1}{\sin 2\theta}}f(r\cos\theta,r\sin\theta)r\mathrm{d}r$　　B. $\int_{\frac{\pi}{4}}^{\frac{\pi}{3}}\mathrm{d}\theta\int_{\frac{1}{\sqrt{2\sin 2\theta}}}^{\frac{1}{\sqrt{\sin 2\theta}}}f(r\cos\theta,r\sin\theta)r\mathrm{d}r$

C. $\int_{\frac{\pi}{4}}^{\frac{\pi}{3}}\mathrm{d}\theta\int_{\frac{1}{2\sin 2\theta}}^{\frac{1}{\sin 2\theta}}f(r\cos\theta,r\sin\theta)\mathrm{d}r$　　D. $\int_{\frac{\pi}{4}}^{\frac{\pi}{3}}\mathrm{d}\theta\int_{\frac{1}{\sqrt{2\sin 2\theta}}}^{\frac{1}{\sqrt{\sin 2\theta}}}f(r\cos\theta,r\sin\theta)\mathrm{d}r$

6. 设 $D=\left\{(x,y)\middle|x^2+y^2\leqslant 2x,x^2+y^2\leqslant 2y\right\}$，函数 $f(x,y)$ 在 D 上连续，则 $\iint\limits_D f(x,y)\mathrm{d}x\mathrm{d}y=$（　　）.

A. $\int_0^{\frac{\pi}{4}}\mathrm{d}\theta\int_0^{2\cos\theta}f(r\cos\theta,r\sin\theta)r\mathrm{d}r+\int_{\frac{\pi}{4}}^{\frac{\pi}{2}}\mathrm{d}\theta\int_0^{2\sin\theta}f(r\cos\theta,r\sin\theta)r\mathrm{d}r$

B. $\int_0^{\frac{\pi}{4}}\mathrm{d}\theta\int_0^{2\sin\theta}f(r\cos\theta,r\sin\theta)r\mathrm{d}r+\int_{\frac{\pi}{4}}^{\frac{\pi}{2}}\mathrm{d}\theta\int_0^{2\cos\theta}f(r\cos\theta,r\sin\theta)r\mathrm{d}r$

C. $2\int_0^1\mathrm{d}x\int_{1-\sqrt{1-x^2}}^{x}f(x,y)\mathrm{d}y$

D. $2\int_0^1\mathrm{d}x\int_x^{\sqrt{2x-x^2}}f(x,y)\mathrm{d}y$

7. 设 $f(x,y)$ 是连续函数，则 $\int_0^1\mathrm{d}y\int_{-\sqrt{1-y^2}}^{1-y}f(x,y)\mathrm{d}x=$（　　）.

A. $\int_0^1\mathrm{d}x\int_0^{x-1}f(x,y)\mathrm{d}y+\int_{-1}^0\mathrm{d}x\int_0^{\sqrt{1-x^2}}f(x,y)\mathrm{d}y$

B. $\int_0^1\mathrm{d}x\int_0^{1-X}f(x,y)\mathrm{d}y+\int_{-1}^0\mathrm{d}x\int_{-\sqrt{1-x^2}}^0f(x,y)\mathrm{d}y$

C. $\int_0^{\frac{\pi}{2}}\mathrm{d}\theta\int_0^{\frac{1}{\cos\theta+\sin\theta}}f(r\cos\theta,r\sin\theta)\mathrm{d}r+\int_{\frac{\pi}{2}}^{\pi}\mathrm{d}\theta\int_0^1 f(r\cos\theta,r\sin\theta)\mathrm{d}r$

D. $\int_0^{\frac{\pi}{2}}\mathrm{d}\theta\int_0^{\frac{1}{\cos\theta+\sin\theta}}f(r\cos\theta,r\sin\theta)\mathrm{d}r+\int_{\frac{\pi}{2}}^{\pi}\mathrm{d}\theta\int_0^1 f(r\cos\theta,r\sin\theta)\mathrm{d}r$

8. 设函数 $f(u,v)$ 可微，$z=z(x,y)$ 由方程 $(x+1)z-y^2=x^2f(x-z,y)$ 确定，则 $\mathrm{d}z|_{(0,1)}=$________.

9. 设函数 $z=z(x,y)$ 由方程 $\mathrm{e}^z+xyz+x+\cos x=2$ 确定，则 $\mathrm{d}z|_{(0,1)}=$________.

10. 设函数 $z=z(x,y)$ 由方程 $\mathrm{e}^{x+2y+3z}+xyz=1$ 确定，则 $\mathrm{d}z|_{(0,0)}=$________.

11. 二次积分 $\int_0^1\mathrm{d}y\int_y^1\left(\frac{\mathrm{e}^{x^2}}{x}-\mathrm{e}^{y^2}\right)\mathrm{d}x=$________.

12. 设 Ω 是由平面 $x+y+z=1$ 与三个坐标平面所围成的空间区域，则 $\iiint\limits_\Omega (x+2y+3z)\mathrm{d}x\mathrm{d}y\mathrm{d}z=$________.

格林公式

13. 设曲线 L 是由 $x^2+y^2+z^2=1$ 与 $x+y+z=0$ 相交而成，则 $\oint_L xy\mathrm{d}s=$____.

14. 若曲线积分 $\int_L\frac{x\mathrm{d}x-ay\mathrm{d}y}{x^2+y^2-1}$ 在区域 $D=\left\{(x,y)\middle|x^2+y^2<1\right\}$ 内与路径无关，则 $a=$______.

(13、14 题分别涉及第一型曲线积分与第二型曲线积分、二重积分中格林公式的相关内容，请读者根据课后提供的参考资料自行学习，也可以扫描旁边二维码进行格林公式的学习.）

15. 设函数 $f(u)$ 具有 2 阶连续导数，$z=f(\mathrm{e}^x\cos y)$ 满足：

$$\frac{\partial^2 z}{\partial x^2}+\frac{\partial^2 z}{\partial y^2}=4(z+\mathrm{e}^x\cos y)\mathrm{e}^{2x},$$

若 $f(0)=0$，$f'(0)=0$，求 $f(u)$ 的表达式.

16. 计算二重积分.

（1）$\iint\limits_D \frac{x^2-xy-y^2}{x^2+y^2}\mathrm{d}x\mathrm{d}y$. 其中 D 是由直线 $y=1, y=x, y=-x$ 围成的有界区域.

（2）$\iint\limits_D x(x+y)\mathrm{d}x\mathrm{d}y$，其中 $D=\{(x,y)\,|\,x^2+y^2\leqslant 2, y\geqslant x^2\}$.

（3）$\iint\limits_D x^2\mathrm{e}^{-y^2}\mathrm{d}x\mathrm{d}y$，其中 $D=\{(x,y)\,|\,|x|\leqslant y\leqslant 1, -1\leqslant x\leqslant 1\}$.

（4）$\iint\limits_D \frac{x\sin(\pi\sqrt{x^2+y^2})}{x+y}\mathrm{d}x\mathrm{d}y$，其中 $D=\{(x,y)\,|\,1\leqslant x^2+y^2\leqslant 4, x\geqslant 0, y\geqslant 0\}$.

（5）$\iint\limits_D x\mathrm{d}x\mathrm{d}y$，其中 $D=\left\{(r,\theta)\,|\,2\leqslant r\leqslant 2(1+\cos\theta), -\frac{\pi}{2}\leqslant\theta\leqslant\frac{\pi}{2}\right\}$.

17. 已知函数 $z=z(x,y)$ 由方程 $(x^2+y^2)z+\ln z+2(x+y+1)=0$ 确定，求 $z=z(x,y)$ 的极值.

18. 已知函数 $f(x,y)$ 满足 $f''_{xy}(x,y)=2(y+1)\mathrm{e}^x$，$f'_x(x,0)=(x+1)\mathrm{e}^x$，$f(0,y)=y^2+2y$，求 $f(x,y)$ 的极值.

19. 设函数 $f(x,y)$ 满足 $\frac{\partial f(x,y)}{\partial x}=(2x+1)\mathrm{e}^{2x-y}$，且 $f(0,y)=y+1$，L_t 是从点 $(0,0)$ 到点 $(1,t)$ 的光滑曲线，计算曲线积分 $I(t)=\int_{L_t}\frac{\partial f(x,y)}{\partial x}\mathrm{d}x+\frac{\partial f(x,y)}{\partial y}\mathrm{d}y$，并求 $I(t)$ 的最小值.

20. 设有界区域 Ω 由平面 $2x+y+2z=2$ 与三个坐标平面围成，Σ 为 Ω 整个表面的外侧，计算曲面积分 $I=\iint\limits_{\Sigma}(x^2+1)\mathrm{d}y\mathrm{d}z-2y\mathrm{d}z\mathrm{d}x+3z\mathrm{d}x\mathrm{d}y$.

第五章　常微分方程初步

方程是含有未知量的等式，通过解方程可以了解变量间的相互关系. 读者已经学习过一些方程，如代数方程：$x^2-3x+2=0$. 这些方程的未知量是一个或几个特定的值，但在实际应用中还会遇到大量的问题，其未知量为一个函数，如 $z^2(t)+\sin^2 t=1$，称之为函数方程. 其中联系自变量、未知函数以及未知函数导数的函数方程称为**微分方程**，比如

$$\frac{\mathrm{d}y}{\mathrm{d}x}=2x+1\,,\quad \frac{\partial u}{\partial x}-k\frac{\partial^2 u}{\partial x^2}=0\,.$$

自从 Newton 和 Leibniz 创立微积分后，人们就开始研究微分方程. 微分方程是研究自然科学、工程技术、金融及社会生活中一些确定现象的重要工具. 在反映客观现实世界运动过程的量与量之间的关系中，存在着大量的满足微分方程的数学模型，通过对方程的求解，来研究微分方程的解的属性，这可以为我们提供一些现象，并对未来发展做出预测，同时也为设计新的设备提供参考.

接下来我们将通过一些微分方程的数学模型来展示微分方程在科学研究中的重要作用.

第一节　常微分方程的基本概念

一、微分方程的例子

例 5.1　自由落体运动（物理）

设质点从位置 A 处作自由落体运动，只考虑重力对质点的作用，忽略空气阻力等其他外力的影响. 用 $x(t)$ 表示 A 在时刻 t 的位置，那么它对 t 的一阶导数 $x'=x'(t)$ 表示 A 在时刻 t 的瞬时速度，二阶导数 $x''=x''(t)$ 表示 A 在时刻 t 的瞬时加速度，假设 A 的质量为 m，重力加速度为 g，则由 Newton 第二运动定律可以得出

$$mx''=-mg\,.$$

若通过积分可以知道质点 A 的运动规律.

例 5.2　人口模型（社会）

英国人口统计学家 Malthus 在担任牧师期间发现一个现象：人口的出生率是一个常数. 在 1798 年他发表了《人口原理》，并提出了著名的 Malthus 人口模型.

假设在人口自然增长的过程中，单位时间内人口的净增长数与人口总数之比是常数，记为常数 a. 从 t 到 $t+\Delta t$ 这段时间内人口数量为 $N(t)$，则有

$$\frac{\mathrm{d}N}{\mathrm{d}t}=aN\quad 且\quad N(t_0)=N_0\,.$$

可以求解得

$$N(t)=N_0\mathrm{e}^{a(t-t_0)}.$$

关于如何求解将在后面小节中进行介绍. 从函数解可以看出，人口总数是按指数规律增长的，有人用此模型估计了美国 1790—1860 年间的人口数量，其结果与实际情况十分地接近. 但对 1870—1990 年进行估计时，结果吻合度不好. 从公式可以看出，当 t 趋近于无穷大时，人口数量也趋近于无穷大，然而现实情况是由于受到战争、疾病、移民等因素的影响，人口的增长会受到抑制. 而上面的模型中，人口相对增长率为一个常数，因此在时间间隔不长的情况下是适合的，对于时间间隔长的情况就需要对模型进行改进.

荷兰生物学家 Verhulst 引入了常数 N_m 以表示自然资源和环境条件所能容纳的最大人口数，并假设相对增长率为 $a\left(1-\dfrac{N(t)}{N_m}\right)$，从中可以看出相对增长率随 $N(t)$ 的增加而减少. 按此假设，人口增长模型为

$$\frac{\mathrm{d}N}{\mathrm{d}t}=a\left(1-\frac{N}{N_m}\right)N.$$

此模型称为 logistic 模型.

例 5.3 捕食者和被捕食者模型（生态）

在描述生物系统中，捕食者（如狼）与被捕食者（如兔子）这两个种群是如何相互影响、相互变化的?

设在 t 时刻兔子的数量为 $x_1(t)$，狼的数量为 $x_2(t)$，如果兔子的食物来源丰富，本身竞争也不激烈，假设不存在狼，那么兔子自然增加率应符合这样的规律：

$$\frac{\mathrm{d}x_1(t)}{\mathrm{d}t}=ax_1,$$

其中，$a>0$ 为系数，表示自然增长率.

类似地，狼的自然减少率为

$$\frac{\mathrm{d}x_2(t)}{\mathrm{d}t}=-cx_2\ (c>0\ \text{为系数}).$$

然而由于狼的存在，使得兔子的增长率减少. 假设兔子被狼捕食的比例，和兔子与狼相遇的次数成常数比，记作 $-bx_1x_2\ (b>0)$；同样的，狼的增加率为 $\mathrm{d}x_1x_2\ (d>0$，d 表示兔子对狼的供养能力)，于是得到下面的方程组：

$$\begin{cases}\dfrac{\mathrm{d}x_1}{\mathrm{d}t}=ax_1-bx_1x_2\\[2mm] \dfrac{\mathrm{d}x_2}{\mathrm{d}t}=-cx_2+dx_1x_2\end{cases}.$$

以上微分方程组称为 Volterra 捕食-被捕食模型，它反映了最简单的生态系统，即只有捕食者和被捕食者存在的前提下，它们之间的相互竞争所遵循的自然规律.

二、基本概念

1. 常微分方程与偏微分方程

简单地说，含有微分的方程称为微分方程．而由前面的知识我们知道，函数的导数与自变量是有关系的，对于一元函数而言，自变量个数只有一个，这时可导与可微是等价的；但是对于多元函数来说，自变量个数是两个或两个以上，这时导数称为偏导数，微分称为全微分，这里两者之间没有等价关系．方程也是如此，如果在微分方程中，自变量的个数只有一个，微分方程中的微分就是导数，这样的方程我们称为**常微分方程**（Ordinary Differential Equation），简称 ODE；如果自变量的个数是两个或者两个以上，微分方程中会含有偏导数，这类方程称为**偏微分方程**（Partial Differential Equation），简称 PDE.

例如，微分方程

$$\left(\frac{\mathrm{d}x}{\mathrm{d}t}\right)^2+x=\sin t\ , \tag{5.1}$$

$$\frac{\mathrm{d}^2x}{\mathrm{d}^2t}+x=t^2 \tag{5.2}$$

都是常微分方程.

微分方程

$$\frac{\partial^2U}{\partial x^2}+\frac{\partial^2U}{\partial y^2}=0\ ,$$

$$\frac{\partial^2U}{\partial x^2}=2\frac{\partial U}{\partial t}$$

则是偏微分方程.

本章所讨论的微分方程都是常微分方程，如不做特殊说明，下面叙述中“方程”或“微分方程”均指的是常微分方程.

2. 微分方程的阶数

微分方程中出现的未知函数的最高阶导数的阶数称为微分方程的**阶**．例如，方程(5.1)是一阶微分方程，方程(5.2)是二阶微分方程.

一般地，对于一阶微分方程，我们可以表示为

$$F(t,x,x')=0\ .$$

这里借鉴了隐函数的表示方法，即把自变量 t、未知函数 x 及未知函数 x' 的导数用一个方程 $F(\cdot)=0$ 来表示．推广开来，n 阶微分方程可以表示为

$$F\left(t,x,\frac{\mathrm{d}x}{\mathrm{d}t},\frac{\mathrm{d}^2x}{\mathrm{d}^2t},\cdots,\frac{\mathrm{d}^nx}{\mathrm{d}^nt}\right)=0\ . \tag{5.3}$$

3. 线性微分方程和非线性微分方程

这里的**线性**指的是方程(5.3)左端为未知函数 x 及其各阶导数 $\frac{\mathrm{d}x}{\mathrm{d}t},\frac{\mathrm{d}^2x}{\mathrm{d}^2t},\cdots,\frac{\mathrm{d}^nx}{\mathrm{d}^nt}$ 的**一次**有理

整式，比如方程(5.2)是二阶线性微分方程.

一阶线性微分方程的一般形式可以表示为

$$\frac{\mathrm{d}x}{\mathrm{d}t}+p(t)x=q(t),$$

这里 $p(t),q(t)$ 是 t 的已知连续函数，通常会将线性微分方程最高阶导数前面的系数处理为 1.

推广这种表示方法，n 阶线性微分方程具有下面的形式

$$\frac{\mathrm{d}^n x}{\mathrm{d}t^n}+a_1(t)\frac{\mathrm{d}^{n-1}x}{\mathrm{d}t^{n-1}}+\cdots+a_{n-1}(t)\frac{\mathrm{d}x}{\mathrm{d}t}+a_n(t)x=f(t).$$

不是线性微分方程的方程称为**非线性**微分方程. 比如方程(5.1)是一阶非线性微分方程.

4. 微分方程的解

与以前学习过的代数方程不同，微分方程的“未知量”是函数，所以微分方程的解是函数. 若函数 $x=\varphi(t)$ 代入方程(5.3)，能使其变为恒等式，则称函数 $\varphi(t)$ 为方程(5.3)的**解**. 有时方程的解不一定能写成 $x=\varphi(t)$ 这种结构，一般用方程 $\Phi(t,x)=0$ 来表示微分方程的解，称为**隐式解**.

例如，微分方程 $\frac{\mathrm{d}x}{\mathrm{d}t}=\frac{x}{t}+\tan\frac{x}{t}$ 有解：

$$\sin\frac{x}{t}=Ct.$$

后面的学习中我们就不再单独区分隐式解了，都称为微分方程的解.

5. 通解与特解

含有与微分方程的阶数相同个数的**独立**任意常数的解，称为微分方程的**通解**. 例如，一阶微分方程

$$\frac{\mathrm{d}x}{\mathrm{d}t}=2t \tag{5.4}$$

的通解为 $x=t^2+C$，一阶方程含有一个独立的任意常数.

二阶微分方程 $\frac{\mathrm{d}^2x}{\mathrm{d}t^2}=1$ 的通解为

$$x=\frac{t^2}{2}+C_1t+C_2,$$

这里 C_1,C_2 为两个任意的独立常数.

读者不难验证，函数 $x=\cos t$，$x=\sin t$ 都是方程

$$\frac{\mathrm{d}^2x}{\mathrm{d}t^2}+x=0 \tag{5.5}$$

的解，同时 $x=C_1\cos t+C_2\sin t$ 也是方程(5.5)的解，当然也是通解．而

$$x=C_1\cos t+4C_2\cos t \tag{5.6}$$

含有两个任意常数，但它不是方程(5.5)的通解，因为 C_1,C_2 不是独立的．事实上，对方程(5.6)提取公因式 $\cos t$ 可得

$$x=(C_1+4C_2)\cos t\ ,$$

这里 C_1+4C_2 只相当于一个任意常数．对于“独立”，我们先有这样粗浅的认识，在第三节将会用线性无关来准确刻画．

对于方程(5.4)，再加上一个条件，即求通过点 $(1,2)$ 的解，将这个条件代入 $x=t^2+C$ 中可以求得 $C=1$，特解为 $x=t^2+1$．通常我们也把不含任意常数的解称为微分方程的**特解**.

为了得到微分方程的特解，需要给定一些条件，比如上面所求的解通过一个点，这种条件称为**定解条件**．我们把微分方程与定解条件合在一起称为微分方程的**定解问题**.

定解问题中最常见的是初值问题，也就是定解条件为未知函数及其未知函数的一些导数在某一点的取值，这样的定解条件称为**初值条件**．微分方程与初值条件一起称为微分方程的**初值问题**，又称为 Cauchy **问题**．这是为了纪念他发现并建立了初值问题解的存在唯一性定理.

图 5.1　A.L.Cauchy (1789—1857)

现在我们可以这样说，$x=t^2+1$ 是 Cauchy 问题

$$\begin{cases}\dfrac{\mathrm{d}x}{\mathrm{d}t}=2t\\ x(1)=2\end{cases}$$

的特解.

习题 5.1

1．指出下面微分方程的阶数，并回答方程是线性方程还是非线性方程.

（1）$\dfrac{\mathrm{d}x}{\mathrm{d}t}=3t^2+x$；　　（2）$t\dfrac{\mathrm{d}^2x}{\mathrm{d}t^2}-2\dfrac{\mathrm{d}x}{\mathrm{d}t}+3tx=\cos t$；

（3）$\dfrac{\mathrm{d}x}{\mathrm{d}t}+\sin x=2t$；　　（4）$\tan\left(\dfrac{\mathrm{d}^2x}{\mathrm{d}t^2}\right)+x=0$；

（5）$\dfrac{\mathrm{d}^2x}{\mathrm{d}t^2}-\left(\dfrac{\mathrm{d}x}{\mathrm{d}t}\right)^3+xy=0$.

2．验证下列各函数是相应微分方程的解.

（1）$x=t^2+1$，$x'=x^2-(t^2+1)x+2t$；

（2）$x=C_1\mathrm{e}^t+C_2\mathrm{e}^{-t}-\dfrac{1}{2}\cos t$，$x''-x=\cos t$；

（3）$x=t+\dfrac{1}{t}$，$t^2x''+tx'-x=0$；

（4）$x=-\dfrac{g(t)}{f(t)}$，$x'=\dfrac{f'(t)}{g(t)}x^2-\dfrac{g'(t)}{f(t)}$.

3. 给定二阶微分方程 $\dfrac{\mathrm{d}^2x}{\mathrm{d}t^2}=-g$，其中 g 为非零常数，

（1）求出它的通解；

（2）求满足条件 $x(0)=0,x'(0)=0$ 的特解.

4. 若微分方程 $x'+tx'^2-x=0$ 其中一个解是一条直线，求出这个直线解的表达式.

第二节　一阶常微分方程

一阶微分方程的一般形式为

$$F(t,x,x')=0\,. \tag{5.7}$$

若能从方程(5.7)把 x' 解出

$$x'=f(t,x)\,, \tag{5.8}$$

称之为显式的一阶微分方程，否则称为隐式的一阶微分方程.

例如：方程

$$x'=\frac{1+t}{x} \tag{5.9}$$

是显式的一阶微分方程，而

$$\left(\frac{\mathrm{d}x}{\mathrm{d}t}\right)^3+t\left(\frac{\mathrm{d}x}{\mathrm{d}t}\right)-3x=0$$

则是一阶隐式微分方程. 函数的导数 x' 写成 $\dfrac{\mathrm{d}x}{\mathrm{d}t}$ 后，方程(5.9)还可以写作

$$x\mathrm{d}x-(1+t)\mathrm{d}t=0\,.$$

本节主要介绍一阶显式微分方程的**初等解法**，即把微分方程的求解问题转化为**积分**问题，解的表达式用初等函数来表示. 关于这类问题，一大批数学家做出了巨大的贡献. 例如，Leibniz 曾专门研究变量变换解决一阶微分方程的求解问题，这将在第二节中简单介绍；Euler 试图通过积分因子来统一处理一阶微分方程；Bernoulli 方程、Riccati 方程就是研究初等解法时提出的并以他们的名字来命名的方程. 值得注意的是能用初等解法求解的一阶微分方程是十分有限的，历史上把这一时期称为“求通解”的时代.

图 5.2　Euler (1707—1783)

图 5.3　Riccati (1707—1775)

一、可变量分离方程

分离变量法

把一阶微分方程的求解转化为一个积分问题，最简单的形式是方程(5.8)右端 $f(t,x)$ 可以写成一个只关于 t 的和一个只关于 x 的函数的乘积：

$$f(t,x)=g(t)\cdot h(x),$$

这样的方程称为**变量分离方程**：

$$\frac{\mathrm{d}x}{\mathrm{d}t}=g(t)\cdot h(x). \tag{5.10}$$

变量分离方程的求解方法：

（1）$h(x)\neq 0$ 时，将变量 x,t 分成两部分：

$$\frac{1}{h(x)}\mathrm{d}x=g(t)\mathrm{d}t. \tag{5.11}$$

设 $H(x),G(t)$ 为 $\frac{1}{h(x)}$ 和 $g(t)$ 的原函数，将方程(5.11)两边同时积分可得

$$H(x)=G(t)+C, \tag{5.12}$$

这里 C 为任意常数. 可见方程(5.12)是方程(5.10)的通解.

（2）若 $h(x)=0$，由此可解得 $x=x_i$，容易验证它是方程的特解.

综上，方程(5.10)的解为

$$\begin{cases}H(x)=G(t)+C\\ x=x_i\end{cases}. \tag{5.13}$$

例 5.4　求方程 $\frac{\mathrm{d}x}{\mathrm{d}t}=2tx$ 的通解.

解　当 $x\neq 0$ 时，变量分离可得

$$\frac{\mathrm{d}x}{x}=2t\mathrm{d}t.$$

两端积分得

$$\int\frac{\mathrm{d}x}{x}=\int 2t\mathrm{d}t.$$

得 $$\ln|x| = t^2 + C_1 .$$

可得 $$x = \pm e^{t^2+C_1} = \pm e^{C_1} e^{t^2} .$$

当 $x=0$ 时，也是方程的解．故方程的通解为

$$x = Ce^{t^2} ,$$

这里 C 为任意常数．

注　当 $C=0$ 时，$x=Ce^{t^2}$ 已经包含了 $x=0$ 的情况，所以没有出现特解的情况，但有些方程求出的通解不一定会含有特解，这时就需要按方程(5.13)的方式把解都罗列出来．

例 5.5　求解人口增长 logistic 模型：

$$\frac{dN}{dt} = a\left(1-\frac{N}{N_m}\right)N,\ N(t_0)=N_0,\ N(t)\geqslant 0 .$$

解　应用变量分离方法得

$$a dt = \frac{N_m dN}{(N_m - N)N} = \frac{dN}{N} + \frac{dN}{N_m - N} .$$

两边积分得 $$at + C_1 = \ln N - \ln(N_m - N) .$$

化简得 $$e^{-(at+C_1)} = \frac{N_m}{N} - 1 .$$

解得 $$N = \frac{N_m}{1+Ce^{-at}} .$$

其中 $C=e^{-C_1}$．把初值条件代入后最终解得

$$N = \frac{N_m}{1+\left(\frac{N_m}{N_0}-1\right)e^{-a(t-t_0)}} .$$

据文献记载，一些西方国家曾用这个模型来预测人口总数的变化，得到的结果与实际情况十分吻合．

二、齐次微分方程与变量变换

可化为分离变量的微分方程

形如

$$\frac{dx}{dt} = g\left(\frac{x}{t}\right) \tag{5.14}$$

的方程称为**齐次微分方程**．

例如：方程

$$x' = \frac{2-\frac{x}{t}}{1+\frac{x}{t}}$$

是齐次微分方程，若经过一些简单的变形，方程

$$tx' = 2\sqrt{tx} + x$$

也是齐次微分方程.

显然，方程(5.14)在大多数情况下是不能变量分离的，比如，上面的两个例子都不能变量分离. 对于齐次微分方程，其求解的思想是引入变量变换，将其转换为可变量分离方程从而得以求解. 通过引入变量来转换方程的这种思想方法在微分方程的研究中是经常遇到的，请大家注意理解和积累这类方法.

对于(5.14)而言，引入变量

$$u = \frac{x}{t}. \tag{5.15}$$

这样做的目的是将原有的未知函数 x 变为新的未知函数 u，由此可知，u 也是 t 的函数.

由变换方程(5.15)可得

$$x = ut. \tag{5.16}$$

结合方程(5.14)的特点，方程(5.16)两边对 t 求导数，可得

$$\frac{\mathrm{d}x}{\mathrm{d}t} = u + t\frac{\mathrm{d}u}{\mathrm{d}t}.$$

所以方程(5.14)转化为

$$u + t\frac{\mathrm{d}u}{\mathrm{d}t} = g(u). \tag{5.17}$$

简单变形可知，方程(5.17)是变量分离方程. 用上一节方法求解方程(5.17)，然后再换回方程(5.15)中的 u，就得到原方程的解.

例 5.6　求齐次方程 $\frac{\mathrm{d}x}{\mathrm{d}t} = \frac{x}{t} + 2\tan\frac{x}{t}$.

解　令 $u = \frac{x}{t}$，则 $x = ut$，得

$$\frac{\mathrm{d}x}{\mathrm{d}t} = u + t\frac{\mathrm{d}u}{\mathrm{d}t}.$$

原方程化为

$$u + t\frac{\mathrm{d}u}{\mathrm{d}t} = u + 2\tan u.$$

即

$$t\frac{\mathrm{d}u}{\mathrm{d}t} = 2\tan u.$$

分离变量得

$$\frac{\mathrm{d}u}{\tan u} = 2\frac{\mathrm{d}t}{t}.$$

两边积分得

$$\ln|\sin u| = \ln t^2 + C_1.$$

整理得

$$\sin u = \pm \mathrm{e}^{C_1} \cdot t^2.$$

令 $\pm e^{C_1}=C$，得 $$\sin u = Ct^2 .$$

此外，方程还有解 $\tan u=0$，即 $\sin u=0$，所以当 $C=0$ 时，上解包含了 $\sin u=0$. 回代原来的变量，得到原方程的通解

$$\sin\frac{x}{t}=Ct^2 .$$

三、一阶线性微分方程与常数变易法

一阶线性微分方程的一般结构为

$$\frac{dx}{dt}+P(t)x=Q(t) , \tag{5.18}$$

其中 $P(t),Q(t)$ 在考虑的区间上是 t 的连续函数. 若 $Q(t)\equiv 0$，则方程(5.18)变为

$$\frac{dx}{dt}+P(t)x=0 , \tag{5.19}$$

称方程(5.19)为**一阶线性齐次微分方程**. 若 $Q(t)\neq 0$,方程(5.18)称为**一阶线性非齐次微分**方程.

一阶线性非齐次微分方程的求解方法是**常数变易法**. 首先求解齐次线性微分方程(5.19). 可以看出，方程(5.19)为变量分离方程，读者可以用前面的方法不难求得

$$x=Ce^{-\int P(t)dt} . \tag{5.20}$$

把解中常数 C 变易为函数 $C(t)$，即

$$x=C(t)e^{-\int P(t)dt} , \tag{5.21}$$

这个过程称为**常数变易**. 假设方程(5.21)为非齐次线性方程(5.18)的解，将方程(5.21)代入方程(5.18)试图将 $C(t)$ 求解出来.

$$\frac{dx}{dt}=C'(t)e^{-\int P(t)dt}-C(t)P(t)e^{-\int P(t)dt} .$$

故方程(5.18)为

$$C'(t)e^{-\int P(t)dt}-C(t)P(t)e^{-\int P(t)dt}+P(t)C(t)e^{-\int P(t)dt}=Q(t) .$$

上式中间两项正负抵消后有

$$C'(t)e^{-\int P(t)dt}=Q(t) .$$

故 $$C'(t)=Q(t)e^{\int P(t)dt} .$$

两边积分得 $$C(t)=\int Q(t)e^{\int P(t)dt}dt+\tilde{C} .$$

将上式代入方程(5.21)得到非齐次线性方程的解为

$$x=e^{-\int P(t)dt}\left(\int Q(t)e^{\int P(t)dt}dt+\tilde{C}\right).$$

以上的求解方法称为常数变易法．不难看出，常数变易法从本质上讲是待定系数法．当然也可以看作变量变换，因为将方程(5.21)看作变换后，它将方程(5.18)变为变量分离方程．

例 5.7　求方程 $x'+x=t$ 的通解．

解　先解对应的齐次线性方程

$$\frac{\mathrm{d}x}{\mathrm{d}t}+x=0.$$

由方程(5.20)得

$$x=C\mathrm{e}^{\int -1\mathrm{d}t}=C\mathrm{e}^{-t}.$$

再常数变易，令

$$x=C(t)\mathrm{e}^{-t},$$

代入原方程得

$$C'(t)\mathrm{e}^{-t}-C(t)\mathrm{e}^{-t}+C(t)\mathrm{e}^{-t}=t,$$

即

$$C'(t)=t\mathrm{e}^{t}.$$

积分得

$$C(t)=(t-1)\mathrm{e}^{t}+C.$$

故原方程的通解为

$$x=C\mathrm{e}^{-t}+t-1.$$

四、Bernoulli 方程

形如

$$\frac{\mathrm{d}x}{\mathrm{d}t}+P(t)x=Q(t)x^{n} \tag{5.22}$$

的方程称为 Bernoulli 方程．这里 $P(t),Q(t)$ 在考虑的区间上是 t 的连续函数，$n\neq 0,1$ 的常数．

可以看出，Bernoulli 方程(5.22)是一阶非线性微分方程，它的求解思路同样是利用变量变换，将方程转化为前面研究过的方程类型．

方程(5.22)两边同时乘上 x^{-n}，得

$$x^{-n}\frac{\mathrm{d}x}{\mathrm{d}t}+P(t)x^{1-n}=Q(t). \tag{5.23}$$

图 5.4　Jacob Bernoulli (1654—1705)

令 $z=x^{1-n}$，两边同时对 t 求导数得

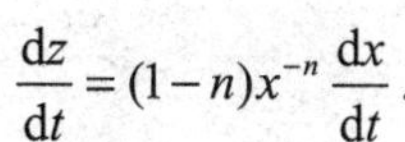

$$\frac{\mathrm{d}z}{\mathrm{d}t}=(1-n)x^{-n}\frac{\mathrm{d}x}{\mathrm{d}t}.$$

这样方程(5.23)变为

$$\frac{\mathrm{d}z}{\mathrm{d}t}+(1-n)P(t)z=(1-n)Q(t)\,. \tag{5.24}$$

这是一个线性微分方程，可以按上面介绍的方法得到它的通解，然后再代入原来的变量，就得到(5.22)的通解.

注 当$n>0$时，$x=0$也是方程的解.

例 5.8 求方程$\frac{\mathrm{d}x}{\mathrm{d}t}=6\frac{x}{t}-tx^2$.

解 方程为$n=2$的 Bernoulli 方程. 两边同时乘x^{-2}得

$$x^{-2}\frac{\mathrm{d}x}{\mathrm{d}t}=6\frac{1}{t}x^{-1}-t\,.$$

令$z=x^{-1}$，计算得

$$\frac{\mathrm{d}z}{\mathrm{d}t}=-x^{-2}\frac{\mathrm{d}x}{\mathrm{d}t}\,.$$

代入原方程有

$$\frac{\mathrm{d}z}{\mathrm{d}t}=-\frac{6}{t}z+t\,.$$

这是一个线性微分方程，用常数变易法求得通解为

$$z=\frac{t^2}{8}+\frac{C}{t^6}\,.$$

回代变量，得到原方程的通解为

$$\frac{t^6}{x}-\frac{t^8}{8}=C\,.$$

另外，$x=0$也是方程的解.

习题 5.2

1. 求下列微分方程的通解.

（1）$\frac{\mathrm{d}x}{\mathrm{d}t}=\mathrm{e}^{t-x}$；（2）$y^2\mathrm{d}x+(x+1)\mathrm{d}y=0$；

（3）$\frac{\mathrm{d}y}{\mathrm{d}x}=\frac{1+y^2}{xy(1+x^2)}$；（4）$(1+t)x\mathrm{d}t+(1-x)t\mathrm{d}x=0$；

（5）$(y+x)\mathrm{d}y+(x-y)\mathrm{d}x=0$；（6）$t\frac{\mathrm{d}x}{\mathrm{d}t}+2\sqrt{tx}=x\ (t<0)$.

2. 求下列微分方程的特解.

（1）$\frac{\mathrm{d}y}{\mathrm{d}x}+\frac{y}{x}=\frac{\sin x}{x},y(\pi)=2$；（2）$\frac{\mathrm{d}y}{\mathrm{d}x}+y\cot x=\mathrm{e}^{\cos x},y\left(\frac{\pi}{2}\right)=1$.

3. 求 Bernoulli 方程的通解.

（1）$\frac{\mathrm{d}x}{\mathrm{d}t}+tx=t^3y^3$；

（2）$\frac{\mathrm{d}y}{\mathrm{d}x}=\frac{1}{xy+x^3y^3}$（提示：将 y 看作自变量，x 看作未知函数）；

（3）$y'-y=x\sqrt[3]{y}$.

4. 利用提示中的变量变换求解下列方程.

（1）$\frac{\mathrm{d}y}{\mathrm{d}x}=(x+y)^2$（提示：令 $u=x+y$ ）；

（2）$\frac{\mathrm{d}x}{\mathrm{d}t}=\frac{t-x+5}{t-x-2}$（提示：令 $u=t-x$ ）；

（3）$\frac{\mathrm{d}y}{\mathrm{d}x}=\frac{x-y+1}{x+y-3}$（提示：令 $X=x-1,\ Y=y-2$ ）；

（4）$y(1+x^2y^2)\mathrm{d}x=x\mathrm{d}y$（提示：令 $u=xy$ ）.

5. 设 $L:y=f(x)$ 在点 (x,y) 处的切线斜率 $k=1+\frac{2y+1}{x}$，且曲线 L 过点 $(1,0)$，试求曲线 L 的方程.

6. 已知 $f(x)\int_0^x f(t)\mathrm{d}t=1(x\neq 0)$，试求 $f(x)$ 的表达式.

第三节　线性常微分方程

由第一节基本概念的介绍，形如

$$\frac{\mathrm{d}^{(n)}x}{\mathrm{d}t^n}+a_1(t)\frac{\mathrm{d}^{(n-1)}x}{\mathrm{d}t^{n-1}}+\cdots+a_{n-1}(t)\frac{\mathrm{d}x}{\mathrm{d}t}+a_n(t)x=f(t) \tag{5.25}$$

的方程称为 n 阶线性微分方程，其中 $a_1(t),a_2(t),\cdots,a_n(t),f(t)$ 为区间 $[a,b]$ 上的连续函数.

与一阶线性方程类似，若 $f(t)$ 在区间 $[a,b]$ 恒等于零，则称方程

$$\frac{\mathrm{d}^{(n)}x}{\mathrm{d}t^n}+a_1(t)\frac{\mathrm{d}^{(n-1)}x}{\mathrm{d}t^{n-1}}+\cdots+a_{n-1}(t)\frac{\mathrm{d}x}{\mathrm{d}t}+a_n(t)x=0 \tag{5.26}$$

为**齐次线性微分方程**；若在区间 $[a,b]$ 上，$f(t)\neq 0$，方程(5.25)称为**非齐次线性微分方程**.

定理 5.1（叠加原理）　若 $x_1(t),x_2(t),\cdots,x_n(t)$ 是齐次线性微分方程的 n 个解，则它们的线性组合 $c_1x_1(t)+c_2x_2(t)+\cdots+c_nx_n(t)$ 也是方程(5.26)的解，这里 $c_1,c_2,\cdots,c_n$ 是任意常数.

对于二阶齐次线性微分方程 $\frac{\mathrm{d}^2x}{\mathrm{d}t^2}+x=0$ 而言，$\cos t,\sin t$ 都是方程的解，由定理 5.1 知 $c_1\cos t+c_2\sin t$ 也是方程的解，同时 c_1,c_2 是“独立”的任意常数，所以它也是方程的通解.

如何求方程(5.26)的通解，显然不是随便求出 n 个解就可以了，因为这 n 个解还要使得线性组合后满足任意常数的独立性. 借鉴线性代数的方法，可以用线性无关来解决这个问题.

一、函数的线性相关与线性无关性

定义在区间 $a \leqslant t \leqslant b$ 上的函数 $x_1(t), x_2(t), \cdots, x_n(t)$，如果存在不全为零的常数 $c_1, c_2, \cdots, c_n$，使得对于任意 $t \in [a,b]$ 都有

$$c_1x_1(t)+c_2x_2(t)+\cdots+c_nx_n(t) \equiv 0,$$

称这些函数在区间 $[a,b]$ 上是**线性相关**的，否则称这些函数在区间 $[a,b]$ 上**线性无关**.

由定义可见，对于 $-\infty < t < \infty$，

$$c_1\cos t + c_2\sin t \equiv 0,$$

只有 $c_1 = c_2 = 0$，故 $\cos t, \sin t$ 在 $-\infty < t < \infty$ 上是线性无关的，其线性组合 $c_1\cos t + c_2\sin t$ 中的任意常数 c_1, c_2 是独立的. 因此，求齐次线性方程(5.26)通解的关键就是求出它的 n 个线性无关解.

例 5.9 证明：函数 $1, t, t^2, t^3, \cdots, t^n$ 在 $-\infty < t < \infty$ 上是线性无关的.

证明（反证法） 假设函数 $1, t, t^2, t^3, \cdots, t^n$ 在 $-\infty < t < \infty$ 上是线性相关的，则由线性相关的定义可得，存在一组不全为零的任意常数使得对任意 $t \in (-\infty, +\infty)$，下面恒等式成立：

$$c_1 + c_2t + \cdots + c_nt^n \equiv 0. \tag{5.27}$$

不妨设 $c_n \neq 0$，对于一个 n 次代数方程，其在实数域内至多有 n 个解，换句话说，使得方程(5.27)成立的 t 最多有 n 个，这与 $1, t, t^2, t^3, \cdots, t^n$ 在整个实数范围内线性相关是矛盾的，结论得证.

如果每一次都用定义去验证函数的相关性不免有些麻烦，下面介绍一种简单的方法.

定义 5.1（Wronsky 行列式） 定义在区间 $a \leqslant t \leqslant b$ 上的 n 个可微 $n-1$ 次的函数 $x_1(t), x_2(t), \cdots, x_n(t)$ 所组成的行列式

$$W(t)=\begin{vmatrix} x_1(t) & x_2(t) & \cdots & x_n(t) \\ x_1'(t) & x_2'(t) & \cdots & x_n'(t) \\ \vdots & \vdots & & \vdots \\ x_1^{(n-1)}(t) & x_2^{(n-1)}(t) & \cdots & x_n^{(n-1)}(t) \end{vmatrix},$$

称为这些函数的 Wronsky 行列式.

定理 5.2 若存在一点 $t_0 \in [a,b]$，使函数 $x_1(t), x_2(t), \cdots, x_n(t)$ 的 Wronsky 行列式 $W(t_0) \neq 0$，则这组函数在区间 $a \leqslant t \leqslant b$ 上线性无关.

例如，函数 $\cos t, \sin t$ 在 $-\infty < t < \infty$ 上的 Wronsky 行列式为

$$\begin{vmatrix} \cos t & \sin t \\ -\sin t & \cos t \end{vmatrix} = 1 \neq 0,$$

由定理 5.2 知函数线性无关.

这个定理对于证明函数线性无关是十分简单而有效的，但它仅是一个充分条件. 对于定理的证明作为习题留给大家练习.

二、常系数齐次线性微分方程

首先我们不加证明地给出齐次线性微分方程解的一些基本结论.

定理 5.3 n 阶齐次线性微分方程(5.26)一定存在 n 个线性无关的解.

以上定理说明齐次线性微分方程的线性无关解是一定存在的，我们又把这一组线性无关解称为**基本解组**.

定理 5.4　设 $x_1(t), x_2(t), \cdots, x_n(t)$ 为方程(5.26)的基本解组，则方程的通解为

$$x = c_1 x_1(t) + c_2 x_2(t) + \cdots + c_n x_n(t),$$

这里 $c_1, c_2, \cdots, c_n$ 为任意常数.

虽然齐次线性方程的解的结构已十分清楚，但是对于求解来说也不是一件容易的事情，这里我们只介绍常系数齐次线性方程和欧拉方程的求解方法.

形如

$$\frac{\mathrm{d}^{(n)}x}{\mathrm{d}t^n} + a_1 \frac{\mathrm{d}^{(n-1)}x}{\mathrm{d}t^{n-1}} + \cdots + a_{n-1}\frac{\mathrm{d}x}{\mathrm{d}t} + a_n x = 0 \tag{5.28}$$

的方程称为 **n 阶常系数齐次线性方程组**，其中 $a_1, a_2, \cdots, a_n$ 为指定的常数.

方程最简单的形式为

$$\frac{\mathrm{d}x}{\mathrm{d}t} + a_1 x = 0.$$

不难求得，它的通解为 $x = c\mathrm{e}^{-a_1 t}$. 这就启发我们对于方程(5.28)而言也具有指数函数形式的解

$$x = \mathrm{e}^{\lambda t}, \tag{5.29}$$

其中，λ 是待定的系数.

将(5.29)代入方程(5.28)得到

$$\frac{\mathrm{d}^n \mathrm{e}^{\lambda t}}{\mathrm{d}t^n} + a_1 \frac{\mathrm{d}^{n-1}\mathrm{e}^{\lambda t}}{\mathrm{d}t^{n-1}} + \cdots + a_{n-1}\frac{\mathrm{d}\mathrm{e}^{\lambda t}}{\mathrm{d}t} + a_n \mathrm{e}^{\lambda t} = 0,$$

计算得

$$(\lambda^n + a_1\lambda^{n-1} + \cdots + a_{n-1}\lambda + a_n)\mathrm{e}^{\lambda t} = 0,$$

记

$$F(\lambda) = \lambda^n + a_1\lambda^{n-1} + \cdots + a_{n-1}\lambda + a_n,$$

代数方程

$$F(\lambda) = 0 \tag{5.30}$$

称为方程(5.28)的**特征方程**. 由它求出的根 λ 称为**特征根**. $x = \mathrm{e}^{\lambda t}$ 就是方程(5.28)的解. 下面根据 λ 的一些情况来给出方程的通解.

1. 特征根是单根的情况

设 $\lambda_1, \lambda_2, \cdots, \lambda_n$ 是特征方程(5.30)的 n 个互不相等的根，则可以得到 n 个解：

$$\mathrm{e}^{\lambda_1 t}, \mathrm{e}^{\lambda_2 t}, \cdots, \mathrm{e}^{\lambda_n t}.$$

为了得到通解，只需要说明这 n 个解是线性无关的即可.

事实上，它们的 Wronsky 行列式为

$$W(t)=\begin{vmatrix} e^{\lambda_1 t} & e^{\lambda_2 t} & \cdots & e^{\lambda_n t} \\ \lambda_1 e^{\lambda_1 t} & \lambda_2 e^{\lambda_2 t} & \cdots & \lambda_n e^{\lambda_n t} \\ \vdots & \vdots & & \vdots \\ \lambda_1^{n-1} e^{\lambda_1 t} & \lambda_2^{n-1} e^{\lambda_2 t} & \cdots & \lambda_n^{n-1} e^{\lambda_n t} \end{vmatrix}.$$

按行列式的性质每一列提取公因式得

$$W(t)=e^{(\lambda_1+\lambda_2+\cdots+\lambda_n)t}\begin{vmatrix} 1 & 1 & \cdots & 1 \\ \lambda_1 & \lambda_2 & \cdots & \lambda_n \\ \vdots & \vdots & & \vdots \\ \lambda_1^{n-1} & \lambda_2^{n-1} & \cdots & \lambda_n^{n-1} \end{vmatrix}.$$

最后一个行列式为 Vandermonde 行列式. 由 $\lambda_1,\lambda_2,\cdots,\lambda_n$ 两两互异知 $W(t)\neq 0$，故 $e^{\lambda_1 t},e^{\lambda_2 t},\cdots,e^{\lambda_n t}$ 线性无关，由定理 5.4 可得方程(5.28)的通解为

$$x=c_1e^{\lambda_1 t}+c_2e^{\lambda_2 t}+\cdots+c_ne^{\lambda_n t}.$$

例 5.10 求方程 $x^{(4)}-5x''+4x=0$ 的通解.

解 微分方程所对应的特征方程为

$$\lambda^4-5\lambda^2+4=0 \quad 或 \quad (\lambda^2-4)(\lambda^2-1)=0,$$

即特征根为 $\lambda_1=2,\ \lambda_2=-2,\ \lambda_3=1,\ \lambda_4=-1$. 因此方程的基本解组为

$$e^{2t},\ e^{-2t},\ e^{t},\ e^{-t}.$$

故通解为

$$x=c_1e^{2t}+c_2e^{-2t}+c_3e^{t}+c_4e^{-t},$$

其中 c_1,c_2,c_3,c_4 为任意常数.

2. 特征根是重根的情况

设 $\lambda_1,\lambda_2,\cdots,\lambda_m$ 是特征方程(5.30)的 $m(m\leqslant n)$ 个互不相等的根，它们的重数分为 $k_1,k_2,\cdots,k_m$，并且满足 $k_1+k_2+\cdots+k_m=n$. 这样只能得到 m 个方程(5.28)的解：

$$e^{\lambda_1 t},\ e^{\lambda_2 t},\ \cdots,\ e^{\lambda_m t}.$$

我们需要从这 m 个解出发扩充解至 n 个并使之成为基本解组.

方程 $\dfrac{d^3x}{dt^3}=0$ 的特征根是 0，重数为三重，不难观察到 $1,t,t^2$ 是其解. 由例 5.9 知它们是线性无关的，所以是基本解组. 可以得到结论，若方程的特征根是 0，重数为 k 重，基本解组为 $1,t,t^2,\cdots,t^{k-1}$.

如果 $\lambda_1\neq 0$ 是 k_1 重特征根，可以将 $1,t,t^2,\cdots,t^{k_1-1}$ 乘以解，得到线性无关解：

$$e^{\lambda_1},\ te^{\lambda_1},\ \cdots,\ t^{k_1-1}e^{\lambda_1}.$$

例如，方程 $\frac{d^2x}{dt^2}-2\frac{dx}{dt}+x=0$，其特征根为 1 且为二重根，可以验证基本解组为

$$e^t,\ te^t.$$

例 5.11　求方程 $x'''-3x''+3x'-x=0$ 的通解.

解　微分方程所对应的特征方程为

$$\lambda^3-3\lambda^2+3\lambda-1=0 \quad \text{或} \quad (\lambda-1)^3=0,$$

即特征根为 $\lambda=1$（三重）. 因此方程的基本解组为

$$e^t,\ te^t,\ t^2e^t$$

故通解为

$$x=c_1e^t+c_2te^t+c_3t^2e^t,$$

其中 c_1,c_2,c_3 为任意常数.

例 5.12　求方程 $x^{(5)}-9x'''=0$ 的通解.

解　微分方程所对应的特征方程为

$$\lambda^5-9\lambda^3=0 \quad \text{或} \quad \lambda^3(\lambda^2-9)=0,$$

即特征根为 $\lambda_{1,2,3}=0$（三重），$\lambda_4=3$，$\lambda_5=-3$. 因此方程的基本解组为

$$1,\ t,\ t^2,\ e^{3t},\ e^{-3t}.$$

故通解为

$$x=c_1+c_2t+c_3t^2+c_4e^{3t}+c_5e^{-3t},$$

其中 c_1,c_2,c_3,c_4,c_5 为任意常数.

3. 特征根是复根的情况

前面讨论的特征根都是实根，当特征根为复根时也可以按前面的方法来求基本解组，不过复数根是共轭出现的，这里我们有一套约定的做法.

例如，方程 $\frac{d^2x}{dt^2}+x=0$，特征根为 $\pm i$，故基本解组为 e^{it},e^{-it}，但是习惯上我们需要将复值解转化为实值解，比如 $\cos t,\sin t$，这里要用到 Euler 公式和一个定理.

Euler 公式：

$$e^{a+ib}=e^a\cos b+e^a\sin b.$$

该公式建立了三角函数和指数函数的关系，它在复变函数论里占有非常重要的地位，被誉为“数学中的天桥”.

Euler 公式推广后可以得到：

$$e^{(a+ib)t}=e^{at}\cos bt+e^{at}\sin bt.$$

定理 5.5　若 $z(t)=\varphi(t)+\mathrm{i}\psi(t)$ 是常系数齐次线性方程(5.28)的解，那么 $z(t)$ 的实部 $\varphi(t)$、虚部 $\psi(t)$ 以及共轭 $\overline{z}(t)$ 也是方程(5.28)的解.

由 Euler 公式和定理 5.5，$\mathrm{e}^{\mathrm{i}t}=\cos t+\mathrm{i}\sin t$，$\mathrm{e}^{-\mathrm{i}t}=\cos t-\mathrm{i}\sin t$，不考虑符号实部为 $\cos t$，虚部为 $\sin t$，它们是线性无关的，可以用来作为方程 $\dfrac{\mathrm{d}^2x}{\mathrm{d}t^2}+x=0$ 的基本解组.

一般地，特征根为 $a\pm b\mathrm{i}$ 且是 k 重根，基本解组为

$$\mathrm{e}^{at}\cos bt,\ t\mathrm{e}^{at}\cos bt,\ \cdots,\ t^{k-1}\mathrm{e}^{at}\cos bt\ ,$$

$$\mathrm{e}^{at}\sin bt,\ t\mathrm{e}^{at}\sin bt,\ \cdots,\ t^{k-1}\mathrm{e}^{at}\sin bt\ .$$

例 5.13　求方程 $x''+x'+x=0$ 的通解.

解　微分方程所对应的特征方程为

$$\lambda^2+\lambda+1=0\ ,$$

即特征根为 $\lambda_1=-\dfrac{1}{2}+\dfrac{\sqrt{3}}{2}\mathrm{i}$，$\lambda_2=-\dfrac{1}{2}-\dfrac{\sqrt{3}}{2}\mathrm{i}$．因此方程的基本解组为

$$\mathrm{e}^{-\frac{1}{2}t}\cos\frac{\sqrt{3}}{2}t,\quad \mathrm{e}^{-\frac{1}{2}t}\sin\frac{\sqrt{3}}{2}t\ .$$

故通解为

$$x=c_1\mathrm{e}^{-\frac{1}{2}t}\cos\frac{\sqrt{3}}{2}t+c_2\mathrm{e}^{-\frac{1}{2}t}\sin\frac{\sqrt{3}}{2}t\ ,$$

其中 c_1,c_2 为任意常数.

形如

$$x^n\frac{\mathrm{d}^n y}{\mathrm{d}x^n}+a_1x^{n-1}\frac{\mathrm{d}^{n-1}y}{\mathrm{d}x^{n-1}}+\cdots+a_{n-1}x\frac{\mathrm{d}y}{\mathrm{d}x}+a_ny=0$$

的方程称为 Euler **方程**，这里 $a_1,a_2,\cdots,a_n$ 为常数. Euler 方程虽不是常系数线性微分方程，但可以看出 Euler 方程的系数很有规律，可以通过变量变换的方法将其化为常系数齐次线性微分方程，因而使 Euler 方程得以求解.

引入**自变量**的变量变换

$$x=\mathrm{e}^t,\quad t=\ln x\ ,$$

则

$$\frac{\mathrm{d}y}{\mathrm{d}x}=\frac{\mathrm{d}y}{\mathrm{d}t}\cdot\frac{\mathrm{d}t}{\mathrm{d}x}=\mathrm{e}^{-t}\frac{\mathrm{d}y}{\mathrm{d}t}\ .$$

代入原方程可以发现 Euler 方程中项

$$a_{n-1}x\frac{\mathrm{d}y}{\mathrm{d}x}\ ,$$

变为
$$a_{n-1}x\cdot e^{-t}\frac{dy}{dt}=a_{n-1}\frac{dy}{dt}.$$
可见系数变为常数.

类似
$$\frac{d^2y}{dx^2}=e^{-t}\frac{d}{dt}\left(e^{-t}\frac{dy}{dt}\right)=e^{-2t}\left(\frac{d^2y}{dt^2}-\frac{dy}{dt}\right),$$
读者可作一般归纳
$$\frac{d^ky}{dx^k}=e^{-kt}\left(\frac{d^ky}{dt^k}+\beta_1\frac{d^{k-1}y}{dt^{k-1}}+\cdots+\beta_{k-1}\frac{dy}{dt}\right),$$
这里 $\beta_1,\beta_2,\cdots,\beta_{k-1}$ 都是常数.

将上式代入 Euler 方程就可将其变为常系数齐次线性微分方程:
$$\frac{d^ny}{dt^n}+b_1\frac{d^{n-1}y}{dt^{n-1}}+\cdots+b_{n-1}\frac{dy}{dt}+b_ny=0,$$
其中 $b_1,b_2,\cdots,b_n$ 是常数. 可以用特征方程的方法求出通解，再代回原来的变量 $t=\ln|x|$，就可以求得 Euler 方程的通解了.

由上述过程可知,齐次线性微分方程有形如 $y=e^{\lambda t}$ 的解,那么由变量变换 $x=e^t$ 可知,Euler 方程有形如 $y=x^\lambda$ 的解. 以 $y=x^k$ (k 为待定系数)代入 Euler 方程，可以得到确定 k 的代数方程:
$$k(k-1)\cdots(k-n+1)+a_1k(k-1)\cdots(k-n+2)+\cdots+a_n=0.$$
这正是通过变换后齐次线性微分方程的特征方程. 因此，上述特征方程的 m 重实根 $k=k_0$，对应齐次线性微分方程的 m 个解:
$$e^{k_0t},\quad te^{k_0t},\quad t^2e^{k_0t},\quad \cdots,\quad t^{m-1}e^{k_0t}.$$
通过回代 $t=\ln|x|$ 知 Euler 方程的解为
$$x^{k_0},\quad x^{k_0}\ln|x|,\quad x^{k_0}\ln^2|x|,\quad \cdots,\quad x^{k_0}\ln^{m-1}|x|.$$
如果特征根为 m 重复根 $k=\alpha+i\beta$，则对应的 $2m$ 个实值解为
$$x^\alpha\cos(\beta\ln|x|),\quad x^\alpha\ln|x|\cos(\beta\ln|x|),\quad \cdots,\quad x^\alpha\ln^{m-1}|x|\cos(\beta\ln|x|),$$
$$x^\alpha\sin(\beta\ln|x|),\quad x^\alpha\ln|x|\sin(\beta\ln|x|),\quad \cdots,\quad x^\alpha\ln^{m-1}|x|\sin(\beta\ln|x|).$$

例 5.14　求解方程 $x^2\frac{d^2y}{dx^2}-4x\frac{dy}{dx}+6y=0$.

解　设 $y=x^k$，代入原方程，得
$$k(k-1)-4k+6=0\quad 或\quad (k-2)(k-3)=0.$$

因此，$k_1=2, k_2=3$，所以原方程的通解为

$$y=c_1x^2+c_2x^3.$$

例 5.15 求解方程 $x^2\dfrac{\mathrm{d}^2y}{\mathrm{d}x^2}-x\dfrac{\mathrm{d}y}{\mathrm{d}x}+2y=0$.

解 设 $y=x^k$，代入原方程，得

$$k(k-1)-k+2=0 \quad 或 \quad k^2-2k+2=0.$$

因此，$k_1=1+\mathrm{i},\ k_2=1-\mathrm{i}$，所以原方程的通解为

$$y=c_1x\cos(\ln|x|)+c_2x\sin(\ln|x|).$$

三、常系数非齐次线性微分方程与比较系数法

现在讨论常系数非齐次线性微分方程

$$\frac{\mathrm{d}^{(n)}x}{\mathrm{d}t^n}+a_1\frac{\mathrm{d}^{(n-1)}x}{\mathrm{d}t^{n-1}}+\cdots+a_{n-1}\frac{\mathrm{d}x}{\mathrm{d}t}+a_nx=f(t) \tag{5.31}$$

的求解方法，这里 $a_1,a_2,\cdots,a_n$ 为指定的系数.

对于非齐次线性方程我们有如下两个重要的性质：

性质 1 齐次线性方程的解与非齐次线性方程的解之和是非齐次线性方程的解.

性质 2 两个非齐次线性方程解之差是齐次线性方程的解.

对于非齐次线性方程的通解具有以下定理：

定理 5.6 设 $x_1(t),x_2(t),\cdots,x_n(t)$ 为齐次线性方程(5.26)的基本解组，$\overline{x}(t)$ 是非齐次线性方程(5.31)的一个特解，则方程(5.31)的通解为

$$x=c_1x_1(t)+c_2x_2(t)+\cdots+c_nx_n(t)+\overline{x}(t),$$

这里 $c_1,c_2\cdots c_n$ 为任意常数.

由上面定理可以看出，在已知基本解组的前提下，求解非齐次线性微分方程的关键就是求出方程的一个特解. 这里介绍方程(5.31)右端 $f(t)$ 具有两个特定结构的特解求解方法. 我们可以通过 $f(t)$ 的特定结构，给出特解的待定结构，然后把这个结构代入方程确定其中的一些待定系数，通常把这种方法称为**比较系数法**.

类型Ⅰ：

若 $f(t)=(b_0t^m+b_1t^{m-1}+\cdots+b_{m-1}t+b_m)\mathrm{e}^{\lambda t}$，其中 λ 及 $b_i\ (i=0,1,\cdots,m)$ 为指定实常数，则方程(5.31)具有形如

$$\overline{x}=t^k(B_0t^m+B_1t^{m-1}+\cdots+B_{m-1}t+B_m)\mathrm{e}^{\lambda t}$$

的特解结构，这里 $B_0,B_1,\cdots,B_{m-1},B_m$ 为待定的系数，k 代表特征方程 $F(\lambda)=0$ 的特征根 λ 的重数（当 λ 不是特征根时 $k=0$；当 λ 为单根时，$k=1$）.

下面结合几个例子来说明具体的求解方法.

例 5.16　求方程（1）$x''-2x'+x=t+1$；（2）$x''-2x'=t+1$；（3）$x''=t+1$的通解.

解　三个方程的右端相同，都没有 $e^{\lambda t}$ 这一项，故 $\lambda=0$.

（1）齐次线性方程的特征根为 $\lambda_{1,2}=1$（二重），故 $\lambda=0$ 不是特征根，所以方程（1）的特解具有

$$\bar{x}=At+B \tag{5.32}$$

的待定结构，其中 A,B 为待定系数.

将方程(5.32)代入方程（1）得

$$-2A+At+B=t+1.$$

比较左右两端同指数幂的系数得

$$A=1,\ B=3.$$

故方程（1）的通解为

$$x=c_1e^t+c_2te^t+t+3.$$

（2）齐次线性方程的特征根为 $\lambda_1=0,\ \lambda_2=2$，故 $\lambda=0$ 是特征根，所以方程（2）的特解具有

$$\bar{x}=t(At+B)=At^2+Bt \tag{5.33}$$

的待定结构，其中 A,B 为待定系数.

将方程(5.33)代入方程（2）得

$$2A-2(2At+B)=t+1.$$

比较左右两端同指数幂的系数得

$$A=-\frac{1}{4},\ B=-\frac{3}{4}.$$

故方程（2）的通解为

$$x=c_1+c_2e^{2t}-\frac{1}{4}t^2-\frac{3}{4}.$$

（3）齐次线性方程的特征根为 $\lambda_{1,2}=0$（二重），故 $\lambda=0$ 是二重特征根，所以方程（3）特解具有

$$\bar{x}=t^2(At+B)=At^3+Bt^2 \tag{5.34}$$

的待定结构，其中 A,B 为待定系数.

将(5.34)代入方程（3）得

$$6At+2B=t+1.$$

比较左右两端同指数幂的系数得

$$A=\frac{1}{6},\ B=\frac{1}{2}.$$

故方程（3）的通解为

$$x=c_1+c_2t+\frac{1}{6}t^3+\frac{1}{2}t^2.$$

例 5.17 求方程 $x'''-x=\mathrm{e}^t$ 的通解.

解 齐次线性方程的特征根为 $\lambda_1=1,\lambda_2=\dfrac{-1+\sqrt{3}\mathrm{i}}{2},\lambda_3=\dfrac{-1+\sqrt{3}\mathrm{i}}{2}$. 由方程的右端知 $\lambda=1$ 是方程的特征根，所以原方程具有

$$\overline{x}=tA\mathrm{e}^t$$

形式的待定结构，其中 A 是待定系数. 代入原方程得到

$$3A\mathrm{e}^t+At\mathrm{e}^t-At\mathrm{e}^t=\mathrm{e}^t.$$

比较左右两端同指数幂的系数得 $A=\dfrac{1}{3}$. 于是方程的通解为

$$x=c_1\mathrm{e}^t+c_2\mathrm{e}^{-\frac{1}{2}t}\cos\frac{\sqrt{3}}{2}t+c_3\mathrm{e}^{-\frac{1}{2}t}\sin\frac{\sqrt{3}}{2}t+\frac{1}{3}t\mathrm{e}^t.$$

例 5.18 求方程 $x''-5x'+6x=t\mathrm{e}^{2t}$ 的通解.

解 齐次线性方程的特征根为 $\lambda_1=2,\ \lambda_2=3$. 由方程的右端知 $\lambda=2$ 是方程的特征根，所以原方程具有

$$\overline{x}=t(At+B)\mathrm{e}^{2t}$$

形式的待定结构，其中 A 是待定系数. 代入原方程得到

$$-2At+2A-B=t.$$

比较左右两端同指数幂的系数得 $A=-\dfrac{1}{2},\ B=-1$. 于是方程的通解为

$$x=c_1\mathrm{e}^{2t}+c_2\mathrm{e}^{3t}-\frac{1}{2}(t^2+2t)\mathrm{e}^{2t}.$$

类型Ⅱ：

若 $f(t)=[A(t)\cos bt+B(t)\sin bt]\mathrm{e}^{at}$，其中 a,b 为指定的常数，$A(t),B(t)$ 为带实系数 t 的多项式，它们的最高次数为 m，则方程(5.31)具有形如

$$\overline{x}=t^k[P(t)\cos bt+Q(t)\sin bt]\mathrm{e}^{at}$$

的特解结构，其中 $P(t),Q(t)$ 都为 m 次的待定多项式，k 代表特征方程 $F(\lambda)=0$ 的特征根 $a+b\mathrm{i}$ 的重数（当 $a+b\mathrm{i}$ 不是特征根时 $k=0$；当 $a+b\mathrm{i}$ 为单根时，$k=1$）.

相比类型Ⅰ，类型Ⅱ的结构要复杂得多，下面结合几个例子来说明具体的求解方法.

例 5.19　求方程 $x''+4x'+4x=\cos 2t$ 的通解.

解　对照 $f(t)=[A(t)\cos bt+B(t)\sin bt]\mathrm{e}^{at}$ 知，原方程右端

$$A(t)=1,\ B(t)=0,\ a=0,\ b=2,\ m=0\ ,$$

齐次线性方程的特征根为 $\lambda_{1,2}=-2$（二重）.

由于 $a+b\mathrm{i}=2\mathrm{i}$ 不是方程的特征根，所以原方程具有

$$\overline{x}=A\cos 2t+B\sin 2t$$

形式的待定结构，其中 A,B 是待定系数. 代入原方程得到

$$8B\cos 2t-8A\sin 2t=\cos 2t\ .$$

比较左右两端系数得 $A=0,B=\dfrac{1}{8}$. 于是方程的通解为

$$x=c_1\mathrm{e}^{-2t}+c_2t\mathrm{e}^{-2t}+\frac{1}{8}\sin 2t\ .$$

注　例 5.19 中方程右端只含有 $\cos 2t$ 项，理解为 $1\cdot\cos 2t$，多项式 $A(t)=1$，为一个常数，多项式次数为 0，而缺少的 $\sin 2t$ 项理解为 $0\cdot\sin 2t$，即多项式 $B(t)=0$，也是一个常数，次数为 0，因此 $m=0$. 0 次多项式（即常数）的待定形式就是常数 A,B.

例 5.20　考察方程 $x''+9x=t\sin 3t$ 特解的待定结构.

解　齐次线性方程的特征根是 $\lambda_{1,2}=\pm 3\mathrm{i}$，对照方程右端的结构得

$$A(t)=0,\ B(t)=t,\ a=0,\ b=3,\ m=1\ .$$

$a+b\mathrm{i}=3\mathrm{i}$ 是方程的特征根，因此原方程的特解具有

$$\overline{x}=t[(At+B)\cos 3t+(Ct+D)\sin 3t]$$

的待定结构，其中 A,B,C,D 是四个待定系数.

例 5.21　考察方程 $x''-2x'+2x=t\mathrm{e}^t\cos t$ 特解的待定结构.

解　齐次线性方程的特征根是 $\lambda_{1,2}=1\pm\mathrm{i}$，对照方程右端的结构得

$$A(t)=t,\ B(t)=0,\ a=1,\ b=1,\ m=1\ .$$

$a+b\mathrm{i}=1+\mathrm{i}$ 是方程的特征根，因此原方程的特解具有

$$\overline{x}=t[(At+B)\cos t+(Ct+D)\sin t]\mathrm{e}^t$$

的待定结构，其中 A,B,C,D 是四个待定系数.

习题 5.3

1. 证明下列函数组在 $(-\infty,+\infty)$ 上是线性无关的.

（1）$\cos\omega t, \sin\omega t\ (\omega>0)$；　　（2）$e^{\lambda t}, te^{\lambda t}$（$\lambda$ 为常数）；

（3）$e^{at}\cos bt, e^{at}\sin bt$（$a,b$ 为常数）；　　（4）$1,t,t^2$.

2. 证明：若存在一点 $t_0\in[a,b]$，使函数 $x_1(t),x_2(t),\cdots,x_n(t)$ 的 Wronsky 行列式 $W(t_0)\neq 0$，则这组函数在区间 $a\leqslant t\leqslant b$ 上线性无关.（提示：证明逆否命题成立）

3. 给定齐次线性方程的特征方程的特征根，写出基本解组.

（1）$\lambda_1=1,\lambda_2=2,\lambda_3=3$；　　（2）$\lambda_{1,2}=0$（二重），$\lambda_{3,4}=\pm 2$；

（3）$\lambda_{1,2}=-\dfrac{1}{2}$（二重），$\lambda_{3,4}=5$（二重）；　　（4）$\lambda_{1,2}=1\pm 2\mathrm{i}$，$\lambda_3=1$；

（5）$\lambda_{1,2,3,4}=2\pm\mathrm{i}$（二重）.

4. 求解下列线性方程的通解.

（1）$x''+5x'+4x=3-2t$；　　（2）$2x''+5x'=5t^2-2t-1$；

（3）$2x''+x'-x=2e^t$；　　（4）$x''+x=4\sin t$；

（5）$x''-3x'+2x=t\cos t$；　　（6）$x''-9x=37e^{3t}\cos t$；

（7）$x''+4x'+4x=e^{at}$（a 为常数）；　　（8）$x''+a^2x=\sin t$（$a>0$ 为常数）.

（9）$x^2y''-xy'+y=0$；　　（10）$x^2y''+3xy'+5y=0$.

5. 证明非齐次线性微分方程的叠加原理：设 $x_1(t),x_2(t)$ 分别是非齐次线性微分方程

$$x^{(n)}+a_1(t)x^{(n-1)}+\cdots+a_n(t)x=f_1(t),$$
$$x^{(n)}+a_1(t)x^{(n-1)}+\cdots+a_n(t)x=f_2(t)$$

的解，则 $x_1(t)+x_2(t)$ 是方程

$$x^{(n)}+a_1(t)x^{(n-1)}+\cdots+a_n(t)x=f_1(t)+f_2(t)$$

的解.

6. 用题 5 的结论求解下列方程.

（1）$x''-4x'+4x=e^t+e^{2t}+1$；

（2）$x''+x=\sin t-\cos 2t$；

（3）$x''+2x'+5x=4e^{-t}+17\sin 2t$.

7. 已知 $y_1=xe^x+e^{2x}$，$y_2=xe^x+e^{-x}$，$y_3=xe^x+e^{2x}-e^{-x}$ 是某二阶常系数线性非齐次微分方程的三个解，试求此常微分方程.

8. 给定方程 $x''+3x'+2=f(t)$，其中 $f(t)$ 在 $-\infty<t<\infty$ 上连续，设 $\varphi_1(t),\varphi_2(t)$ 是上述方程的两个解，证明极限 $\lim\limits_{t\to\infty}[\varphi_1(t)-\varphi_2(t)]$ 存在.

第四节　可降阶的高阶常微分方程

除了线性微分方程外，还存在很多高阶的微分方程. 对于这部分方程，可以通过降阶的方法把高阶方程降为低阶方程来求解. 除了降阶方法外，还有 Laplace 变换、幂级数解法等方法来求解一般的高阶方程，对此有了解需求的读者可以参考相关专业书籍，这里就不做详

细介绍了.

下面介绍容易降阶的两类高阶微分方程的求解方法，为了方便讨论都以二阶方程为例，大家可根据二阶方程的降阶方法推广到高阶方程.

类型Ⅰ：形如 $x''=f(t,x')$ 的微分方程.

方程

$$x''=f(t,x') \tag{5.35}$$

的特点是右端不显含未知函数 x. 对于这种类型作变量变换，即令 $p=\frac{\mathrm{d}x}{\mathrm{d}t}$，则 $x''=\frac{\mathrm{d}p}{\mathrm{d}t}$. 方程(5.35)变为

$$p'=f(t,p).$$

这是一个关于 t,p 的一阶微分方程，设其通解为

$$p=\varphi(t,C_1),$$

故
$$\frac{\mathrm{d}x}{\mathrm{d}t}=\varphi(t,C_1).$$

又得到一个一阶微分方程，对它进行两边积分可得方程(5.35)的通解为

$$x=\int\varphi(t,c_1)\mathrm{d}t+C_2.$$

例 5.22 求方程 $(1+t^2)x''=2tx'$ 的通解.

解 设 $x'=p$，代入方程进行分离变量后，有

$$\frac{\mathrm{d}p}{p}=\frac{2t}{1+t^2}\mathrm{d}t.$$

两边积分，得
$$\ln|p|=\ln(1+t^2)+C,$$

即
$$p=C_1(1+t^2),$$

这里 $C_1=\pm\mathrm{e}^C$. 所以

$$x'=C_1(1+t^2).$$

再次两边积分，得方程的通解为

$$x=C_1\left(t+\frac{t^3}{3}\right)+C_2.$$

例 5.23 求方程 $\frac{\mathrm{d}^5x}{\mathrm{d}t^5}-\frac{1}{t}\frac{\mathrm{d}^4x}{\mathrm{d}t^4}=0$ 的通解.

解 令 $\frac{\mathrm{d}^4x}{\mathrm{d}t^4}=p$，则方程化为

$$\frac{\mathrm{d}p}{\mathrm{d}t}-\frac{1}{t}p=0 .$$

分离变量积分可得

$$p=Ct ,$$

即

$$\frac{\mathrm{d}^4 x}{\mathrm{d}t^4}=Ct .$$

于是方程的通解为

$$x=C_1t^5+C_2t^3+C_3t^2+C_4t+C_5 .$$

类型Ⅱ：形如 $x''=f(x,x')$ 的微分方程.

方程

$$x''=f(x,x') \tag{5.36}$$

的特点是右端不显含自变量 t . 令 $p=\frac{\mathrm{d}x}{\mathrm{d}t}$ ，则 $x''=\frac{\mathrm{d}p}{\mathrm{d}t}$. 显然，这种做法是欠妥的，因为方程具有三个变量 t,p,x ，注意与类型Ⅰ进行比较. 这时我们采用一种非常巧妙的方法来处理. 同样令 $p=\frac{\mathrm{d}x}{\mathrm{d}t}=x'$ ，这时将方程(5.36)中变量 x 看作自变量，而 p 看成函数，变量的关系图如下：

$$p-x-t$$

结合复合函数的求导法则有

$$x''=\frac{\mathrm{d}x'}{\mathrm{d}t}=\frac{\mathrm{d}p}{\mathrm{d}t}=\frac{\mathrm{d}p}{\mathrm{d}x}\cdot\frac{\mathrm{d}x}{\mathrm{d}t}=p\frac{\mathrm{d}p}{\mathrm{d}x} .$$

方程(5.36)变为

$$p\frac{\mathrm{d}p}{\mathrm{d}x}=f(x,p) .$$

这样方程降为一阶，成为关于 x,p 的一阶微分方程. 若它的通解为

$$p=\varphi(x,C_1) ,$$

代回原变量

$$\frac{\mathrm{d}x}{\mathrm{d}t}=\varphi(x,C_1) ,$$

则变为一个变量分离方程. 分离变量后两边积分可求出方程(5.36)的通解

$$\int\frac{\mathrm{d}x}{\varphi(x,C_1)}=t+C_2 .$$

例 5.24 求解方程 $xx''+(x')^2=0$ 的通解.

解 令 $x'=p$ ，计算得 $x''=p\frac{\mathrm{d}p}{\mathrm{d}x}$ ，于是方程化为

$$xp\frac{\mathrm{d}p}{\mathrm{d}x}+p^2=0 .$$

提取公因式得
$$p\left(x\frac{\mathrm{d}p}{\mathrm{d}x}+p\right)=0.$$

所以
$$p=0 \quad 或 \quad x\frac{\mathrm{d}p}{\mathrm{d}x}+p=0$$

（1）当 $p=0$ 时，$x'=0$，所以 $x=\tilde{C}$；

（2）当 $x\frac{\mathrm{d}p}{\mathrm{d}x}+p=0$ 时，可解得 $p=\frac{C}{x}$，于是
$$x'=\frac{C}{x}.$$

解得
$$x^2=C_1t+C_2\ (C_1=2C).$$

所以方程的通解为
$$x^2=C_1t+C_2.$$

习题 5.4

1. 求下列微分方程的通解或特解.

（1）$x''=1+x'^2$；

（2）$tx''+x'=0$；

（3）$x''=3\sqrt{x}$，$x(0)=1, x'(0)=2$；

（4）$x''+(x')^2=1$，$x(0)=0, x'(0)=0$.

2. 求 $y''=x$ 经过点 $N(0,1)$ 且此点与直线 $y=\frac{x}{2}+1$ 相切的解.

微分方程应用案例

综合习题五

1. 设 C_1, C_2 与 C 是任意常数，则微分方程 $yy''-2(y')^2=0$ 的通解是（　　）.

A. $y=\frac{1}{C-x}$　　　B. $y=\frac{1}{1-Cx}$

C. $y=\frac{1}{C_1-C_2x}$　　　D. $y=\frac{1}{C_1+C_2x}$

2. 设 a, b 为待定常数. 则微分方程 $y''-y=\mathrm{e}^x+1$ 的一个特解应具有的形式为（　　）.

A. $a\mathrm{e}^x+b$　　　B. $ax\mathrm{e}^x+b$

C. $a\mathrm{e}^x+bx$　　　D. $ax\mathrm{e}^x+bx$

3. 设 $y=\frac{1}{2}\mathrm{e}^{2x}+\left(x-\frac{1}{3}\right)\mathrm{e}^x$ 是二阶常系数非齐次线性微分方程的一个特解，该微分方程为 $y''+ay'+by=c\mathrm{e}^x$，则（　　）.

A. $a=-3$，$b=2$，$c=-1$　　　B. $a=3$，$b=2$，$c=-1$

C. $a=-3$，$b=2$，$c=1$　　　　D. $a=3$，$b=2$，$c=1$

4. 已知 $y=\dfrac{x}{\ln x}$ 是方程 $y'=\dfrac{y}{x}+\varphi\left(\dfrac{y}{x}\right)$ 的解，则 $\varphi\left(\dfrac{y}{x}\right)$ 的表达式为（　　）.

A. $-\dfrac{y^2}{x^2}$　　B. $\dfrac{y^2}{x^2}$　　C. $-\dfrac{x^2}{y^2}$　　D. $\dfrac{x^2}{y^2}$

5. 若 $y=(1+x^2)^2-\sqrt{1+x^2}$，$y=(1+x^2)^2+\sqrt{1+x^2}$ 是微分方程 $y'+p(x)y=q(x)$ 的两个解，则 $q(x)=$（　　）.

A. $3x(1+x^2)$　　　　B. $-3x(1+x^2)$

C. $\dfrac{x}{1+x^2}$　　　　D. $-\dfrac{x}{1+x^2}$

6. 微分方程 $y''-y'+\dfrac{1}{4}y=0$ 的通解为______.

7. 以 $y=x^2-e^x$ 和 $y=x^2$ 为特解的一阶非齐次线性微分方程为______.

8. 微分方程 $xy'+y(\ln x-\ln y)=0$ 满足条件 $y(1)=e^3$ 的解 $y=$______.

9. 已知 $y_1=e^{3x}-xe^{2x}$，$y_2=e^x-xe^{2x}$，$y_3=-xe^{2x}$ 是某个二阶常系数微分方程的三个解，则满足 $y(0)=0$，$y'(0)=1$ 方程的解为____.

10. 设函数 $y=y(x)$ 是微分方程 $y''+y'-2y=0$ 的解，且在 $x=0$ 处 $y(x)$ 取得极值 3，则 $y(x)=$______.

11. $y''+y'+3y=0$ 的通解 $y=$______.

12. 已知函数 $y_1(x)=e^x$，$y_2(x)=u(x)e^x$ 是某二阶微分方程的两个解，该微分方程为 $(2x-1)y''-(2x+1)y'+2y=0$，若 $u(-1)=e$，$u(0)=-1$，求 $u(x)$ 并写出微分方程的通解.

13. 设函数 $y(x)$ 满足方程 $y''+2y'+ky=0$，其中 $0<k<1$.

（1）证明：反常积分 $\int_0^{+\infty}y(x)dx$ 收敛；

（2）若 $y(0)=1$，$y'(0)=1$，求 $\int_0^{+\infty}y(x)dx$ 的值.

14. 设函数 $f(x)$ 连续，且满足 $\int_0^x f(x-t)dt=\int_0^x(x-t)f(t)dt+e^{-x}-1$，求 $f(x)$.

15. 设函数 $f(x)$ 在定义域 I 上的导数大于零，若对任意的 $x_0\in I$，曲线 $y=f(x)$ 在点 $(x_0,f(x_0))$ 处的切线与直线 $x=x_0$ 及 x 轴所围成区域的面积恒为 4，且 $f(0)=2$，求 $f(x)$ 的表达式.

16. 已知函数 $y=y(x)$ 满足微分方程 $x^2+y^2y'=1-y'$，且 $y(2)=0$，求 $y(x)$ 的极大值与极小值.

17. 已知高温物体置于低温介质中，任意时刻物体温度随时间的变化与该时刻物体和介质的温度成正比. 现将一初始温度为 120 °C 的物体放在 20 °C 恒温介质中冷却，30 分钟后该物体温度降至 30 °C，若要使物体的温度继续降至 21 °C，还需要多少时间？

第六章　无穷级数

无穷级数是微积分理论的一个重要组成部分. 前面学过的定积分可以看作连续求和，而级数可以看作离散求和. 本章将研究两个内容：数项级数和幂级数，其中数项级数可以看作由有限个数相加推广到无穷多个数相加，而幂级数是函数项级数的重要部分，通过它可以将一些函数（特别是非初等函数）表示成幂级数的形式并进行研究.

第一节　数项级数

一、无穷级数

定义 6.1　数列 $\{u_n\}$ 的各项依次相加所得到的表达式

$$u_1+u_2+\cdots+u_n+\cdots \tag{6.1}$$

称为**数项级数**或**无穷级数**，简称**级数**，其中 u_n 称为级数(6.1)的**通项**或**一般项**.

级数通常简记为 $\sum\limits_{n=1}^{\infty}u_n$ ，或者简记为 $\sum u_n$.

定义 6.2　$\{u_n\}$ 的前面 n 项的和

$$S_n=u_1+u_2+\cdots+u_n\ (n=1,2,\cdots) \tag{6.2}$$

称为级数(6.1)的**前 n 项和**，也简称为**部分和**.

定义 6.3　若级数(6.1)的部分和数列 $\{S_n\}$ 收敛于 S ，则称级数(6.1)**收敛**，称 S 为级数(6.1)的**和**，记作

$$S=u_1+u_2+\cdots+u_n+\cdots$$

若 $\{S_n\}$ 是发散数列，则称级数(6.1)**发散**.

定义 6.4　当级数收敛时，其部分和 S_n 是级数的和 S 的近似值，它们之间的差

$$r_n=S-S_n=u_{n+1}+u_{n+2}+\cdots$$

称为级数的**余项**.

例 6.1　讨论等比级数（或称几何级数）：

$$a+aq+aq^2+\cdots+aq^n+\cdots \tag{6.3}$$

的敛散性 $(a\neq 0)$.

解　当 $q=1$ 时，$S_n=na$ ，级数发散；

当 $q=-1$ 时，$S_{2k}=0, S_{2k+1}=a, k=0,1,2,\cdots$ ，级数发散；

当 $|q|\neq 1$ 时，级数(6.3)的前 n 项和

$$S_n = a + aq + \cdots + aq^{n-1} = a \cdot \frac{1-q^n}{1-q}.$$

所以（1）当$|q|<1$时，$\lim\limits_{n\to\infty} S_n = \lim\limits_{n\to\infty} a \cdot \frac{1-q^n}{1-q} = \frac{a}{1-q}$；

（2）当$|q|>1$时，$\lim\limits_{n\to\infty} S_n = \infty$，级数(6.3)发散.

总之，$|q|<1$时，级数(6.3)收敛；$|q|\geqslant 1$时，级数(6.3)发散.

例 6.2 讨论级数$\sum\limits_{n=1}^{\infty}\frac{1}{n(n+1)}$的敛散性.

解 利用级数通项可以拆项的特点：$\frac{1}{n(n+1)} = \frac{1}{n} - \frac{1}{n+1}$，则级数的前$n$项和为

$$\begin{aligned} S_n &= \frac{1}{1\cdot 2} + \frac{1}{2\cdot 3} + \cdots + \frac{1}{n(n+1)} \\ &= \left(1-\frac{1}{2}\right) + \left(\frac{1}{2}-\frac{1}{3}\right) + \cdots + \left(\frac{1}{n}-\frac{1}{n+1}\right) \\ &= 1 - \frac{1}{n+1}. \end{aligned}$$

因为

$$\lim_{n\to\infty} S_n = \lim_{n\to\infty}\left(1-\frac{1}{n+1}\right) = 1,$$

因此级数收敛，且$\sum\limits_{n=1}^{\infty}\frac{1}{n(n+1)} = 1$.

例 6.3 讨论级数$\sum\limits_{n=1}^{\infty}\frac{1}{\sqrt{n}}$的收敛性.

解 对于级数的部分和，有

$$S_n = \sum_{k=1}^{n}\frac{1}{\sqrt{k}} > \sum_{k=1}^{n}\frac{1}{\sqrt{n}} = \sqrt{n},$$

故当$n\to\infty$时，部分和S_n无界，所以级数发散.

下面介绍级数的一些重要性质.

性质 1 若级数$\sum u_n$与级数$\sum v_n$都是收敛级数，则对任意的常数a，b，级数$\sum(au_n + bv_n)$收敛，且有

$$\sum(au_n + bv_n) = a\sum u_n + b\sum v_n.$$

性质 2 在收敛级数$\sum u_n$的项间任意添加括号，所形成的新级数收敛且收敛于原级数的和.

由前面的知识有，若数列收敛，则所有的子列收敛. 显然，添加括号得到的新级数的部分和数列是原级数部分和数列的子数列. 同样可以得到下面推论.

推论 若某个级数存在一个顺序加括号所得的级数，且级数发散，则该级数发散.

例 6.4 讨论调和级数

$$\sum_{n=1}^{\infty}\frac{1}{n}=1+\frac{1}{2}+\frac{1}{3}+\cdots \tag{6.4}$$

的敛散性.

解　将级数(6.4)按如下方法加括号得

$$1+\frac{1}{2}+\left(\frac{1}{3}+\frac{1}{4}\right)+\left(\frac{1}{5}+\frac{1}{6}+\frac{1}{7}+\frac{1}{8}\right)+\cdots=\sum_{n=1}^{\infty}v_n .$$

新数列 $\sum\limits_{n=1}^{\infty}v_n$ 的第一项和第二项为

$$v_1=1,\ v_2=\frac{1}{2},$$

从第三项起各项为

$$v_n=\frac{1}{2^{n-2}+1}+\frac{1}{2^{n-2}+2}+\cdots+\frac{1}{2^{n-1}},\quad n=3,4,\cdots.$$

将上式缩放得

$$v_n\geqslant 2^{n-2}\cdot\frac{1}{2^{n-1}}=\frac{1}{2},\quad n=3,4,\cdots.$$

所以调和级数(6.4)的前 n 项和为

$$T_n=v_1+v_2+\cdots+v_n\geqslant 1+(n-1)\cdot\frac{1}{2}=\frac{n+1}{2}.$$

可见级数 $\sum\limits_{n=1}^{\infty}v_n$ 是发散的，由推论 1 知调和级数(6.4)发散.

注　如果某一级数存在一个顺序加括号所得到级数，且级数收敛，不能说明原级数一定收敛. 例如，级数

$$1-1+1-1+\cdots$$

发散，而

$$(1-1)+(1-1)+\cdots$$

是收敛的.

性质 3（级数收敛的必要条件）　若级数 $\sum\limits_{n=1}^{\infty}u_n$ 收敛，则 $\lim\limits_{n\to\infty}u_n=0$.

由 $u_n=S_n-S_{n-1}$，可知

$$\lim_{n\to\infty}u_n=\lim_{n\to\infty}(S_n-S_{n-1})=\lim_{n\to\infty}S_n-\lim_{n\to\infty}S_{n-1}=0.$$

推论　若 $\lim\limits_{n\to\infty}u_n\neq 0$，则级数 $\sum\limits_{n=1}^{\infty}u_n$ 发散.

例 6.5 讨论级数 $\sum_{n=1}^{\infty} n$ 的敛散性.

解 因为 $\lim_{n\to\infty} n=\infty$，所以由推论 2 知级数 $\sum_{n=1}^{\infty} n$ 发散.

注 通过推论 2 可以简单地判断级数发散，但若 $\lim_{n\to\infty} u_n = 0$，未必有 $\sum_{n=1}^{\infty} u_n$ 收敛，例如调和级数.

性质 4 从级数中任意去掉有限项，或添加有限项，或改变有限项，都不改变级数的敛散性.

二、正项级数

若级数中各项的符号都相同，称为同号级数. 对于同号级数，只需要讨论各项都是正数所组成的级数即可，称之为正项级数. 如果各项都是负数的级数，若每一项乘以 –1 可得到一个正项级数，并且它们具有相同的敛散性.

显然，正项级数的部分和数列是一个单调递增数列. 由数列的单调有界定理，可以得到下面的充要条件.

定理 6.1 正项级数 $\sum u_n$ 收敛的充分且必要条件是：部分和数列 $\{S_n\}$ 有界，即存在某正数 M，使得对任意的正整数 n，都有 $S_n < M$.

例 6.6 讨论 p-级数

$$\sum_{n=1}^{\infty}\frac{1}{n^p}=\frac{1}{1^p}+\frac{1}{2^p}+\frac{1}{3^p}+\cdots \tag{6.5}$$

的敛散性.

解 当 $p=1$ 时，p-级数就是调和级数，发散；

当 $p\leqslant 1$ 时，由比较原则可知：p-级数发散.

当 $p>1$ 时，函数 $f(x)=\frac{1}{n^p}$ 在区间 $[1,+\infty)$ 上单调减少，所以当 $x\in[n-1,n]$ 时，

$$\frac{1}{n^p}\leqslant\frac{1}{x^p},\quad n=2,3,4,\cdots.$$

在区间 $[n-1,n]$ 上对上式两边进行积分得

$$\frac{1}{n^p}=\int_{n-1}^{n}\frac{1}{n^p}\mathrm{d}x\leqslant\int_{n-1}^{n}\frac{1}{x^p}\mathrm{d}x.$$

两边求和得

$$\sum_{k=2}^{n}\frac{1}{k^p}\leqslant\sum_{k=2}^{n}\int_{k-1}^{k}\frac{1}{x^p}\mathrm{d}x=\int_{1}^{n}\frac{1}{x^p}\mathrm{d}x=\frac{1}{p-1}\left(1-\frac{1}{n^{p-1}}\right)<\frac{1}{p-1},$$

于是部分和

$$S_n=\sum_{k=1}^{n}\frac{1}{k^p}=1+\sum_{k=2}^{n}\frac{1}{k^p}<1+\frac{1}{p-1}=\frac{p}{p-1}.$$

级数的部分和有界，由定理 6.1，p-级数当 $p>1$ 时收敛.

以定理 6.1 为基础，可以建立判别正项级数敛散性的一些准则，通过这些准则可以较为方便地验证正项级数的收敛性.

定理 6.2（比较原则） 设两个正项级数分别为 $\sum u_n$ 和 $\sum v_n$，如果存在某正数 N，对一切的 $n>N$，都有

$$u_n\leqslant v_n, \tag{6.6}$$

则（1）当级数 $\sum v_n$ 收敛时，$\sum u_n$ 也收敛；

（2）当 $\sum u_n$ 发散时，$\sum v_n$ 也发散.

证明 （1）由上节性质 4，级数的敛散性与有限项无关，不妨设 $u_n\leqslant v_n$，$n\geqslant 1$，$\sum u_n$ 的部分和 S_n 与 $\sum v_n$ 的部分和 T_n 满足

$$S_n\leqslant T_n.$$

因为 $\sum v_n$ 收敛，由定理 6.1 知，存在正整数 M，使得

$$S_n\leqslant T_n<M,$$

故 $\sum u_n$ 收敛.

（2）是（1）逆否命题，自然成立.

比较原则使用的关键是需要已知一些收敛或发散的级数，而前面学习过的几何级数、调和级数和 p-级数都是十分好的标准. 同时随着学习的深入，读者也可以积累很多已知敛散性的级数，以方便我们比较.

例 6.7 讨论级数 $\sum\frac{1}{(n+1)!}$ 的敛散性.

解 由于

$$\frac{1}{(n+1)!}\leqslant\frac{1}{2^n},\ n=1,2,\cdots,$$

因几何级数 $\sum\frac{1}{2^n}$ 收敛，故 $\sum\frac{1}{(n+1)!}$ 收敛.

由于 $\sum\frac{1}{n!}$ 与 $\sum\frac{1}{(n+1)!}$ 的敛散性相同，故级数 $\sum\frac{1}{n!}$ 是收敛级数.

由比较原则看出，通过比较两个正项级数的通项的大小，可以从一个级数已知的敛散性来判断另一个级数的敛散性. 在实际应用中，比较原则的下述极限形式有时更为方便.

定理 6.3 设两个正项级数分别为 $\sum u_n$ 和 $\sum v_n$，若

$$\lim_{n\to\infty}\frac{u_n}{v_n}=k, \tag{6.7}$$

则（1）当$0<k<+\infty$时，两个级数同敛态；

（2）当$k=0$且级数$\sum v_n$收敛时，$\sum u_n$也收敛；

（3）当$k=+\infty$且级数$\sum v_n$发散时，$\sum u_n$也发散.

例 6.8 证明：级数$\sum \frac{1}{2^n-n}$是收敛的.

证明 因为

$$\lim_{n\to\infty}\frac{\frac{1}{2^n-n}}{\frac{1}{2^n}}=\lim_{n\to\infty}\frac{2^n}{2^n-n}=1,$$

又几何级数$\sum \frac{1}{2^n}$收敛，由定理 6.3 可知$\sum \frac{1}{2^n-n}$也收敛.

例 6.9 讨论级数$\sum \sin\frac{1}{n}$的敛散性.

解 因为

$$\lim_{n\to\infty}\frac{\sin\frac{1}{n}}{\frac{1}{n}}=1,$$

由调和级数$\sum \frac{1}{n}$发散，由定理 6.3 可知$\sum \sin\frac{1}{n}$发散.

下面介绍以几何级数作为比较对象而得到的判别方法.

定理 6.4（比式判别法） 设$\sum u_n$是正项级数且存在某正整数N及常数q $(0<q<1)$.

（1）若对所有$n>N$，不等式

$$\frac{u_{n+1}}{u_n}\leqslant q \tag{6.8}$$

成立，则级数$\sum u_n$收敛.

（2）若对所有$n>N$，不等式

$$\frac{u_{n+1}}{u_n}\geqslant 1 \tag{6.9}$$

成立，则级数$\sum u_n$发散.

证明 （1）不妨设不等式(6.6)对一切$n\geqslant 1$成立，有

$$\frac{u_2}{u_1}\leqslant q,\ \frac{u_3}{u_2}\leqslant q,\ \cdots,\ \frac{u_n}{u_{n-1}}\leqslant q,\ \cdots.$$

把上面表达式相乘，得到

$$\frac{u_2}{u_1}\cdot\frac{u_3}{u_2}\cdots\frac{u_n}{u_{n-1}}\leqslant q^{n-1},$$

即
$$u_n \leqslant u_1 q^{n-1}.$$

当$0<q<1$时，几何级数$\sum_{n=1}^{\infty} q^{n-1}$收敛，由比较原则可知级数$\sum u_n$收敛.

（2）由不等式(6.6)，当$n>N$时
$$u_{n+1} \geqslant u_n \geqslant u_N ,$$
所以
$$\lim_{n\to\infty} u_n \neq 0 ,$$
由上节推论 2 可知级数$\sum u_n$发散.

实际应用中，比式判别法的极限形式可能更为方便.

定理 6.5（比式判别法的极限形式）　设$\sum u_n$是正项级数，且
$$\lim_{n\to\infty} \frac{u_{n+1}}{u_n} = q ,$$
则（1）当$q<1$时，级数$\sum u_n$收敛；

（2）当$q>1$时，级数$\sum u_n$发散；

（3）当$q=1$时，不能下结论，需要其他方法来判断.

例 6.10　判断级数$\sum \frac{a^n}{n!}$的敛散性$(a \geqslant 0)$.

解　当$a=0$时，级数收敛.

当$a \neq 0$时，有
$$\lim_{n\to\infty} \frac{\frac{a^{n+1}}{(n+1)!}}{\frac{a^n}{n!}} = \lim_{n\to\infty} \frac{a}{n+1} = 0 < 1 ,$$
所以这个级数收敛.

例 6.7 讨论的级数$\sum u_n$就是本例的特殊情况.

定理 6.6（根式判别法）　设$\sum u_n$是正项级数且存在某正整数N及正常数l.

（1）对一切$n>N$，不等式
$$\sqrt[n]{u_n} \leqslant l < 1$$
成立，则级数$\sum u_n$收敛.

（2）对一切$n>N$，不等式
$$\sqrt[n]{u_n} \geqslant 1$$
成立，则级数$\sum u_n$发散.

以上定理同样可以采用比较原则进行证明，作为作业留给读者练习.

定理 6.7（根式判别法的极限形式） 设$\sum u_n$是正项级数，且

$$\lim_{n\to\infty}\sqrt[n]{u_n}=l,$$

则（1）当$l<1$时，级数$\sum u_n$收敛；

（2）当$l>1$时，级数$\sum u_n$发散；

（3）当$l=1$时，不能下结论，需要其他方法来判断.

例 6.11 判别级数$\sum_{n=1}^{\infty}\frac{n}{3^n}$的敛散性.

解 因为

$$\lim_{n\to\infty}\sqrt[n]{\frac{n}{3^n}}=\lim_{n\to\infty}\frac{\sqrt[n]{n}}{3}\frac{1}{3}<1,$$

所以由根式判别法可知$\sum_{n=1}^{\infty}\frac{n}{3^n}$收敛.

三、一般项级数

与同号级数相比，一般项级数的判别要复杂很多，本节介绍交错级数的判别方法以及绝对收敛与条件收敛.

1. 交错级数

级数相邻两项总带有相反符号的称为交错级数，记为

$$\sum(-1)^{n+1}u_n \quad 或 \quad \sum(-1)^n u_n,$$

其中$u_n>0$.

定理 6.8（Leibniz 判别法） 若数列$\{u_n\}$是单调递减数列，且$\lim_{n\to\infty}u_n=0$，则交错级数$\sum(-1)^{n+1}u_n$（或$\sum(-1)^n u_n$）收敛.

证明 考虑$\sum(-1)^{n+1}u_n$的情形. 部分和数列$\{S_n\}$中，偶数项为

$$S_{2m}=(u_1-u_2)+\cdots+(u_{2m-1}-u_{2m}).$$

由于$\{u_n\}$是单调递减数列，$\{S_{2m}\}$中括号中的每一项为正，所以$\{S_{2m}\}$是一个单调递增的数列. 另一方面，

$$S_{2m}=u_1-(u_2-u_3)-\cdots-(u_{2m-2}-u_{2m-1})-u_{2m}.$$

同样，括号中的项为正，

$$S_{2m}\leqslant u_1,$$

所以$\{S_{2m}\}$是有界数列. 故$\{S_{2m}\}$收敛，记$\lim_{m\to\infty}S_{2m}=S$.

对于奇数项子数列$\{S_{2m+1}\}$，有关系

$$S_{2m+1} = S_{2m} + u_{2m+1}.$$

由条件 $\lim\limits_{m\to\infty} u_{2m+1} = 0$，所以

$$\lim_{m\to\infty} S_{2m+1} = \lim_{m\to\infty} S_{2m} = S .$$

这也就证明了 $\lim\limits_{n\to\infty} S_n = S$.

交错级数的余项 r_n 可以写成

$$r_n = \pm(u_{n+1} + u_{n+2} + \cdots),$$

其绝对值
$$|r_n| = u_{n+1} - u_{n+2} + \cdots,$$

所以有
$$|r_n| \leqslant u_{n+1}.$$

对于以下交错级数，应用 Leibniz 判别法容易验证它们是收敛的.

（1）$\sum\limits_{n=1}^{\infty}(-1)^{n+1}\dfrac{1}{n}$；

（2）$\sum\limits_{n=1}^{\infty}(-1)^{n+1}\dfrac{1}{(2n-1)!}$；

（3）$\sum\limits_{n=1}^{\infty}(-1)^{n+1}\dfrac{1}{\ln(1+n)}$.

2. 绝对收敛与条件收敛

定义 6.5　若级数 $\sum u_n$ 的各项绝对值所组成的级数 $\sum |u_n|$ 收敛，则称原级数 $\sum u_n$ 是绝对收敛级数.

从定义可以看出，用正项级数的各种收敛判别法来判断任意项级数是否为绝对收敛级数.

定义 6.6　级数 $\sum u_n$ 收敛，但 $\sum |u_n|$ 发散，称原级数 $\sum u_n$ 为条件收敛级数.

定理 6.9　绝对收敛级数一定收敛.

证明　设

$$p_n = \frac{|u_n| + u_n}{2},\quad q_n = \frac{|u_n| - u_n}{2},\quad n = 1, 2, \cdots,$$

则

$$0 \leqslant p_n \leqslant |u_n|,\quad 0 \leqslant q_n \leqslant |u_n|,\quad n = 1, 2, \cdots.$$

由绝对收敛级数的定义及正项级数的比较原则，级数 $\sum p_n$ 和 $\sum q_n$ 都收敛，则由级数的性质可知 $\sum (p_n - q_n) = \sum u_n$ 收敛.

例 6.12　判定级数 $\sum\limits_{n=1}^{\infty}\sin\left(n+\dfrac{1}{n}\right)\pi$ 的绝对收敛、条件收敛或发散性.

解　因为

$$\lim_{n\to\infty}\frac{\left|\sin\left(n+\frac{1}{n}\right)\pi\right|}{\frac{1}{n}}=\lim_{n\to\infty}\left|(-1)^n\sin\frac{\pi}{n}\right|=\lim_{n\to\infty}n\sin\frac{\pi}{n}=\pi,$$

由比较原则知，级数不是绝对收敛的.

又因为
$$\sum_{n=1}^{\infty}\sin\left(n+\frac{1}{n}\right)\pi=\sum_{n=1}^{\infty}(-1)^n\sin\frac{\pi}{n}.$$

显然，$\lim\limits_{n\to\infty}\sin\frac{\pi}{n}=0$．令 $f(x)=\sin\frac{\pi}{x}$，则

$$f'(x)=-\frac{\pi}{x^2}\cos\frac{\pi}{x}<0,$$

所以$\left\{\sin\frac{\pi}{n}\right\}$单调递减．由 Leibniz 判别法知 $\sum\limits_{n=1}^{\infty}(-1)^n\sin\frac{\pi}{n}$ 收敛，即原级数条件收敛.

习题 6.1

1．利用定义判定下列级数的收敛性，并求和.

（1）$\left(\frac{1}{2}+\frac{1}{3}\right)+\left(\frac{1}{2^2}+\frac{1}{3^2}\right)+\cdots+\left(\frac{1}{2^n}+\frac{1}{3^n}\right)+\cdots$；

（2）$\frac{1}{1\cdot3}+\frac{1}{3\cdot5}+\frac{1}{5\cdot7}+\cdots+\frac{1}{(2n-1)(2n+1)}+\cdots$；

（3）$\sum\limits_{n=1}^{\infty}\frac{2n-1}{2^n}$；

（4）$\sum\limits_{n=1}^{\infty}(\sqrt{n+1}-2\sqrt{n+1}+\sqrt{n})$.

2．证明：定理 6.6，根式判别法成立.

3．判别下列正项级数的收敛性.

（1）$\sum\limits_{n=1}^{\infty}\frac{(n+1)!}{10^n}$；（2）$\sum\limits_{n=1}^{\infty}\left(\frac{n}{2n+1}\right)^n$；（3）$\sum\limits_{n=1}^{\infty}\frac{n!}{n^n}$；

（4）$\sum\limits_{n=1}^{\infty}\frac{3^n}{n\cdot2^n}$；（5）$\sum\limits_{n=1}^{\infty}\left(\frac{b}{a_n}\right)^n$ 其中 $a_n\to a(n\to\infty)$，a_n,b,a 均为正数.

4．下列级数中哪些是绝对收敛，条件收敛或发散.

（1）$\sum\limits_{n=1}^{\infty}\frac{\sin nx}{n!}$；（2）$\sum\limits_{n=1}^{\infty}(-1)^n\sin\frac{2}{n}$；（3）$\sum\limits_{n=1}^{\infty}(-1)^{n+1}\frac{2^{n^2}}{n!}$；

（4）$\sum\limits_{n=1}^{\infty}\left(\frac{(-1)^n}{\sqrt{n}}+\frac{1}{n}\right)$；（5）$\sum\limits_{n=1}^{\infty}n!\left(\frac{x}{n}\right)^n$.

5．若 $\sum\limits_{n=1}^{\infty}|u_n|$ 发散，则 $\sum\limits_{n=1}^{\infty}u_n$ 必发散.

第二节　幂级数

给定一个定义在区间 I 上的函数列 $\{u_n(x)\}$：

$$u_1(x),\ u_2(x),\ \cdots,\ u_n(x),\ \cdots,$$

则各项依次相加所得到的表达式

$$u_1(x)+u_2(x)+\cdots+u_n(x)+\cdots \tag{6.10}$$

称为定义在 I 上的**函数项级数**，记为

$$\sum_{n=1}^{\infty}u_n(x) \quad \text{或} \quad \sum u_n(x).$$

称

$$S_n(x)=\sum_{k=1}^{n}u_k(x),\ x\in I,\ n=1,2,\cdots$$

为函数项级数(6.10)的**部分和函数列**.

对于每一个取定的值 $x_0\in I$，函数项级数(6.10)成为数项级数

$$u_1(x_0)+u_2(x_0)+\cdots+u_n(x_0)+\cdots, \tag{6.11}$$

这个级数(6.11)可能收敛也可能发散. 若(6.11)收敛，即部分和 $S_n(x_0)=\sum\limits_{k=1}^{n}u_k(x_0)$ 收敛，则称点 x_0 是函数项级数(6.10)的**收敛点**；如果(6.11)发散，则称 x_0 是函数项级数(6.10)的发散点. 函数项级数(6.10)所有收敛点的集合称为**收敛域**.

级数(6.10)在 I 上每一点 x 与其对应的数项级数(6.11)的和 $S(x)$ 构成了一个定义在 I 上的函数，称之为级数(6.10)的和函数，表示为

$$S(x)=u_1(x)+u_2(x)+\cdots+u_n(x)+\cdots,\ x\in I,$$

即

$$\lim_{n\to\infty}S_n(x)=S(x),\ x\in I.$$

例 6.13（几何级数）　定义在 $(-\infty,+\infty)$ 的函数项级数

$$1+x+x^2+\cdots+x^n+\cdots,$$

它的部分和函数

$$S_n(x)=\frac{1-x^n}{1-x}.$$

当 $|x|<1$ 时，

$$S(x)=\lim_{n\to\infty}S_n(x)=\frac{1}{1-x},$$

所以几何级数在 $(-1,1)$ 内收敛于和函数 $S(x)=\dfrac{1}{1-x}$.

当 $|x|\geqslant 1$ 时，几何级数发散.

故几何级数的收敛域为 $(-1,1)$.

像例 6.13 一样，函数项级数中简单而常见的一类级数是各项是幂函数的函数项级数，简称为幂级数. 这一节我们重点讨论幂级数的收敛特点和性质以及如何将函数展开成幂级数.

一、幂级数的收敛性

形如

$$\sum_{n=0}^{\infty} a_n (x-x_0)^n \tag{6.12}$$

的函数项级数称为幂级数. 它可以看成多项式的推广，看作无穷次多项式. 当 $x_0=0$ 时，(6.12) 变为

$$\sum_{n=0}^{\infty} a_n x^n . \tag{6.13}$$

下面着重讨论(6.13)，因为只要把(6.13)中的 x 换成 $x-x_0$ 就是级数(6.12).

1. 收敛半径

幂级数的收敛域存在一定的规律，从例 6.13 看出，它是一个以原点为中心的区间. 对于一般的幂级数，这个结论也是成立的.

定理 6.10（Abel 定理） 如果级数 $\sum\limits_{n=0}^{\infty} a_n x^n$ 当 $x=x_0\,(x_0\neq 0)$ 时收敛，则适合不等式 $|x|<|x_0|$ 的一切 x 使幂级数绝对收敛. 反之，如果级数 $\sum\limits_{n=0}^{\infty} a_n x^n$ 当 $x=x_0$ 时发散，则适合不等式 $|x|>|x_0|$ 的一切 x 使得幂级数发散.

证明 先设级数 $\sum\limits_{n=0}^{\infty} a_n x_0^n$ 收敛，从而数列 $\{a_n x_0^n\}$ 收敛于 0 并且有界，即存在常数 $M>0$，使得

$$|a_n x_0^n|<M,\ n=1,2,3,\cdots.$$

对于满足不等式 $|x|<|x_0|$ 的 x，有

$$|a_n x^n|=\left|a_n x_0^n\cdot\frac{x^n}{x_0^n}\right|=|a_n x_0^n|\left|\frac{x}{x_0}\right|^n\leqslant M\left|\frac{x}{x_0}\right|^n,$$

几何级数 $\sum\limits_{n=0}^{\infty} M\left|\dfrac{x}{x_0}\right|^n$ 收敛（公比 $\left|\dfrac{x}{x_0}\right|<1$），所以级数 $\sum\limits_{n=0}^{\infty}|a_n x^n|$ 收敛，也就是级数 $\sum\limits_{n=0}^{\infty} a_n x^n$ 绝对收敛.

关于定理的第二部分采用反证法．设$\sum_{n=0}^{\infty}a_n x^n$在点$x=x_0$处发散，如果存在某一个点$x_1$，它满足不等式$|x_1|>|x_0|$并使级数收敛，则根据第一部分，级数应在点$x=x_0$处绝对收敛，这与假设就矛盾了．定理得证．

由 Abel 定理，对于一般的幂级数$\sum_{n=0}^{\infty}a_n x_0^n$，它的收敛域是以原点为中心的区间，若以$2R$表示区间的长度，则称$R$为幂级数的**收敛半径**．

当$R=0$时，幂级数(6.13)仅在点$x=0$收敛；

当$R=+\infty$时，幂级数(6.13)在$(-\infty,+\infty)$上收敛；

当$0<R<+\infty$时，幂级数(6.13)在$(-R,+R)$上收敛，对于一切满足不等式$|x|>R$的点x，幂级数(6.13)发散，而在点$x=\pm R$处，幂级数(6.13)可能收敛也可能发散．

称$(-R,+R)$为幂级数(6.13)的**收敛区间**．

对于收敛半径的求法，有如下定理．

定理 6.11　对于幂级数$\sum_{n=0}^{\infty}a_n x^n$，如果

$$\lim_{n\to\infty}\left|\frac{a_{n+1}}{a_n}\right|=\rho,$$

则这个幂级数的收敛半径为：

（1）$0<\rho<+\infty$时，幂级数收敛半径$R=\frac{1}{\rho}$；

（2）$\rho=0$时，幂级数收敛半径$R=+\infty$；

（3）$\rho=+\infty$时，幂级数收敛半径$R=0$．

证明　对于级数$\sum_{n=0}^{\infty}|a_n x|^n$，相邻两项之比为

$$\frac{|a_{n+1}x^{n+1}|}{|a_n x^n|}=\left|\frac{a_{n+1}}{a_n}\right||x|.$$

（1）由比式判别法，当$\rho|x|<1$，即$|x|<\frac{1}{\rho}$时，级数$\sum_{n=0}^{\infty}|a_n x|^n$收敛，从而原级数绝对收敛；而当$\rho|x|>1$，即$|x|<\frac{1}{\rho}$时，级数$\sum_{n=0}^{\infty}|a_n x|^n$发散，由上节习题 5 知，$\sum_{n=0}^{\infty}a_n x^n$发散，于是收敛半径$R=\frac{1}{\rho}$．

（2）由$\rho=0$知，$\frac{|a_{n+1}x^{n+1}|}{|a_n x^n|}\to 0(n\to\infty)$．因为级数$\sum_{n=0}^{\infty}|a_n x|^n$收敛，从而$\sum_{n=0}^{\infty}a_n x^n$绝对收敛．于是$R=+\infty$．

（3）$R=+\infty$，则除了$x=0$外其他一切x值，$\sum_{n=0}^{\infty}a_n x^n$均发散，否则由定理 6.10 知道有点$x\neq 0$

使级数 $\sum\limits_{n=0}^{\infty}|a_n x|^n$ 收敛．于是 $R=0$．

例 6.14 求幂级数 $\sum \dfrac{x^n}{n^2}$ 的收敛域.

解 由于

$$\frac{a_{n+1}}{a_n}=\frac{n^2}{(n+1)^2}\to 1\ (n\to\infty),$$

所以它的收敛半径为 1，即收敛区间为 $(-1,1)$.

当 $x=\pm 1$ 时，$\left|\dfrac{(\pm 1)^n}{n^2}\right|=\dfrac{1}{n^2}$，由 p-级数 $\sum\dfrac{1}{n^2}$ 收敛知道，级数在端点处也收敛．因此收敛域为 $[-1,1]$.

例 6.15 求幂级数 $x+\dfrac{x^2}{2}+\cdots+\dfrac{x^n}{n}+\cdots$ 的收敛域.

解 由于

$$\rho=\lim_{n\to\infty}\frac{n}{n+1}=1,$$

所以收敛半径 $R=1$.

又当 $x=1$ 时，调和级数 $\sum\dfrac{1}{n}$ 发散，$x=-1$ 时，交错级数 $\sum(-1)^n\dfrac{1}{n}$ 收敛，所以级数的收敛域为 $[-1,1)$.

例 6.16 求级数 $\sum\dfrac{x^n}{n!}$ 与级数 $\sum n!x^n$ 的收敛半径.

解 对 $\sum\dfrac{x^n}{n!}$，有

$$\rho=\lim_{n\to\infty}\left|\frac{\frac{1}{(n+1)!}}{\frac{1}{n!}}\right|=\lim_{n\to\infty}\frac{1}{n+1}=0,$$

所以收敛半径 $R=+\infty$.

对 $\sum n!x^n$，有

$$\rho=\lim_{n\to\infty}\left|\frac{(n+1)!}{n!}\right|=\lim_{n\to\infty}(n+1)=+\infty,$$

所以收敛半径 $R=0$.

例 6.17 求级数 $\sum\limits_{n=1}^{\infty}\dfrac{(x-2)^n}{2^n\cdot n}$ 的收敛区间.

解 令 $t=x-2$，则上述级数变为

$$\sum_{n=1}^{\infty}\frac{t^n}{2^n\cdot n}.$$

由于

$$\rho = \lim_{n\to\infty}\left|\frac{a_{n+1}}{a_n}\right| = \lim_{n\to\infty}\frac{2^n \cdot n}{2^{n+1}\cdot(n+1)} = \frac{1}{2},$$

所以收敛半径 $R=2$，收敛区间为 $|t|<2$，原级数的收敛区间为 $(0,4)$.

2. 幂级数和函数的性质

下面将幂级数和函数的重要性质罗列出来供读者参考，不加以证明.

性质 1　幂级数 $\sum\limits_{n=0}^{\infty} a_n x^n$ 的和函数 $S(x)$ 在其收敛域 I 上连续.

性质 2　幂级数 $\sum\limits_{n=0}^{\infty} a_n x^n$ 的和函数 $S(x)$ 在其收敛域 I 上可积，并有逐项求积公式

$$\int_0^x S(x)\mathrm{d}x = \int_0^x \left[\sum_{n=0}^{\infty} a_n x^n\right]\mathrm{d}x = \sum_{n=0}^{\infty}\int_0^x a_n x^n \mathrm{d}x = \sum_{n=0}^{\infty}\frac{a_n}{n+1}x^{n+1},$$

并且逐项积分后得到的幂级数与原级数有相同的收敛半径.

以上性质理解为幂级数积分运算可以和求和运算交换顺序.

性质 3　幂级数 $\sum\limits_{n=0}^{\infty} a_n x^n$ 的和函数 $S(x)$ 在其收敛区间 $(-R,R)$ 内可导，且有逐项求导公式

$$S'(x) = \left(\sum_{n=0}^{\infty} a_n x^n\right)' = \sum_{n=0}^{\infty}(a_n x^n)' = \sum_{n=1}^{\infty} n a_n x^{n-1},$$

并且逐项求导后得到的幂级数与原级数有相同的收敛半径.

以上性质理解为幂级数求导运算可以和求和运算交换顺序.

上述性质可以反复应用. 若和函数 $S(x)$ 在 $(-R,R)$ 上具有任何导数，则

$$S'(x) = a_1 + 2a_2 x + 3a_3 x^2 + \cdots + n a_n x^{n-1} + \cdots,$$
$$S''(x) = 2a_2 + 3\cdot 2a_3 x + \cdots + n(n-1)a_n x^{n-2} + \cdots,$$
$$\cdots\cdots$$
$$S^{(n)}(x) = n!a_n + (n+1)n(n-1)\cdots 2a_{n+1}x + \cdots,$$
$$\cdots\cdots$$

利用上述性质我们可以构造出很多幂级数. 比如，几何级数在收敛区间上 $(-1,1)$ 上有

$$S(x) = \frac{1}{1-x} = 1 + x + x^2 + \cdots + x^n + \cdots. \tag{6.14}$$

对级数(6.14)逐项求导可得

$$\frac{1}{(1-x)^2} = 1 + 2x + 3x^2 + \cdots + nx^{n-1} + \cdots,$$

$$\frac{2!}{(1-x)^3} = 2 + 3\cdot 2x + \cdots + n(n-1)x^{n-2} + \cdots.$$

对级数(6.14)在区间$[0,x](x<1)$上逐项求积可得

$$\int_0^x \frac{\mathrm{d}t}{1-t}=\sum_{n=0}^{\infty}\int_0^x t^n \mathrm{d}t \text{ ,}$$

即

$$\ln\frac{1}{1-x}=x+\frac{x^2}{2}+\frac{x^3}{3}+\cdots+\frac{x^{n+1}}{n+1}+\cdots \text{ ,}$$

所得到的这些级数的收敛区间都为$(-1,1)$.

除此之外，我们还可以通过上述性质来求一些幂级数的和函数.

例 6.18 求幂级数

$$x+\frac{x^3}{3}+\frac{x^5}{5}+\cdots+\frac{x^{2n+1}}{2n+1}+\cdots$$

的和函数，并指出定义域.

解 记

$$S(x)=x+\frac{x^3}{3}+\frac{x^5}{5}+\cdots+\frac{x^{2n+1}}{2n+1}+\cdots \text{ ,}$$

由

$$\rho=\lim_{n\to\infty}\left|\frac{a_{n+1}}{a_n}\right|=\lim_{n\to\infty}\frac{2n+3}{2n+1}=1$$

得收敛半径为$R=1$. 当$x=\pm 1$时，级数$\sum \pm\frac{1}{2n+1}$发散，所以收敛域为$(-1,1)$.

对$S(x)$逐项求导可得

$$S'(x)=1+x^2+x^4+\cdots+x^{2n}+\cdots=\frac{1}{1-x^2}.$$

又$S(0)=0$，在$[0,x]$ $(x<1)$上逐项求积得

$$S(x)=\int_0^x S'(t)\mathrm{d}t=\int_0^x\frac{\mathrm{d}t}{1-t^2}=\frac{1}{2}\ln\frac{1+x}{1-x}.$$

由性质知其定义域为$(-1,1)$.

二、函数的幂级数展开

1. Taylor 级数

在前面的学习中，由 Taylor 公式可知，若函数$f(x)$在点x_0的某邻域上存在直至$n+1$阶的连续导数，则

$$f(x)=f(x_0)+f'(x_0)(x-x_0)+\frac{f''(x_0)}{2!}(x-x_0)^2+\cdots+\frac{f^{(n)}(x_0)}{n!}(x-x_0)^n+R_n(x) \tag{6.15}$$

这里 $R_n(x)$ 为余项．常见的 Lagrange 型余项为

$$R_n(x)=\frac{f^{(n+1)}(\xi)}{(n+1)!}(x-x_0)^{n+1},$$

其中 ξ 介于 x_0 与 x 之间．

如果在公式(6.15)中抹掉余项 $R_n(x)$，且函数在点 x_0 处存在任意阶的导数，那么级数

$$f(x_0)+f'(x_0)(x-x_0)+\frac{f''(x_0)}{2!}(x-x_0)^2+\cdots+\frac{f^{(n)}(x_0)}{n!}(x-x_0)^n+\cdots \tag{6.16}$$

称为函数 $f(x)$ 在点 x_0 处的 Taylor 级数．

从感觉上，$f(x)$ 在点 x_0 处的 Taylor 级数当然会收敛到 $f(x)$ 本身，但事实并非如此．比如函数

$$f(x)=\begin{cases}\mathrm{e}^{-\frac{1}{x^2}}, & x\neq 0\\ 0, & x=0\end{cases},$$

容易计算

$$f^{(n)}(0)=0,\ n=1,2,\cdots,$$

所以 $f(x)$ 在 $x=0$ 的 Taylor 级数为

$$0+0\cdot x+\frac{0}{2!}x^2+\cdots+\frac{0}{n!}x^n+\cdots.$$

显然，它在 $(-\infty,+\infty)$ 上收敛，和函数 $S(x)=0$，但对一切 $x\neq 0$，$f(x)\neq S(x)$．

下面定理指出：具备什么条件后，函数 $f(x)$ 的 Taylor 级数才能收敛到 $f(x)$ 本身．

定理 6.12　设函数 $f(x)$ 在点 x_0 的某一邻域内具有各阶导数，则 $f(x)$ 在该邻域内能展成 Taylor 级数的充要条件是 $f(x)$ 的 Taylor 公式中的余项 $R_n(x)$ 满足

$$\lim_{n\to\infty}R_n(x)=0.$$

在实际的应用中，主要讨论函数在 $x_0=0$ 处的展开式：

$$f(0)+\frac{f'(0)}{1!}x+\frac{f''(0)}{2!}x^2+\cdots+\frac{f^{(n)}(0)}{n!}x^n+\cdots \tag{6.17}$$

上述级数称为 $f(x)$ 的 Maclaurin 级数．

2. 初等函数的幂级数展开式

把初等函数 $f(x)$ 展成关于 x 的幂级数，可以按照以下步骤进行：

第一步：求出 $f(x)$ 的各阶导数 $f',f'',\cdots,f^{(n)},\cdots$，并求出在 $x=0$ 处的值，如果在 $x=0$ 处某阶导数不存在，说明函数不能展开．

第二步：写出 Maclaurin 级数(6.17)，并求出收敛半径 R.

第三步：考察在区间 $(-R,R)$ 内余项的极限是否为零，如果是零，则幂级数展开式为

$$f(x)=f(0)+\frac{f'(0)}{1!}x+\frac{f''(0)}{2!}x^2+\cdots+\frac{f^{(n)}(0)}{n!}x^n+\cdots.$$

例 6.19　多项式函数的幂级数展开式就是它本身.

解　设 k 次多项式函数为

$$f(x)=a_0+a_1x+\cdots+a_kx^k.$$

由于

$$f^{(n)}(0)=\begin{cases}n!a_n, & n\leqslant k\\ 0, & n>k\end{cases},$$

所以 $\lim\limits_{n\to\infty}R_n(x)=0$，因而

$$\begin{aligned}f(x)&=f(0)+f'(0)x+\frac{f''(0)}{2!}x^2+\cdots+\frac{f^{(k)}(0)}{k!}x^k\\&=a_0+a_1x+a_2x^2+\cdots+a_kx^k.\end{aligned}$$

例 6.20　将函数 $f(x)=\mathrm{e}^x$ 展成 x 的幂级数.

解　所给函数的各阶导数为 $f^{(n)}(x)=\mathrm{e}^x(n=1,2,\cdots)$，因而

$$f^{(n)}(0)=1,\quad n=0,1,2,\cdots.$$

于是得到级数

$$1+x+\frac{x^2}{2!}+\cdots+\frac{x^n}{n!}+\cdots,$$

它的收敛半径为 $R=+\infty$.

考查余项，对任何 x,ξ，ξ 介于 0 与 x 之间，有

$$|R_n(x)|=\left|\frac{\mathrm{e}^{\xi}}{(n+1)!}x^{n+1}\right|<\mathrm{e}^{|x|}\frac{|x|^{n+1}}{(n+1)!}.$$

正项级数 $\sum\frac{|x|^{n+1}}{(n+1)!}$ 收敛，所以

$$\lim_{n\to\infty}|R_n(x)|=0.$$

于是展开式

$$\mathrm{e}^x=1+x+\frac{x^2}{2!}+\cdots+\frac{x^n}{n!}+\cdots\ (-\infty<x<+\infty).$$

如果在 $x=0$ 附近，用级数的部分和（即多项式）来近似代替 e^x，则随着项数的增加，它

们越来越接近于 e^x，如图 6.1 所示.

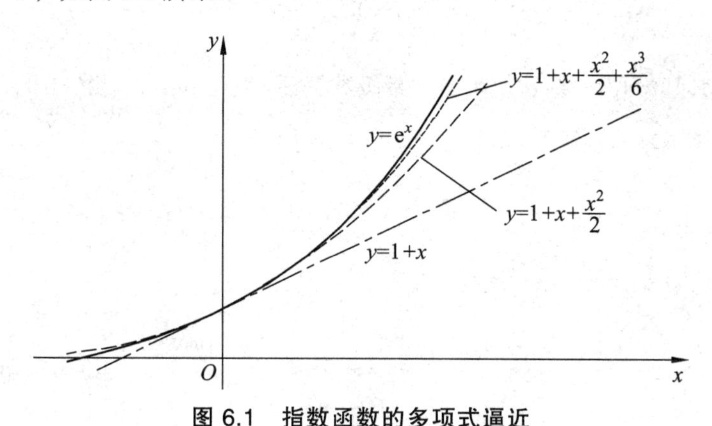

图 6.1　指数函数的多项式逼近

例 6.21　将函数 $f(x)=\sin x$ 展成 x 的幂级数.

解　所给函数的各阶导数为

$$f^{(n)}(x)=\sin\left(x+n\frac{\pi}{2}\right),\ n=0,1,2,\cdots,$$

因而 $f^{(n)}(0)$ 循环地取

$$0,\ 1,\ 0,\ -1,\ \cdots.$$

于是得到级数

$$x-\frac{x^3}{3!}+\frac{x^5}{5!}-\cdots+(-1)^{n-1}\frac{x^{2n-1}}{(2n-1)!}+\cdots,$$

它的收敛半径为 $R=+\infty$.

考查余项，对任何 x,ξ，ξ 介于 0 与 x 之间，有

$$|R_n(x)|\left|\frac{\sin\left[\xi+\frac{(n+1)}{2}\pi\right]}{(n+1)!}x^{n+1}\right|<\frac{|x|^{n+1}}{(n+1)!}.$$

正项级数 $\sum\frac{|x|^{n+1}}{(n+1)!}$ 收敛，所以

$$\lim_{n\to\infty}|R_n(x)|=0,$$

于是展开式

$$\sin x=x-\frac{x^3}{3!}+\frac{x^5}{5!}-\cdots+(-1)^{n-1}\frac{x^{2n-1}}{(2n-1)!}+\cdots\quad(-\infty<x<+\infty).$$

同理，$f(x)=\cos x$ 的幂级数展开式为

$$\cos x = 1 - \frac{x^2}{2!} + \frac{x^4}{4!} - \cdots + (-1)^n \frac{x^{2n}}{(2n)!} + \cdots \quad (-\infty < x < +\infty)$$

下面不加证明地罗列出一些常用函数的幂级数展开，对于 $\lim\limits_{n\to\infty} |R_n(x)| = 0$ 的请读者自行验证.

函数 $f(x) = \ln(1+x)$ 的幂级数展开：

$$\ln(1+x) = x - \frac{x^2}{2} + \frac{x^3}{3} - \frac{x^4}{4} + \cdots + (-1)^{n-1} \frac{x^n}{n} + \cdots \quad (-1 < x \leqslant 1).$$

特别地，

$$\ln x = (x-1) - \frac{(x-1)^2}{2} + \frac{(x-1)^3}{3} + \cdots + (-1)^{n-1} \frac{(x-1)^n}{n} + \cdots \quad (0 < x \leqslant 2).$$

函数 $f(x) = (1+x)^\alpha$ 的幂级数展开：

$$(1+x)^\alpha = 1 + \alpha x + \frac{\alpha(\alpha-1)}{2!} x^2 + \cdots + \frac{\alpha(\alpha-1)\cdots(\alpha-n+1)}{n!} x^n + \cdots \quad (-1 < x < 1).$$

特别地，

$$\frac{1}{1+x} = 1 - x + x^2 + \cdots + (-1)^n x^n + \cdots \quad (-1 < x < 1),$$

$$\frac{1}{\sqrt{1+x}} = 1 - \frac{1}{2} x + \frac{1\cdot 3}{2\cdot 4} x^2 - \frac{1\cdot 3\cdot 5}{2\cdot 4\cdot 6} x^3 + \cdots \quad (-1 < x < 1),$$

$$\arctan x = \int_0^x \frac{\mathrm{d}t}{1+t^2} = x - \frac{x^3}{3} + \frac{x^5}{5} + \cdots + (-1)^n \frac{x^{2n+1}}{2n+1} + \cdots \quad (-1 < x < 1).$$

例 6.22 计算 $\ln 2$ 的近似值，误差不超过 0.0001.

解 可以用展开式 $\ln(1+x) = \sum\limits_{n=1}^{\infty} (-1)^{n-1} \frac{x^n}{n}$ 计算. 令 $x = 1$，可得

$$\ln 2 = 1 - \frac{1}{2} + \frac{1}{3} - \cdots + (-1)^{n-1} \frac{1}{n} + \cdots$$

如果取上面级数的前 n 项和作为 ln2 的近似值，那么误差 $|r_n| \leqslant \frac{1}{n+1}$. 为了保证误差不超过 0.0001，就需要取级数前 1 万项进行计算，收敛速度太慢，所以必须用收敛较快的级数来代替它. 将

$$\ln(1+x) = x - \frac{x^2}{2} + \frac{x^3}{3} - \frac{x^4}{4} + \cdots \quad (-1 < x \leqslant 1)$$

中的 x 换成 $-x$，得

$$\ln(1-x) = -x - \frac{x^2}{2} - \frac{x^3}{3} - \frac{x^4}{4} - \cdots \quad (-1 \leqslant x < 1).$$

两式相减，得到展开式

$$\ln\frac{1+x}{1-x}=\ln(1+x)-\ln(1-x)=2\left(x+\frac{1}{3}x^3+\frac{1}{5}x^5+\cdots\right)\ (-1<x<1)\ .$$

令 $\frac{1+x}{1-x}=2$，解出 $x=\frac{1}{3}$．代入上面的展开式，得

$$\ln 2=2\left(\frac{1}{3}+\frac{1}{3}\cdot\frac{1}{3^3}+\frac{1}{5}\cdot\frac{1}{3^5}+\frac{1}{7}\cdot\frac{1}{3^7}+\cdots\right).$$

若取前四项进行计算，则

$$\begin{aligned}|r_4|&=2\left(\frac{1}{9}\cdot\frac{1}{3^9}+\frac{1}{11}\cdot\frac{1}{3^{11}}+\frac{1}{13}\cdot\frac{1}{3^{13}}+\cdots\right)<\frac{2}{3^{11}}\left[1+\frac{1}{9}+\left(\frac{1}{9}\right)^2+\cdots\right]\\&=\frac{2}{3^{11}}\frac{1}{1-\frac{1}{9}}<\frac{1}{70000}.\end{aligned}$$

所以

$$\ln 2=2\left(\frac{1}{3}+\frac{1}{3}\cdot\frac{1}{3^3}+\frac{1}{5}\cdot\frac{1}{3^5}+\frac{1}{7}\cdot\frac{1}{3^7}\right)\approx 0.6931\ .$$

利用幂级数不仅可以计算一些函数的近似值，而且还可以计算一些不能用 N-L 公式计算的定积分的近似值，比如被积函数为 $\frac{\sin x}{x}$，e^{-x^2} 等.

例 6.23　计算定积分 $\int_0^1\frac{\sin x}{x}\mathrm{d}x$ 的近似值．定义 $\left.\frac{\sin x}{x}\right|_{x=0}=1$，误差不超过 0.0001.

解　展开被积函数，有

$$\frac{\sin x}{x}=1-\frac{x^2}{3!}+\frac{x^4}{5!}-\frac{x^6}{7!}+\cdots\ (-\infty<x<+\infty)\ .$$

在区间 [0,1] 上逐项积分，得

$$\int_0^1\frac{\sin x}{x}\mathrm{d}x=1-\frac{1}{3\cdot 3!}+\frac{1}{5\cdot 5!}-\frac{1}{7\cdot 7!}+\cdots$$

因为第四项 $\frac{1}{7\cdot 7!}<\frac{1}{30000}$，故可取前三项的和作为积分近似值

$$\int_0^1\frac{\sin x}{x}\mathrm{d}x\approx 1-\frac{1}{3\cdot 3!}+\frac{1}{5\cdot 5!}\approx 0.9461\ .$$

习题 6.2

1．求下列幂级数的收敛域.

（1）$\sum nx^n$；　（2）$\sum(-1)^n\frac{x^n}{n^2}$；　（3）$\sum\frac{x^n}{n^2\cdot 2^n}$；

（4）$\sum(-1)^n\dfrac{x^{2n+1}}{2n+1}$；（5）$\sum\dfrac{(x-2)^{2n-1}}{(2n-1)!}$；（6）$\sum\dfrac{3^n+(-2)^n}{n}(x+1)^n$.

2. 利用逐项求导或逐项积分，求下列级数的和函数.

（1）$x+\dfrac{x^3}{5}+\dfrac{x^5}{5}+\cdots+\dfrac{x^{2n-1}}{2n-1}+\cdots$；

（2）$1\cdot 2x+2\cdot 3x^2+n(n+1)x^n+\cdots$.

3. 将下列函数展成 x 的幂级数，并指出收敛区间.

（1）$\sin 2x$；（2）$\dfrac{x}{\sqrt{1-2x}}$；（3）$\dfrac{e^x-e^{-x}}{2}$；

（4）$(1+x)\ln(1+x)$；（5）$\dfrac{x}{1+x-2x^2}$.

4. 求下列函数近似值.

（1）$\sin 90°$（误差不超过 0.0001）；

（2）$\ln 3$（误差不超过 0.001）；

（3）$\sqrt{e}$（误差不超过 0.01）.

5. 计算下列定积分的近似值.

（1）$\dfrac{2}{\sqrt{\pi}}\int_0^{\frac{1}{2}}e^{-x^2}dx$（误差不超过 0.0001）；

（2）$\int_0^{0.5}\dfrac{\arctan x}{x}dx$（误差不超过 0.001）.

综合习题六

1. $\sum\limits_{n=0}^{\infty}(-1)^n\dfrac{2n+3}{(2n+1)!}=$（　　）.

A. $\sin 1+\cos 1$　　B. $2\sin 1+\cos 1$

C. $3\sin 1+\cos 1$　　D. $3\sin 1+2\cos 1$

2. 已知级数 $\sum\limits_{n=1}^{\infty}\left(\dfrac{1}{\sqrt{n}}-\dfrac{1}{\sqrt{n+1}}\right)\sin(n+k)$（$k$ 为常数），则（　　）.

A. 绝对收敛　　B. 条件收敛

C. 发散　　D. 收敛性与 k 有关

3. 若级数 $\sum\limits_{n=1}^{\infty}u_n$ 条件收敛，则 $x=\sqrt{3}$ 与 $x=3$ 依次为幂级数 $\sum\limits_{n=1}^{\infty}nu_n(x-1)^n$ 的（　　）.

A. 收敛点，收敛点　　B. 收敛点，发散点

C. 发散点，收敛点　　D. 发散点，发散点

4. 设级数 $\sum\limits_{n=1}^{\infty}u_n$ 绝对收敛，则级数 $\sum\limits_{n=1}^{\infty}\left(1+\dfrac{1}{n}\right)^n u_n$（　　）.

A. 条件收敛　　B. 绝对收敛

C. 发散　　　　　　　　　　　D. 收敛性不足以判定

5. 下列级数发散的是（　　）.

A. $\sum_{n=1}^{\infty}\frac{n}{8^n}$　　　　　　　　B. $\sum_{n=1}^{\infty}\frac{1}{\sqrt{n}}\ln\left(1+\frac{1}{n}\right)$

C. $\sum_{n=2}^{\infty}\frac{(-1)^n+1}{\ln n}$　　　　　　D. $\sum_{n=1}^{\infty}\frac{n!}{n^n}$

6. 设 $x_n=\frac{u_n+|u_n|}{2}$，$y_n=\frac{u_n-|u_n|}{2}$ $(n=1,2,\cdots)$，则下列命题正确的是（　　）.

A. 若 $\sum_{n=1}^{\infty}u_n$ 条件收敛，则 $\sum_{n=1}^{\infty}x_n$ 与 $\sum_{n=1}^{\infty}y_n$ 都收敛

B. 若 $\sum_{n=1}^{\infty}u_n$ 绝对收敛，则 $\sum_{n=1}^{\infty}x_n$ 与 $\sum_{n=1}^{\infty}y_n$ 都收敛

C. 若 $\sum_{n=1}^{\infty}u_n$ 条件收敛，则 $\sum_{n=1}^{\infty}x_n$ 与 $\sum_{n=1}^{\infty}y_n$ 敛散性都不定

D. 若 $\sum_{n=1}^{\infty}u_n$ 绝对收敛，则 $\sum_{n=1}^{\infty}x_n$ 与 $\sum_{n=1}^{\infty}y_n$ 敛散性都不定

7. 求幂级数 $\sum_{n=0}^{\infty}(n+1)(n+3)x^n$ 的收敛域及和函数.

8. 设 $I_n=\int_0^{\frac{\pi}{4}}\sin^n x\cos x\mathrm{d}x$，$n=0,1,2,\cdots$，求 $\sum_{n=0}^{\infty}I_n$.

9. 设数列 $\{u_n\},\{v_n\}$ 满足 $0<u_n<\frac{\pi}{2}$，$0<v_n<\frac{\pi}{2}$，$\cos u_n-u_n=\cos v_n$，且级数 $\sum_{n=1}^{\infty}v_n$ 收敛.

（1）证明：$\lim\limits_{n\to\infty}u_n=0$；

（2）证明：级数 $\sum_{n=1}^{\infty}\frac{u_n}{v_n}$ 收敛.

10. 已知函数 $f(x)$ 可导，且 $f(0)=1$，$0<f'(x)<\frac{1}{2}$. 又假设数列 $\{x_n\}$ 满足条件 $x_{n-1}=f(x_n)(n=1,2,\cdots)$，证明：

（1）级数 $\sum_{n=1}^{\infty}(x_{n+1}-x_n)$ 绝对收敛；

（2）$\lim\limits_{n\to\infty}x_n$ 存在，且 $0<\lim\limits_{n\to\infty}x_n<2$.

11. 验证函数 $y(x)=\sum_{n=0}^{\infty}\frac{x^{3n}}{(3n)!}$ $x\in(-\infty,+\infty)$ 满足微分方程 $y''+y'+y=\mathrm{e}^x$.

第七章 微积分数学实验

在科学研究和工程应用中，数值运算非常重要，而自然科学理论分析中各种各样的公式、关系式及其推导就是符号运算要解决的问题. MATLAB 是一种强大的数学计算软件，它能进行数值运算和符号运算. MATLAB 的符号运算是通过集成在 MATLAB 中的符号运算工具箱（Symbolic Math Toolbox）来实现的. 实际上，MATLAB 中的符号运算工具箱是建立在具有强大符号运算能力的 MAPLE 软件基础上的. 因此，MATLAB 中的符号运算工具箱和别的工具箱有所不同，该工具箱不是基于矩阵的数值分析，而是使用字符串来进行分析和运算.

MATLAB 的符号数学工具箱可以完成几乎所有的符号运算功能. 这些功能主要包括：符号表达式的运算、复合、化简，符号矩阵的运算，符号微积分、符号函数画图，符号代数方程求解，符号微分方程求解等. 此外，工具箱还支持可变精度运算，即支持符号运算并以指定的精度返回结果. 本章主要介绍 MATLAB 软件工作界面和窗口、MATLAB 语言基础、数组与矩阵的创建、一元函数图形的绘制、符号运算基础、符号微积分、级数的符号求和、代数方程和微分方程的符号求解等内容.

第一节 MATLAB 软件工作界面和窗口

在 MATLAB 7.x 系统环境下有两种操作方式，即命令操作方式和文件操作方式. 前一种操作方式也称为简单操作方式，直接在命令窗口输入命令，完成简单计算任务或绘图任务；后一种操作方式也称为程序操作方式，需要在程序编辑窗口编写程序文件，然后在命令窗口运行程序. 无论是哪种操作方式，MATLAB 软件会对各条语句进行翻译，然后在 MATLAB 环境中对它进行处理，将计算结果都显示在命令窗口，而绘制的图形则显示在图形窗口.

在正确完成安装 MATLAB 7.x，并重新启动计算机之后，选择 Windows 桌面上的“开始”→“程序”→“MATLAB 7.x”命令，或者直接双击系统桌面的 MATLAB 7.x 图标，启动 MATLAB 7.x，将进入 MATLAB 7.x 默认设置的工作界面（见图 7.1）. 工作界面上有 3 个常用窗口：命令窗口（Command Window）、历史窗口（Command History）、工作空间窗口（Workspace）. 下面通过示例对各个窗口进行简要介绍.

一、命令窗口

命令窗口（Command Window）是和 MATLAB 编译器连接的主要窗口，它提供给用户实现人机对话（交互式操作）. 当 MATLAB 启动，命令窗口显示后，窗口处于编辑状态，如图 7.1 所示，其中，“>>”为运算提示符，表示 MATLAB 出于准备状态. 当在提示符后输入一段正确的运算式或函数命令时，只需按 Enter 键，命令窗口中就会直接显示运算结果，然后系统继续处于准备状态.

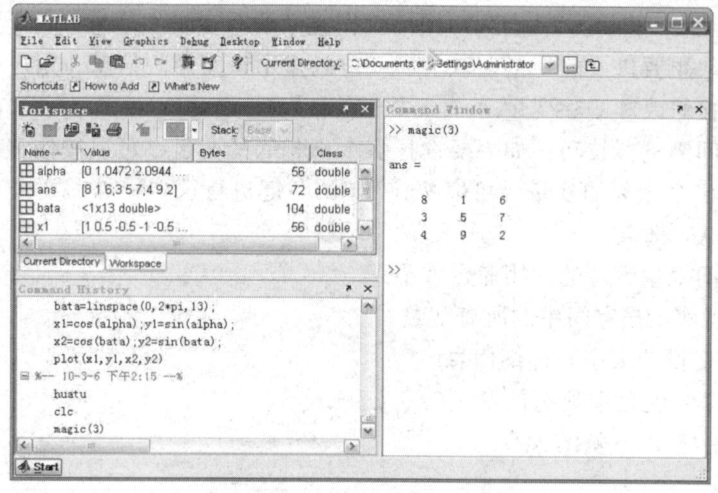

图 7.1　MATLAB 的工作界面

二、命令历史窗口

命令历史窗口(Command History)显示用户在命令窗口中所输入的每条命令的历史记录，并详细记录了命令使用的日期和时间，为用户提供了所使用的命令的详细查询．如果用户想再次执行某条已经执行的命令，只需在命令历史窗口中双击该命令．如果用户想再次执行多条已经执行的命令，用 Shift 或 Ctrl 键配合鼠标左键选中多条命令，然后右击选择 Evaluate Selection 项；如果用户需要从命令历史窗口中删除一条或多条命令，只需选中这些命令，并单击右键，在弹出的快捷菜单中选择 Delete Selection 命令即可，如图 7.2 所示．

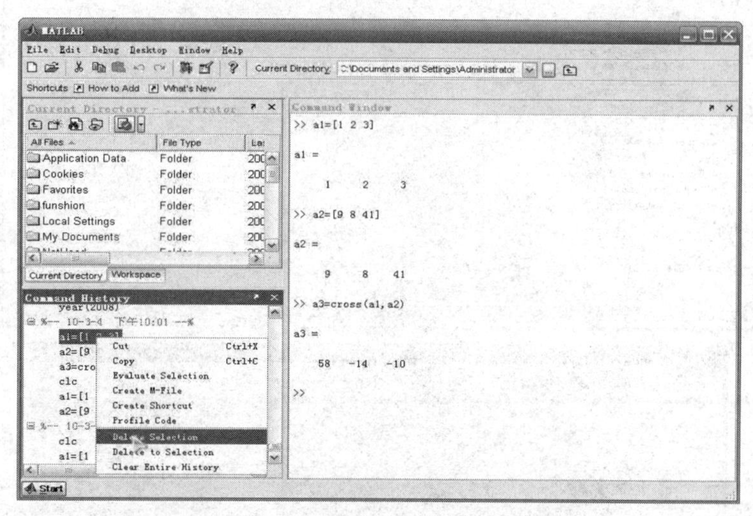

图 7.2　MATLAB 的命令历史窗口

三、工作空间窗口

工作空间窗口（ Workspace ）是 MATLAB 的重要组成部分，它用来显示当前计算机内存中 MATLAB 变量的名称、变量的数值、变量的字节及其类型，见图 7-3．用户可以在命令窗口直接输入 who 后按回车键，就会列出当前工作空间所有变量的信息；或者用鼠标选择工作空间浏览器，选取想要进入的变量，双击后就可以显示该变量的信息，用户可以直接在工作空间浏览器下直接修改和删除变量.

使用工作空间浏览器技巧：如果要选择多个不相邻的变量，可以按住“Shift”键进行选取；如需要选择多个相邻的变量，可以按住“Ctrl”键进行选取；如需要全部变量，可以使用快捷键“Ctrl+A”选取.

有关工作空间变量管理的常用命令如下.

who：列出当前工作空间中的所有变量.

whos：列出变量的大小等详细信息.

clear：清除工作空间中所有的变量.

size，length：获取变量的大小.

四、MATLAB 的图形窗口

图形窗口独立于 MATLAB 命令窗口，用来显示 MATLAB 所绘制的图形，这些图形既可以是二维图形，也可以是三维图形. 用户可以选择 File|New|Figure 命令进入图形窗口，此窗口将 MATLAB 绘图命令所产生的各种图形显示于计算机屏幕，其窗口形式如图 7.3 所示.

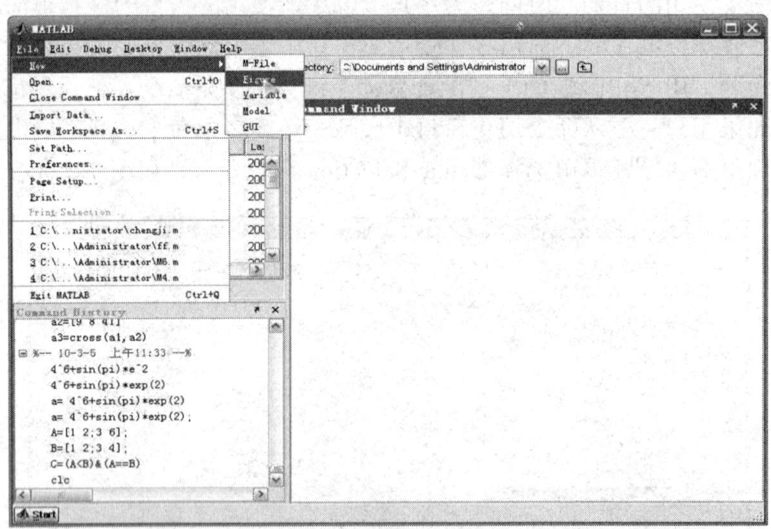

图 7.3　MATLAB 的图形窗口

第二节　MATLAB 语言基础

变量和表达式是使用 MATLAB 的基础，在这一节我们对 MATLAB 中的变量、表达式的定义、MATLAB 中的运算符与使用以及数据的显示格式做一简单介绍.

一、变　量

MATLAB 中的变量不必做特殊说明，当数据（数据块）赋值给某个英文字母时，这个英文字母作为变量名就已经被自动定义了. 与其他计算机语言不同的是，在 MATLAB 中，变量使用前不必先定义变量类型. 但是，MATLAB 中的变量命名也必须遵循如下规则：

（1）变量名的第一个字符必须是英文字母，最多可包括 31 个字符；

（2）变量名可由英文字母、数字和下划线混合组成；

（3）变量名中不能包括空格和标点；

（4）变量名包括函数名，区别字母的大小写；

（5）变量名不能用 MATLAB 中已经有的保留字.

MATLAB 也有一些自己的预定义变量，如表 7.1 所示，这些预定义变量已驻留在内存中. MATLAB 没有限制用户使用上面这些预定义变量，用户可以在 MATLAB 的任何地方将这些预定义变量重新定义，赋予新值，重新计算.

表 7.1

pi	圆周率的近似值
i,j	虚数单位，定义为 $i=j=\sqrt{-1}$
eps	计算机最小的数
Inf	无穷大，如 1/0
Realmin	最小的正实数
Realmax	最大的正实数
Flops	浮点运算数
NaN	非数，如 $0/0, \infty/\infty, 0\times\infty$
Nargin	函数的输入变量数目
Nargout	函数的输出变量数目

二、运　算

MATLAB 的运算可划分为四类，即算术运算、关系运算、逻辑运算与函数运算.

1. 算术运算

算术运算符用来处理两个运算之间的数学运算，算术运算符及其意义见表 7.2.

表 7.2

运算符	意　义	运算符	意　义
+	矩阵相加	′	矩阵转置，对复数矩阵为共轭转置
-	矩阵相减	.′	数组转置
*	矩阵相乘	.*	矩阵/数组点乘
^	矩阵幂	.^	矩阵点幂
\	矩阵右除	.\	矩阵点右除
/	矩阵左除	./	矩阵点左除

表 7-2 中的点运算表示对两个同阶数矩阵中的对应元素进行算术运算.

2. 关系运算

关系运算用来比较两个运算之间的关系. 关系运算符及其意义见表 7.3.

表 7.3

运算符	意　义	运算符	意　义
<	小于	<=	小于等于
>	大于	>=	大于等于
==	等于	~=	不等于

关系运算应遵循以下规则：

如果两个变量都是标量，则结果为 1（真）或 0（假）;

如果两个变量都是矩阵，则必须大小相同，结果也是同样大小的矩阵，矩阵的元素为 0 或 1;

如果两个变量中，一个是标量，一个是矩阵，则矩阵的每个元素分别与标量进行比较，结果为矩阵大小相同的矩阵，矩阵的元素为 0 或 1.

3. 逻辑运算

逻辑运算用来处理元素之间的逻辑关系，逻辑运算符及其意义见表 7.4.

表 7.4

<table>
<tr><th>符　号</th><th>意　义</th><th>符　号</th><th>意　义</th></tr>
<tr><td>&</td><td>与</td><td>&&</td><td>先决与</td></tr>
<tr><td>|</td><td>或</td><td>||</td><td>先决或</td></tr>
<tr><td>~</td><td>非</td><td>Xor</td><td>异或</td></tr>
</table>

&&逻辑运算符是当该运算符的左边为 1（真）时，才继续该符号右边的运算.

|| 逻辑运算符是当该运算符的左边为 1（真）时，就不需要继续执行该符号右边的运算，而立即得出该逻辑结果为 1（真）; 否则，就要继续执行该符号右边的运算.

逻辑运算应该遵循以下准则：

在逻辑运算中，非 0 元素表示真（1），0 元素表示假（0），逻辑运算的结果为 0；

如果两个变量都是标量，则结果为 0、1 的标量；

如果两个变量都是矩阵，则大小必须相同，结果也是同样大小的矩阵.

如果两个变量中，一个是标量，一个是矩阵，则矩阵的每个元素分别与标量进行比较，结果为与矩阵大小相同的矩阵.

4. 函数运算

MATLAB 中基本数学函数包括三角函数类、指数函数类、复数函数类、取整函数类、求余函数类以及数据处理函数类. 三角函数、反三角函数、双曲函数和反双曲函数等常用三角函数列表 7.5 如下，指数函数与对数函数、复数函数、取整函数以及求余函数等常用基本函数列表 7.6 如下.

表 7.5　常用的三角函数

函数名	函数功能	函数名	函数功能
sin(x)	正弦函数	sinh(x)	双曲正弦函数
asin(x)	反正弦函数	asinh(x)	反双曲正弦函数
cos(x)	余弦函数	cosh(x)	双曲余弦函数
acos(x)	反余弦函数	acosh(x)	反双曲余弦函数
tan(x)	正切函数	tanh(x)	双曲正切函数
atan(x)	反正切函数	atanh(x)	反双曲正切函数
cot(x)	余切函数	sech(x)	双曲正割函数
acot(x)	反余切函数	asech(x)	反双曲正割函数
sec(x)	正割函数	csch(x)	双曲余割函数
asec(x)	反正割函数	acsch(x)	反双曲余割函数
csc(x)	余割函数	coth(x)	双曲余切函数
acsc(x)	反余割函数	acoth(x)	反双曲余切函数

表 7.6 常用的基本数学函数

函数名	函数功能	函数名	函数功能
abs(x)	绝对值	angle(z)	复数 z 的相角
sqrt(x)	开平方	real(z)	复数 z 的实部
Conj(z)	共轭复数	imag(z)	复数 z 的虚部
round(x)	四舍五入	fix(x)	舍去小数取整
rat(x)	分数表示	sign(x)	符号函数
gcd(x,y)	最大公因数	rem(x,y)	求 x 除以 y 的余数
exp(x)	自然指数	lcm(x,y)	最小公倍数
log(x)	自然对数	pow2(x)	以 2 为底的指数
log10(x)	10 底对数	log2(x)	以 2 为底的对数

运算的优先级别是按“函数运算→数学运算→关系运算→逻辑运算”次序执行的，具体次序如下：

（1）函数运算；

（2）小括号（）；

（3）矩阵方幂^，矩阵转置′；

（4）逻辑非；

（5）数据加、减；

（6）矩阵点乘、矩阵点左除、矩阵点右除、矩阵乘、矩阵右除、矩阵左除；

（7）矩阵加，矩阵减；

（8）小于、小于等于、大于、大于等于、相等、不等；

（9）与、或；

（10）先决与；

（11）先决或.

三、表达式

MATLAB 采用的是表达式语言，用户输入的语句由 MATLAB 系统解释运行. MATLAB 语句由变量与表达式组成. MATLAB 语句有三种最常见的形式：

（1）表达式　　　　　　%结果赋值给预定义变量 ans

（2）变量名=表达式　　　%显示结果，并将结果赋值给变量名

（3）变量名=表达式　　　%不显示结果

在第一种形式中，表达式运算后产生的结果为数值类型，系统会自动赋值给预定义变量 ans，并显示在屏幕上. 但是对于重要结果，一定要用（2），对等式右边产生的结果，系统会自动将其存储在左边的变量中并同时显示在屏幕上. 如果不想显示结果就用（3）.

表达式由变量名（或不用变量名）、运算符、函数和数字组成. 但应该注意：

（1）表达式按常规的优先级（指数、乘除、加减）从左到右执行运算；

（2）括号可以改变运算顺序；

（3）赋值符“=”和运算符号两侧允许有空格.

例 7.1　用两种形式计算 $4^6+\sin\pi * e^2$.

解　在命令窗口输入：

形式 1：

```
>> 4^6+sin(pi)*exp(2)
ans =4096
```

形式 2：

```
>> a= 4^6+sin(pi)*exp(2)
a = 4096
```

形式 3：

```
>> a= 4^6+sin(pi)*exp(2);
```

按 enter 键后没有显示的运算结果.

第三节　数组和矩阵的创建

一、数组的生成

在 MATLAB 中，生成数组有三种方法：

（1）直接输入.

输入的格式要求是：数组元素用“[]”括起来；元素之间用空格、逗号或者分号相隔. 需要注意的是，用不同的相隔符号生成的数组形式是不同的：用空格或逗号生成行数组，用分号生成列数组.

（2）冒号输入法.

冒号输入的基本格式为

x=x0: step: xn,

其中第一个数据 x0 是初值，第二个数据是步长，第三个数据是终值，而 x 是所创建的数组名称.

注 1　当步长 step=1 时，可以省略表达式中的第二项，直接使用

x=x0: xn.

注 2　当初值大于终值时，步长 step 应该为负数.

例如：在命令窗口输入：

```
>> a1=10:2:30，a2=30:-2:2
```

运行的结果：

```
>>a1 = 10   12   14   16   18    20   22   24   26   28   30
>> a2 =30   28   26   24   22    20   18   16   14   12   10   8   6   4   2
```

（3）一元函数计算法.

一元函数计算法使用 linspace 函数，这是一个线性等分数组函数，基本格式为

x=linspace(x0, xn, n),

其中 x 表示生成的数组；x0 表示第一个元素；xn 表示最后一个元素；n 表示生成数组元素的个数，系统默认为 100. 例如，

```
a1=linspace(10,60,4)
a1 =10.0000     26.6667     43.3333     60.0000
```

二、矩阵的生成

矩阵是 MATLAB 中最基本的数据元素，MATLAB 中二元函数图形绘制方法是以矩阵为基础的绘图方法，矩阵的设计和创建是数学实验中的重要技能.

矩阵的生成方式有多种，通常有四种：

（1）在命令窗口直接输入矩阵元素；

（2）通过函数生成特殊矩阵；

（3）在 M 文件中建立矩阵；

（4）从外部数据文件中导入矩阵.

其中在命令窗口中直接输入矩阵是最简单、最常用的创建数值矩阵的方法，比较适合于创建

较小的简单矩阵．把矩阵的元素直接排列到方括号中，每行内的元素用空格或逗号相隔，行与行之间的内容用分号相隔．例如：

```
A=[1 2 3;5 9 6]
A =
      1     2     3
      5     9     6
```

或

```
>> A=[1,2,3;3,4,5]
A =
      1     2     3
      3     4     5
```

第四节　一元函数图形的绘制

MATLAB 绘图的一般步骤包括：

（1）输入图形的数据信息；

（2）调用绘图函数进行绘图；

（3）设置图形属性，包括坐标轴标注、颜色设置、线型设置等；

（4）图形输出或打印．

本节介绍一般的 MATLAB 软件中一元函数图形的绘制方法，并根据完整的步骤来说明一个图形产生的流程．这里主要以常用的绘图命令 plot 为例进行讲解．

数组常用于表示一元函数的一组函数值．一元函数值 y 可以视为平面上某点的纵坐标，该点的横坐标就是对应的自变量 x．由一系列的横坐标和纵坐标组成了一元函数的离散数据，形成了函数表．在函数表中，如果自变量以一维数组形式表现，则一元函数值以对应的一维数组表现．利用函数表中的数据绘图是 MATLAB 中一元函数的基本方法．常用的使用格式为：

```
plot(x, y)
```

其中 x 是自变量数据，y 是函数值数据，且 x 与 y 是同维的一维数组．

注 1　如果 y 是一个数组，函数 plot(y)绘制直角坐标的二维图，以 y 中元素的下标作为 X 坐标，y 中元素的值作为 Y 坐标，一一对应地画在 X-Y 坐标平面上．

注 2　在 plot 后使用多输入变量的语句：plot(x1, y1，x2，y2，…，xn, yn)，其中，x1, y1，x2，y2，…，xn, yn 分别为数组对．每一对 X-Y 数组可以绘制一条曲线，这样就可以在一张图上画出多条图线．

注 3　plot()命令是二维图形绘制的基本命令，当自变量数据取得细密时，所绘制的曲线就光滑，自变量点取得稀疏时，所绘制的曲线就粗糙．

注 4　MATLAB 中的第 1 幅图随 plot 命令自动打开，以后的 plot 命令都画在同一图形窗口中．如果将不同的图形绘制在不同的图形窗口，利用函数 figure 打开新的图形窗口．有了顺序为 1,2,3,…的几个图形窗口后，即键入命令 figure（i），其中 i 取 1,2,3,…，再用 plot

语句，就指明此图绘制在第 i 个图形窗口；否则，所有的图形都会绘制在最后显示的那幅图形窗口上.

例 7.2　利用绘图方法绘出衰减振荡函数 $y=\mathrm{e}^{-0.5x}\sin 5x$ 的图形.

解　在命令窗口输入：

```
x=0:0.1:4*pi;
y=exp(-0.5*x);
y1=y.*sin(5*x);
figure(1), plot(x,y)        %绘制函数 y=e^(-0.5x) 的图形
figure(2), plot(x,-y)       %绘制函数 -y=-e^(-0.5x) 的图形
figure(3), plot(x,y1)       %绘制函数 y1=e^(-0.5x)sin5x 的图形
```

第五节　微积分符号运算

符号运算是对还没有赋值的符号对象，如常数、变量、表达式等，进行运算处理，并将所得结果以标准的符号形式来表示.

一、符号对象的创建

参与符号运算的对象可以是符号变量、符号表达式或符号矩阵. 在进行符号运算时，首先要定义基本的符号对象，然后利用这些基本符号对象去构建新的表达式，从而进行所需的符号运算. 在 MATLAB 中，可以使用 sym 和 syms 这两个函数来创建和定义基本的符号对象.

sym 函数的主要功能是创建单个符号数值、符号变量、符号表达式或符号矩阵. sym 的一般使用格式为：

x = sym (‘x’),

表示由单引号内的 x 创建一个名为 x 的符号对象. 如果输入量 x 是字符或字符串，结果就是创建了一个符号变量 x；如果输入量 x 是一个常数，结果是创建了一个符号常量 x；如果输入量 x 是一个矩阵，结果是创建了一个符号矩阵 x. 例如，

```
a= sym('a')                  %定义了符号变量 a;
b= sym('1/3')                %定义了符号常量 b;
F= sym('[1,xy,z,w]')         %定义了符号矩阵 F.
```

值得注意的是，如果输入量 x 是不存在的变量，此处的单引号不可省略. 如果已存在变量 A，可以利用命令 S= sym (A)来创建符号对象 S.

随着微积分的广泛应用，微分运算与积分运算在许多科学计算和理论分析中已不可避免. MATLAB 符号运算可以实现大部分初等函数的符号极限运算、符号微分运算和符号积分运算.

二、极限运算

limit(f,x,a)　　%求 $\lim\limits_{x\to a} f(x)$

limit(f,a)　　%求以系统默认变量为自变量的符号表达式 f 趋于 a 时的极限

```
limit(f)                    %求以系统默认变量为自变量的符号表达式f趋于0时的极限
limit(f,x,a,'left')         %求 lim_{x→a^-} f(x)
limit(f,x,a,'right')        %求 lim_{x→a^+} f(x)
```

例 7.3　分析函数 $f(x)=x\sin\frac{1}{x}$ 当 $x\to 0$ 时的变化趋势，并求其极限.

解　编辑文件程序：

```
x=-1:0.001:1;
y=x.*sin(1./x);
plot(x,y,x,x,'r',x,-x,'r')
syms x
f=x*sin(1/x);
limit(f)
```

输出结果为：

```
ans=0.
```

如图 7.4 所示.

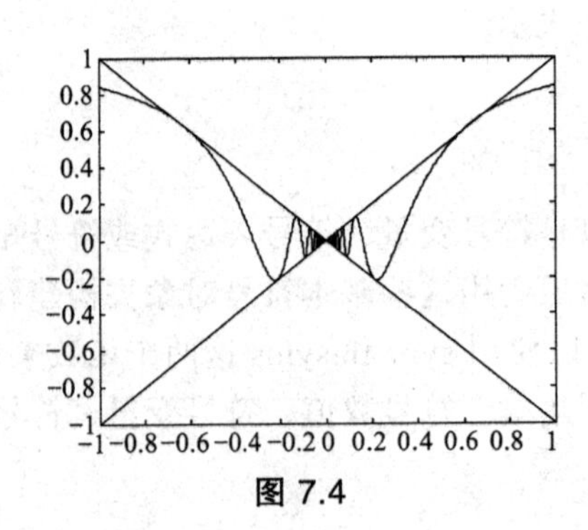

图 7.4

对 MATLAB 中一元函数的基本方法做如下几点说明：

（1）MATLAB 中一元函数的基本方法. 常用的使用格式为 plot(x, y)，其中 x 是自变量数据，y 是函数值数据，且 x 与 y 是同维的一维数组.

（2）一元函数的绘图另有函数绘图法 ezplot(f)，其中 f 是函数对应的符号表达式.

（3）ezplot 简易绘图方法的优点是快速方便. plot 基本绘图方法是利用一元函数自变量的一系列数据和对应函数值数据进行绘图的具有很大的灵活性.

例 7.4　求下列函数的极限：

（1）$\lim\limits_{x\to+\infty}\left(1+\dfrac{2t}{x}\right)^{3x}$；　　（2）$\lim\limits_{x\to0^+}\dfrac{1}{x}$；

（3）$\lim\limits_{x\to0}\dfrac{2^x-\ln 2^x-1}{1-\cos x}$；　　（4）$\lim\limits_{x\to0}\dfrac{\sin x-x\cos x}{x^2\sin x}$.

解　编辑程序文件：

（1）
```
>>limit((1+2*t./x).^(3*x),x,inf)
ans =exp(6*t)
```

（2）
```
>>limit(1/x,x,0,'right')
```

```
ans =inf
```
（3）
```
>>limit((2.^x-log(2.^x)-1)/(1-cos(x)))
ans =log(2)^2
```
（4）
```
>> limit((sin(x)-x.*cos(x))./(x.^2.*sin(x)),x,0)
ans =1/3
```

三、微分运算

```
diff(f,x,n)     %以 x 为自变量，对 f 求 n 阶导数
diff(f,x)       %以 x 为自变量，对 f 求一阶导数
diff(f,n)       %以系统默认变量为自变量，对 f 求 n 阶导数
diff(f)         %以系统默认变量为自变量，对 f 求一阶导数
```

例 7.5　作函数 $f(x)=2x^3+3x^2-12x+7$ 的图形和在 $x=-1$ 处的切线.

解　先求 $f(x)=2x^3+3x^2-12x+7$ 在 $x=-1$ 处的切线方程，再作函数 $f(x)=2x^3+3x^2-12x+7$ 和切线的图形.

编辑程序文件：

```
>> syms x;
>> y=2*x^3+3*x^2-12*x+7;
>> diff(y)
   ans =6*x^2+6*x-12
>> x=-1;
   f1=6*x^2+6*x-12
   f1 =-12
>> f2=2*x^3+3*x^2-12*x+7
   f2 =20
>> x=linspace(-10,10,1000);
   y1=2*x.^3+3*x.^2-12*x+7;
   y2=-12*(x+1)+20;
plot(x,y1,'r',x,y2,'g')
```

图形见图 7.5.

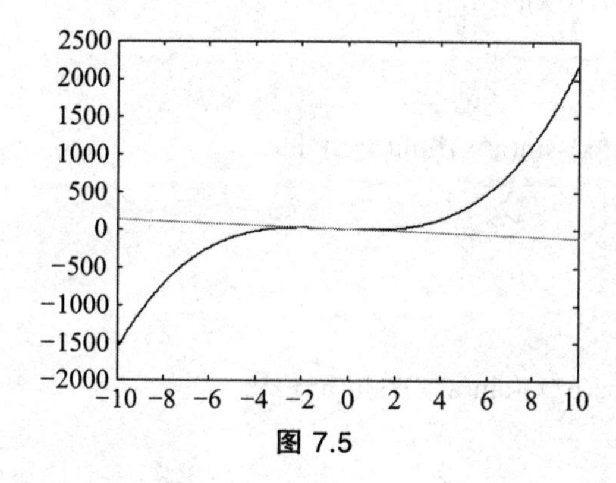

图 7.5

例 7.6 计算 $f(x)=\dfrac{1}{5+4\cos x}$ 关于 x 的导数，并对原函数及导数画图.

解 编辑程序文件：

```
>>syms x;
>>f=1/(5+4*cos(x));
>>ezplot(f)
>>f1=diff(f,x,1)
>>ezplot(f1)
f1 =
4/(5+4*cos(x))^2*sin(x)
```

原函数和导函数的图形分别见图 7.6 与图 7.7.

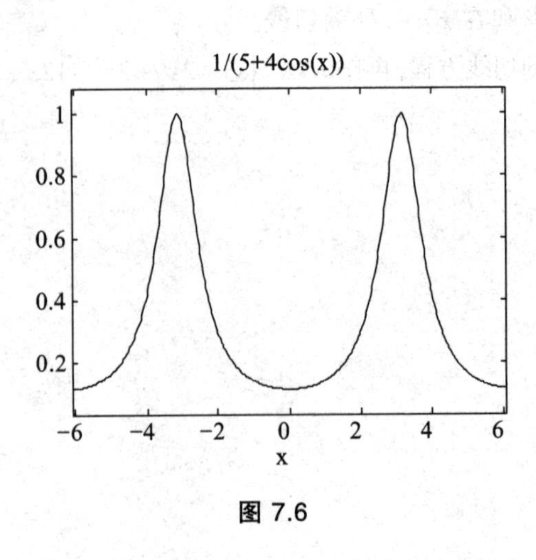

图 7.6

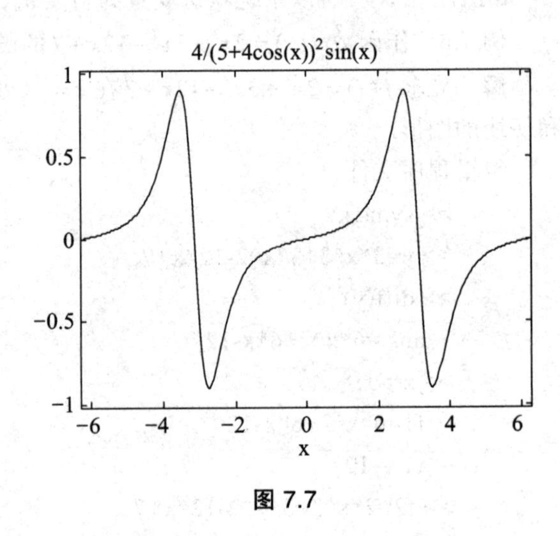

图 7.7

例 7.7 求函数 $f(x)=\sin ax\cos bx$ 的一阶导数. 并求 $f'\left(\dfrac{1}{a+b}\right)$.

解 求函数 $f(x)=\sin ax\cos bx$ 的一阶导数.

程序代码：

```
>> syms a b x y;
>>y= sin(a*x)*cos(b*x);
>>D1=diff(y,x,1)
D1 =
cos(a*x)*a*cos(b*x)-sin(a*x)*sin(b*x)*b
```

下面求 $f'\left(\dfrac{1}{a+b}\right)$

程序代码：

```
>> x=1/(a+b);
>> cos(a*x)*a*cos(b*x)-sin(a*x)*sin(b*x)*b
ans =
```

```
cos(a/(a+b))*a*cos(b/(a+b))-sin(a/(a+b))*sin(b/(a+b))*b
```

例 7.8　对函数 $f(x)=x(x-1)(x-2)$ 观察罗尔定理的几何意义.

（1）画出 $y=f(x)$ 与 $f'(x)$ 的图形（见图 7.8），并求出 $f'(x)=0$ 的两个根 x_1 与 x_2.

解　程序代码：

```
>> syms x;
>>f=x*(x-1)*(x-2);
>>f1=diff(f)
f1 =(x-1)*(x-2)+x*(x-2)+x*(x-1)
>> solve(f1)
ans =1+1/3*3^(1/2)
     1-1/3*3^(1/2)
>> x=linspace(-10,10,1000);
>>y1=x.*(x-1).*(x-2);
>>y2 =(x-1).*(x-2)+x.*(x-2)+x.*(x-1);
plot(x,y1,x,y2)
```

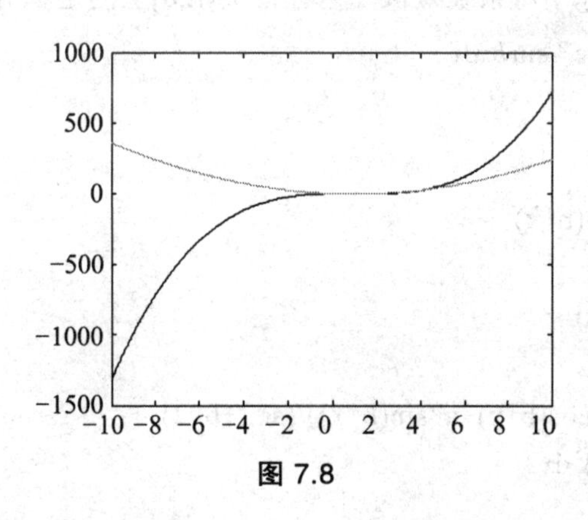

图 7.8

（2）画出 $y=f(x)$ 及其在点 $(x_1,f(x_1))$ 与 $(x_2,f(x_2))$ 处的切线（见图 7.9）.

```
>> hold on
>> x=1+1/3*3^(1/2);
>> y1=x*(x-1)*(x-2)
y1 =-0.3849
>> x=1-1/3*3^(1/2);
>> y2=x*(x-1)*(x-2)
y2 =0.3849
x=linspace(-3,3,1000);
y1 =-0.3849*x.^0;
y2 =0.3849*x.^0;
plot(x,y1,x,y2)
```

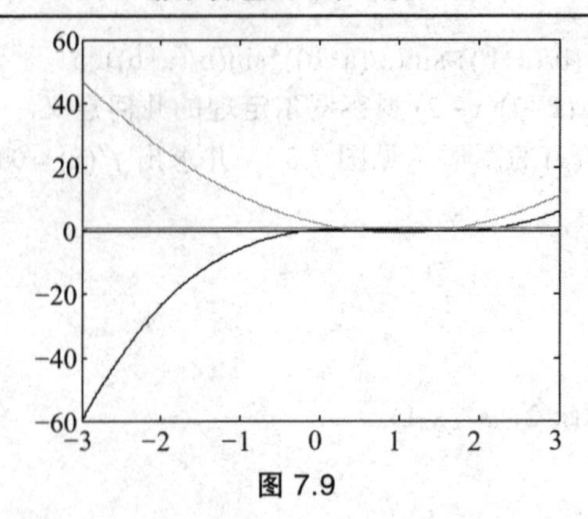

图 7.9

四、积分运算

```
int(s,x)          % 求f对指定变量x的不定积分
int(s)            % 求f对系统默认变量的不定积分
int(s,x,a,b)      % 求f对指定变量x在区间[a,b]上的定积分
int(s,a,b)        % 求f对系统默认变量在区间[a,b]上的定积分
```

例 7.9 求不定积分 $\int e^{ax}\sin bx\mathrm{d}x$.

解 程序代码：

```
>>syms a b x
>>f=exp(a*x)*sin(b*x);
>>int(f)
>>F=simplify(ans)
```

输出结果为：

```
F =exp(a*x)*(-b*cos(b*x)+a*sin(b*x))/(a^2+b^2)
```

例 7.10 求 $\int x^2(1-x^3)^5\mathrm{d}x$.

解 程序代码：

```
>> syms x y;
>> y=x^2*(1-x^3)^5;
>> R=int(y,x)
R =
-1/18*x^18+1/3*x^15-5/6*x^12+10/9*x^9-5/6*x^6+1/3*x^3
```

例 7.11 函数 $f(x)=e^{-0.2x}\sin(0.5x)\mathrm{d}x$，$x\in[0,2\pi]$ 的图形是一条曲线段，求该曲线段绕 x 轴旋转形成的旋转曲面所围的面积.

解 编辑文件程序：

```
syms a x
f=exp(-0.2*x)*sin(0.5*x);
V=pi*int(f*f,0,2*pi)
double(V)       % 将符号表达式转换为数值数据
```

输出结果为：

```
V =125/116*pi*(-1+exp(pi)^(4/5))/exp(pi)^(4/5)
ans = 3.1111
```

例 7.12　设 $z=\sin(xy)+\cos^2(xy)$，求 $\frac{\partial z}{\partial x},\frac{\partial z}{\partial y},\frac{\partial^2 z}{\partial x^2},\frac{\partial^2 z}{\partial x\partial y}$.

解　程序代码：

```
>> syms x y;
>>S=sin(x*y)+(cos(x*y))^2;
>>D1=diff(S,'x',1);
>>D2=diff(S,'y',1);
>>D3=diff(S,'x',2);
>>D4=diff(S,'y',2);
D1,D2,D3,D4
D1 = cos(x*y)*y-2*cos(x*y)*sin(x*y)*y
D2 = cos(x*y)*x-2*cos(x*y)*sin(x*y)*x
D3 =-sin(x*y)*y^2+2*sin(x*y)^2*y^2-2*cos(x*y)^2*y^2
D4 = -sin(x*y)*x^2+2*sin(x*y)^2*x^2-2*cos(x*y)^2*x^2
```

例 7.13　计算二重积分 $\iint\limits_D x^2\sin y\mathrm{d}x\mathrm{d}y$，其中 D 是矩形区域：$0\leqslant x\leqslant 1$，$1\leqslant y\leqslant \pi$.

解　二重积分的计算需要先将其化为二次积分，再利用命令 int 计算．本题中要计算的二重积分可化为二次积分 $\int_0^\pi\left[\int_0^1 x^2\sin y\mathrm{d}x\right]\mathrm{d}y$，于是可编辑文件程序：

```
>>syms x y
>>f=x^2*sin(y);
>>int(int(f,x,0,1),y,0,pi)
```

输出结果为：

```
ans =2/3
```

五、其他符号运算简介

MATLAB 中的符号运算还包括级数运算、方程符号求解、求函数的最值等，本节对这些符号运算作简单介绍.

1. 级数运算

（1）级数求和.

symsum(s,k,,a,b)　　% 将符号表达式 s 为一般项对 k 在区间$[a,b]$上取值求和

例 7.14　分别求出级数 $\sum\limits_{k=1}^{n}k,\sum\limits_{k=1}^{n}k^2,\sum\limits_{k=1}^{n}k^3$ 的和.

解　程序代码：

```
>>syms k n
```

```
>>s1=symsum(k,k,1,n);
>>s2=symsum(k^2,k,1,n);
>>s3=symsum(k^3,k,1,n);
>>S=simplify([s1,s2,s3]);
>>factor(S)
```

结果显示：

```
ans =[ 1/2*n*(n+1), 1/6*n*(n+1)*(2*n+1), 1/4*n^2*(n+1)^2]
```

（2）Taylor 级数展开.

taylor(f,n,x,a)　　%求 f 在 $x=a$ 处的 n-1 阶 Taylor 展开式

taylor(f,n,x)　　%求 f 关于变量 x 的 n-1 阶 Maclaurin 展开式

taylor(f,n)　　%求 f 关于变量 x 的 n-1 阶 Maclaurin 展开式

taylor(f)　　%求 f 关于默认变量的 5 阶 Maclaurin 展开式

例 7.15　将函数 $\sin x$ 展开成幂级数，取其前 n 次多项式可作为 $\sin x$ 的近似值，观察 n 取不同值时的近似程度.

解　程序代码：

```
syms x
n=11;
for i=1:2:n
ti=taylor(sin(x),i);
ezplot(ti)
pause(1)
hold on;
i=i+2;
end
y=-5:0.1:5;
plot(y,sin(y),'r')
```

运行之后可得图 7.10.

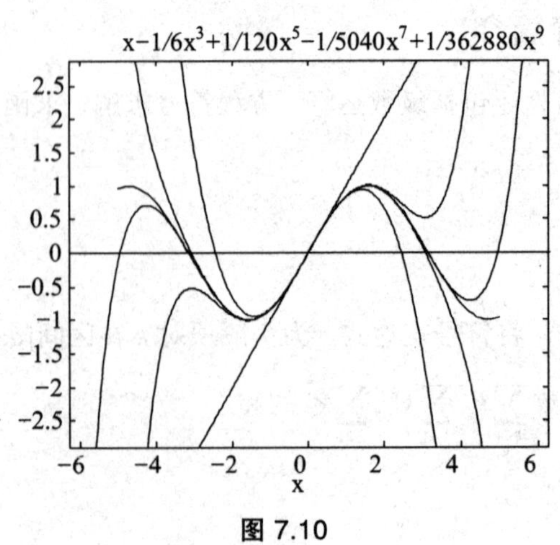

图 7.10

2. 方程求解

（1）代数方程（组）的求解.

solve('equ','x')　　　%求解符号方程 equ，自变量为 x

solve('equ')　　　%求解符号方程 equ，自变量为系统默认自变量

（2）常微分方程求解.

dsolve('equ','x')　　　% 求解常微分方程，自变量为 x

dsolve('equ')　　　% 求解常微分方程，自变量为系统默认自变量

dsolve('equ','condition1,conditon2,…,conditionn','x')　或

dsolve('equ','condition1','conditon2',…,'conditionn','x')　%求解有初始条件的常微分方程

例 7.16　求解微分方程 $xy'-y\ln y=0$.

解　程序代码

```
>>y=dsolve('x*Dy-y*log(y)=0','x')
```

运行可得：

```
y =exp(x*C1)
```

例 7.17　求解微分方程 $y''+2x=2y$，满足初始条件：$y(2)=5$，$y'(2)=2$，并画出图形.

解　程序代码

```
>>y=dsolve('D2y+2*x=2*y','y(2)=5,Dy(2)=2','x')
```

运行得到：

```
y =
    1/4*exp(2^(1/2)*x)*(3*2^(1/2)+1)*2^(1/2)/exp(2^(1/2))^2+exp(-2^(1/2)*x)*
    (3/2*exp(2^(1/2))^2-1/4*2^(1/2)*exp(2^(1/2))^2)+x
```

图形如图 7.11 所示.

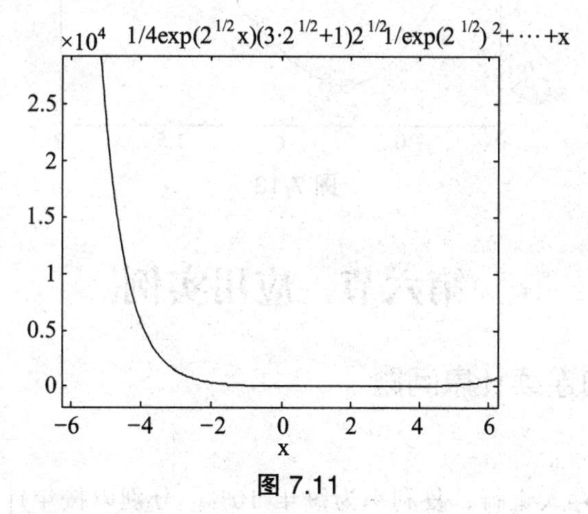

图 7.11

例 7.18　求微分方程 $y'+2xy=xe^{-x^2}$ 的通解.

解　程序代码

```
>> y=dsolve('Dy+2*x*y=x*exp(-x^2)','x')
y =
(1/2*x^2+C1)*exp(-x^2)
```

3. 函数最值的求解

导函数是分析函数 $f(x)$ 的单调性和极值点的有效方法，当 $f'(x_0)>0$，函数在点 x_0 附近是上升的，反之，当 $f'(x_0)<0$，函数在点 x_0 附近是下降的. 函数在点 x_0 达到局部极大（或局部极小）的充分条件是 $f'(x_0)=0$，且 $f'(x_0)>0$（或 $f'(x_0)<0$）. 求一元函数最小值方法

```
[Xmin, Ymin]=fminbnd(fun, x1, x2)
```

fun 是目标函数，事先需要定义. [x1, x2]是最小值点搜索区间，Xmin 是目标函数的最小值点，Ymin 是目标函数的最小值.

例 7.19 求一元函数 $f(x)=0.5-x\mathrm{e}-x^2$ 在区间[0, 2]内的最小值，并绘出函数图形标出最小值点.

解 程序代码

```
fun=inline('0.5-x.*exp(-x.^2)');
fplot(fun,[0,2]),
hold on
[x0,y0]=fminbnd(fun,0,2)
plot(x0,y0,'o')
x0 =0.7071,
y0 = 0.0711
```

图形见图 7.12.

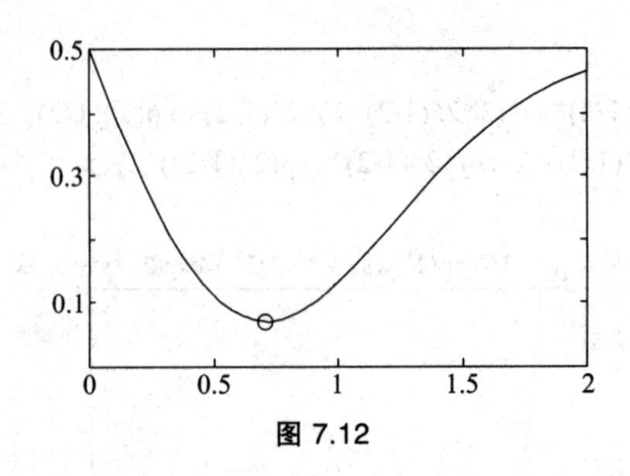

图 7.12

第六节 应用实例

一、经济学中的连续计息问题

1. 实验内容

某储户将 1000 元存入银行，复利率为每年 10%，分别以按年计息和按连续复利计息，计算 10 年后的存款额.

2. 实验分析

由题意可知，如果按年计息 n 年后的存款为 $1000(1+10\%)^n$，而按连续复利计息 n 年后的

存款为 $\lim\limits_{m\to\infty}1000\left(1+\dfrac{0.1}{m}\right)^{nm}$.

3. 实验程序

```
clear
syms n m
a=1000*1.1^n;
b=1000*(1+0.1/m)^(n*m);
a1=subs(a,n,10)
b1=limit(b,m,inf)
b2=subs(b1,n,10)
```

4. 实验结果

```
a1 = 2.5937e+003
b1 =1000*exp(1/10*n)
b2 = 2.7183e+003
```

则按年计息 10 年后的存款额为 2593.7 元，而按连续复利计息 10 年后的存款额为 2718.3 元.

二、还贷问题

1. 实验内容

从银行贷款 100 万元建生产流水线，一年后建成投产. 投产后流水线每年创造利润 30 万元，银行的年利率 $p=10\%$，计算多少年后公司可以盈利?

2. 实验分析

设公司第 $x+1$ 年还清贷款，根据利率计算公式，债款为 $100(1+10\%)^{x+1}$，流水线创造的价值为 $30[(1+10\%)^{x}-1]/10\%$，要还清贷款，则前 $x+1$ 的盈利=债款，故可建立如下的等式

$$100(1+10\%)^{x+1}=30[(1+10\%)^{x}-1]/10\%.$$

3. 实验程序

```
x=0:20;
y1=100*1.1.^(x+1);
y2=30*(1.1.^(x)-1)/0.1;
plot(x,y1,x,y2),
hold on
fun=inline('100*1.1.^(x+1 )-30*(1.1.^(x)-1)/0.1');
f10=feval(fun,4);
f12=feval(fun,6);
x=fzero(fun,[4,6])
function pay=debt(p,S)
if nargin==0,
```

```
p=0.1;
S=100;
end
pay=S;
k=1;
S=S*(1+p);
pay=[pay,S];
while S>0
      k=k+1;
      S=S*(1+p);
      S=S-30;              %每年的盈亏差
      pay=[pay,S];
end
```

4. 实验结果

调用 debt

ans = 100.0000　110.0000　91.0000　70.1000　47.1100　21.8210　-5.9969

则第六年盈利为 5.9969 万.

三、海报设计

1. 实验内容

现欲设计一张海报，它的印刷面积为 128 dm^2，要求上下空白各 2 dm，左右两边空白各 1 dm. 如何设计才使四周空白面积最小.

2. 实验分析

如图 7.13 所示，设海报印刷部分上下长为 x dm，左右宽为 y dm，空白部分的面积为 S dm^2. 由题意可得

$$xy=128\ ,\quad S=2x+4y+2\times 4\ .$$

本题即求 x, y，使得 S 最小. 可先由 $xy=128$ 解出 y，再代入 S，得到一个关于 x 的函数式，求使其导数为零的点即可.

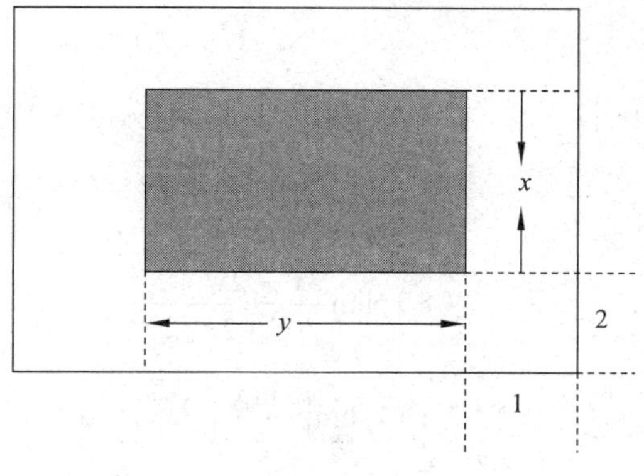

图 7.13

3. 实验程序

```
syms x y
S=2*x+4*y+2*4;
Sx=subs(S,y,128/x)
figure (1),
ezplot(Sx,[0,100])
DS=diff(Sx);
figure (2),
ezplot(DS,[0,100])
```

输出 Sx = 2 – 512/x^2 和图形（见图 7.14，图 7.15）.

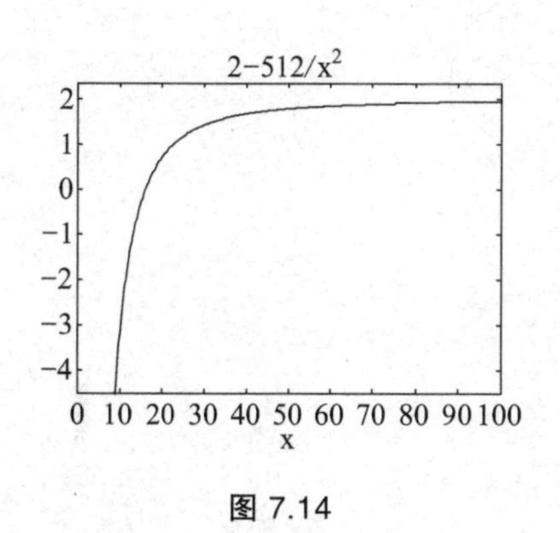

图 7.14

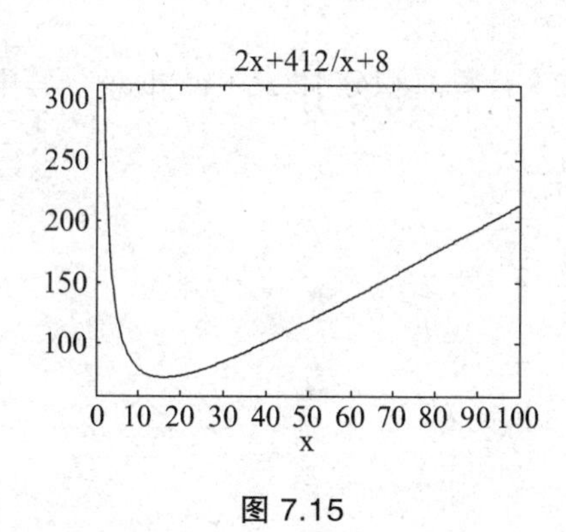

图 7.15

```
>>fzero('2-512/x^2',10)      %求导函数在x=10附近的零点
```

4. 实验结果

```
ans = 16
```

因此，海报印刷部分的上下长度为 16 dm，左右长度为 8 dm 时，可使得空白面积最小.

综合习题七

1. 计算如下极限.

（1）$\lim\limits_{x\to 0}\left(x\sin\dfrac{1}{x}+\dfrac{1}{x}\sin x\right)$；（2）$\lim\limits_{x\to +\infty}\dfrac{x^2}{e^x}$；（3）$\lim\limits_{x\to 0}\dfrac{\tan x-\sin x}{x^3}$；

（4）$\lim\limits_{x\to 0^+}x^x$；（5）$\lim\limits_{x\to 0^+}\dfrac{\ln\cot x}{\ln x}$；（6）$\lim\limits_{x\to 0^+}x^2\ln x$；

（7）$\lim\limits_{x\to 0}\dfrac{\sin x-x\cos x}{x^2\sin x}$；（8）$\lim\limits_{x\to\infty}\dfrac{3x^3-2x^2+5}{5x^3+2x+1}$；

（9）$\lim\limits_{x\to 0}\dfrac{e^x-e^{-x}-2x}{x-\sin x}$；（10）$\lim\limits_{x\to 0}\left(\dfrac{\sin x}{x}\right)^{\frac{1}{1-\cos x}}$.

2. 求下列函数的导数.

（1）$y=e^{\sqrt[3]{x+1}}$；（2）$y=\ln\left[\tan\left(\dfrac{x}{2}+\dfrac{\pi}{4}\right)\right]$；

（3）$y=\dfrac{1}{2}\cot^2 x+\ln\sin x$；（4）$y=\dfrac{1}{\sqrt{2}}\arctan\dfrac{\sqrt{2}}{x}$.

3. 求下列积分.

（1）求不定积分$\int e^{2x}\sin 3x\mathrm{d}x$；（2）求定积分$\int_1^e x\ln x\mathrm{d}x$.

4. 微分方程$y''-2y'+5y=e^x\cos 2x$的通解.

5. 求解微分方程$\dfrac{\mathrm{d}y}{\mathrm{d}x}-\dfrac{2y}{x+1}=(x+1)^{5/2}$，并作出积分曲线.

6. 求下列二重积分.

（1）计算重积分$\iint\limits_D (x+y)\mathrm{d}x\mathrm{d}y$，其中$D=\{0\leqslant x+y\leqslant 1\}$；

（2）计算重积分$\iint\limits_D (x^2+y^2)\mathrm{d}x\mathrm{d}y$，其中$D=\{x^2+y^2\leqslant x\}$.

习题参考答案

第一章

习题 1.1

1. $C(x)=16x+20\sqrt{1000^2+(1000-x)^2}$.

2. $R=-\dfrac{1}{2}x^2+4x$.

3. 设产量为 x，总成本 $C=10000+100x$；平均成本 $\dfrac{C(x)}{x}=\dfrac{10000}{x}+100$.

4. $R=10000p-1000p^2$.

5. $s=\left(1+\dfrac{r}{n}\right)^n$.

习题 1.2

1.（1）有极限，1；（2）无极限；（3）有极限，0；（4）无极限.

2.（1）$\dfrac{3}{5}$；（2）$\dfrac{3}{5}$；（3）1；（4）0；（5）$\dfrac{1}{2}$；（6）$\dfrac{\sqrt{2}}{2}$；（7）$\dfrac{1}{2}$；（8）$\dfrac{1}{3}$.

习题 1.3

1.（1）无极限，（2）无极限，因为 $x\to 0$ 时，$\dfrac{1}{x}\to\infty$；

（3）无极限；（4）有极限，0.

2.（1）当 $x\to\infty$，为无穷小，当 $x\to 0$ 时，为无穷大；

（2）当 $x\to\infty$，为无穷小，当 $x\to -1$ 时，为无穷大；

（3）当 $x\to\infty$ 或 $x\to k\pi$，为无穷小，当 $x\to 1$ 时，为无穷大；

（4）当 $x\to\infty$，为无穷大，当 $x\to 0$ 时，为无穷大，当 $x\to 1$ 时，为无穷小.

3.（1）C；（2）3；（3）0；（4）0；（5）∞；（6）0；（7）1；（8）0.

4. $x\to 0$ 时，左极限为 1，右极限为 1，故 $\lim\limits_{x\to 0}f(x)=1$. $x\to 1$ 时，左极限为 2，右极限为 3，故 $\lim\limits_{x\to 1}f(x)$ 不存在.

习题 1.4

1.（1）-5；（2）0；（3）0；（4）$\dfrac{1}{2}$；（5）∞；（6）1；（7）0；（8）∞；（9）$\dfrac{\pi}{4}$.

2.（1）0；（2）0；（3）0；（4）$3x^2$；（5）2；（6）3；（7）1；（8）$\dfrac{4}{3}$；（9）-1.

习题 1.5

1.（1）e^{-1}；（2）e^{9}；（3）e；（4）e^{3}.

2.（1）$\frac{1}{2}$；（2）$\frac{\alpha}{\beta}$；（3）$\frac{1}{2}$；（4）2；（5）$\frac{2}{5}$；（6）1.

3.（1）1；（2）2；（3）π.

4. $x^2-x^3=o(2x-x^2)$.

5. 当$x\to1$时，无穷小$1-x$和$\frac{1}{2}(1-x^2)$等价，当$x\to1$时，$1-x$与$1-\sqrt[3]{x}$同阶.

6. 证明　如右图所示，在直角三角形 OAB 中，设$\angle AOB=x$（先假定$0<x<\frac{\pi}{2}$），底边长$|OA|=1$，以 OA 为半径作扇形 OAC，则三角形 OAC、扇形 OAC、三角形 OAB 的面积的大小关系为

$$\frac{1}{2}\sin x<\frac{1}{2}x<\frac{1}{2}\tan x\ .$$

因此

$$1<\frac{x}{\sin x}<\frac{1}{\cos x}\ ,$$

即

$$\cos x<\frac{\sin x}{x}<1\ .$$

该式告诉我们两个信息：①用$-x$换x，上式仍然成立，即对满足$-\frac{\pi}{2}<x<0$的x也成立；②当$x>0$时，$\sin x<x$.

因为$\lim\limits_{x\to0}\cos x=1$，$\lim\limits_{x\to0}1=1$，由准则 2 得$\lim\limits_{x\to0}\frac{\sin x}{x}=1$.

习题 1.6

1.（1）$\frac{\pi}{2}$；（2）1；（3）ln3；（4）0；（5）1；（6）1；（7）$\frac{1}{x}$；（8）1；（9）$\frac{1}{2}$.

2.（1）$x=1$为可去间断点；（2）$x=1$为跳跃间断点；
（3）$x=0$处连续；（4）$x=0$为跳跃间断点；
（5）$x=-1$为第二类间断点；（6）$x=1$为第二类间断点.

3. 函数在$x=0$处连续.

4. $a=\frac{1}{3}$.

5. 证　由题意令$f(x)=x^3-4x^2+1$，$f(x)$在区间$[0,1]$上连续，且

$$f(0)=1>0,\ f(1)=-2<0\ .$$

由零点定理知，在$(0,1)$内至少有一点ξ，使得

$$f(\xi)=\xi^3-4\xi^2+1=0\ ,$$

ξ即为方程$x^3-4x^2+1=0$的根，故方程$x^3-4x^2+1=0$至少有一个不超过 1 的正根.

综合习题一

1. D；2. D；3. B；4. B；5. D；6. B；7. C；8. B；9. A；10. D.

11. $k=-2$，　12. $a=-3$，$b=2$．　13. $\lim\limits_{x\to 0}f(x)=6$．　14. $\lim\limits_{x\to 1}f\left(\dfrac{x-1}{\sqrt[3]{x}-1}\right)=1$.

15. $f(\lim\limits_{x\to 2}f(x))=67$．　16. $a=2$．

17.（1）$\dfrac{1}{2}$；（2）$\dfrac{1}{4}$；（3）e^2；（4）$-\dfrac{1}{\sqrt{2}}$；（5）$-\dfrac{3}{2}$；（6）$\dfrac{n(n+1)}{2}$；（7）$\dfrac{1}{2}$；（8）-2.

18. $a=-1$，$b=-\dfrac{1}{2}$，$k=-\dfrac{1}{3}$.　19. $k=e^{-\frac{1}{2}}$.　20. $f(0)=2$．

21.（1）证明略；（2）$y=2x+1$；（3）$y=x+\dfrac{\pi}{2}$；（4）B.

第二章

习题 2.1

1. -10．

2. 证明：设 $f(x)=\cos x$，

$$f'(x)=\lim_{\Delta x\to 0}\frac{f(x+\Delta)-f(x)}{\Delta x}=\lim_{\Delta x\to 0}\frac{\cos(x+\Delta x)-\cos x}{\Delta x}$$

$$=\lim_{\Delta x\to 0}\frac{-2\sin\dfrac{\Delta x}{2}\sin\left(x+\dfrac{\Delta x}{2}\right)}{\Delta x}=-\lim_{\Delta x\to 0}\frac{\sin\dfrac{\Delta x}{2}}{\dfrac{\Delta x}{2}}\cdot\lim_{\Delta x\to 0}\sin\left(x+\frac{\Delta x}{2}\right)=-\sin x.$$

3.（1）$6x^5$；（2）$-2x^{-3}$．

4. $y=ex$；$y=-\dfrac{1}{e}x+\dfrac{1}{e}+e$．

5. $a=-1$；$b=2$．

习题 2.2

1.（1）$y'=6x^2-6x$；　（2）$y'=2e^x$；　（3）$y'=15x^2+\dfrac{3}{x}+e^x$；

（4）$y'=-3\sin x-4\cos x$；　（5）$y=\ln x+1$；　（6）$y=\dfrac{1-\ln x}{x^2}$.

2. $y=3x+1$．

3.（1）$y'=9(3x+4)^2$；　（2）$y'=-3\cos(4-3x)$；　（3）$y'=\dfrac{3x^2}{1+x^3}$；

（4）$y'=\dfrac{-x}{\sqrt{a^2-x^2}}$；　（5）$y'=3\sec^2 3x$；　（6）$y'=\cot x$；

（7）$\dfrac{2\arcsin x}{\sqrt{1-x^2}}\ (|x|<1)$；　（8）$\dfrac{-1}{(1+x)\sqrt{2x(1-x)}}\ (|x|<1)$．

4. $\frac{1}{6}$.　　5. $y'=\frac{2xy}{y-1}$.　　6. $y^{(n)}=(-1)^{n-1}(n-1)!x^{-n}$

习题 2.3

1.（1）$\sin x$；　（2）$-\frac{1}{2}\cos 2x$；　（3）$\frac{1}{2}e^{2x}$；　（4）$\frac{1}{2}(\ln x)^2$.

2.（1）$dy=\left(\frac{1}{x}+\frac{1}{\sqrt{x}}\right)dx$；　（2）$dy=(\sin 2x+2x\cos 2x)dx$；

（3）$dy=(2xe^{2x}+2x^2e^{2x})dx$；　（4）$dy=\left[\frac{-3x^2}{2(1-x^3)}\right]dx$；

（5）$dy=[2(e^x+e^{-x})(e^x-e^{-x})]dx$；　（6）$dy=\left[\frac{1}{2}(x-\sqrt{x})\left(1-\frac{1}{2\sqrt{x}}\right)\right]dx$.

3. $dy=\left[1+\frac{1}{2+\ln(x-y)}\right]dx$.

4.（1）-0.01；（2）0.795.

习题 2.4

1.（1）2；（2）$\frac{1}{2}$；（3）$\frac{1}{2}$；（4）$\frac{1}{2}$；（5）0；（6）0；（7）$\frac{3}{2}$；（8）e；（9）-1.

2. $m=3$，$n=-4$.

3.（1）单调递增区间为 $(-1,0)$，$(1,+\infty)$，单调递减区间为 $(-\infty,-1)$，$(1,+\infty)$，极小值为 $f(-1)=f(1)=-2$，极大值为 $f(0)=0$.

（2）单调递增区间为 $(0,\sqrt[3]{2})$，单调递减区间为 $(-\infty,-1)$，$(-1,0)$，$(\sqrt[3]{2},+\infty)$，极大值为 $f(\sqrt[3]{2})=\frac{1}{3}\sqrt[3]{4}$，极小值为 $f(0)=0$.

（3）单调递增区间为 $\left(-\infty,\frac{14}{9}\right)$，$(2,+\infty)$，单调递减区间为 $\left(\frac{14}{9},2\right)$，极大值为 $f\left(\frac{14}{9}\right)$，极小值为 $f(2)=0$.

（4）单调递增区间为 $(-\infty,-1)$，$(1,+\infty)$，单调递减区间为 $(-1,1)$，极大值为 $f(-1)=0$，极小值为 $f(1)=-3\sqrt[3]{4}$.

4. 凹函数.

5. 350.

习题 2.5

1. 被租住 88 套公寓房，该公司可获得最大利润，最大利润为 27440.

2. 该制造商每天生产量为 600 时，能获得最大利润，最大利润为 1400.

3. $10\sqrt[3]{20}$.

4. 当 $BD=15\,(\text{km})$时，总运费最省.

综合习题二

1. D；2. B；3. C；4. A；5. A；6. D；7. C；8. D；9. D；10. D.

11. $2\sqrt{2}V_0$.　　12. $y+x-\frac{1}{2}\ln 2-\frac{\pi}{4}=0$.　　13. $\frac{n(n-1)}{2}(\ln 2)^{n-2}$.

14. $f(7)=1$.　　15. $a=\frac{1}{2}$.　　16. $\frac{dR}{dP}=40-4P$.

17. $\frac{2}{3}$.　　18. 1.　　19. $y=4x-3$.

20.（1）$e^{\frac{1}{3}}$；（2）$-\frac{1}{2}$.

21.（1）$Q=-10(p-120)=1200-10p$.

（2）$p=100$ 万元时的边际收益 8000. 其经济学意义是需求量每提高 1 件，收益增加 8000 万元.

22. 略. 23. 略. 24. $y(1)=-2$ 为极小值. 25. $y(1)=1$ 为极大值，$y(-1)=0$ 为极小值.

第三章

习题 3.1

1.（1）$\frac{\pi}{4}$；（2）1；（3）0；（4）15.

2.（1）>；（2）<；（3）>；（4）>；

3.（1）[6,51]；（2）$[\pi,2\pi]$.

4.（1）原式 $=\lim\limits_{n\to\infty}\frac{1}{n}\left(\sqrt{\frac{1}{n}}+\sqrt{\frac{2}{n}}+\cdots+\sqrt{\frac{n}{n}}\right)=\lim\limits_{n\to\infty}\sum\limits_{i=1}^{n}\left(\sqrt{\frac{i}{n}}\right)\cdot\frac{1}{n}=\int_0^1\sqrt{x}dx$；

（2）原式 $=\lim\limits_{n\to\infty}\frac{1}{n}\left[\frac{1}{\left(1+\frac{1}{n}\right)^2}+\frac{1}{\left(1+\frac{2}{n}\right)^2}+\cdots+\frac{1}{\left(1+\frac{n}{n}\right)^2}\right]=\lim\limits_{n\to\infty}\sum\limits_{i=1}^{n}\left[\frac{1}{\left(1+\frac{i}{n}\right)^2}\right]\cdot\frac{1}{n}=\int_0^1\frac{1}{(1+x)^2}dx$.

习题 3.2

1.（1）$\sin x^2$；　　（2）$2\frac{\sin x^2}{x}-\frac{\sin x}{x}$；

（3）$\int_x^{x^3}\sin t^2dt+x(3x^2\sin x^6-\sin x^2)$；　　（4）$-\frac{1}{x}e^{-\ln^2 x}$

2. $\frac{dy}{dx}=\frac{e^{2x}}{2y-e^{y^2}}$.

3.（1）$2\frac{5}{8}$；（2）$45\frac{1}{6}$；（3）$\frac{14}{3}$；（4）$a\left(a^2-\frac{a}{2}+1\right)$；（5）1；（6）4；（7）$\frac{17}{6}$.

4.（1）$\frac{1}{2}$；（2）2.

5. $a=0$.

习题 3.3

1. $-\sin x+C_1x+C_2$.

2. 求下列不定积分：

（1）$\frac{x^2}{3}+x^2-x+C$；（2）$\frac{2}{9}x^{\frac{9}{2}}+C$；（3）$\frac{a}{2}x^6+C$；

（4）$\int 3^x e^x dx=\int (3e)^x dx=\frac{(3e)^x}{\ln(3e)}+C$；（5）$-\frac{1}{x}+\frac{1}{2x^2}+C$；

（6）$x-\arctan x+C$；（7）$-\cot x-x+C$；（8）$\frac{1}{2}x^2+x+C$.

3. $y=\sin x$.

习题 3.4

1.（1）$\frac{1}{2}\ln|2x+3|+C$；（2）$\frac{1}{3}(x^2+1)^{\frac{3}{2}}+C$；

（3）$\frac{1}{2}\arctan 2x+C$；（4）$\frac{1}{3}\arcsin\frac{3}{2}x+C$；

（5）$\sin x-\frac{2}{3}\sin^3 x+\frac{1}{5}\sin^5 x+C$；（6）$\ln\frac{|x|}{\sqrt{x^2+1}}+C$；

（7）$\frac{1}{2}\ln(1+2e^x)+C$；（8）$\frac{1}{2}\ln(1+2\ln x)+C$.

2.（1）$\frac{1}{2}\arcsin x-\frac{1}{2}x\sqrt{1-x^2}+C$；（2）$\ln\left|x+\sqrt{2+x^2}\right|+C$；

（3）$\arcsin\frac{x}{\sqrt{2}}+\frac{1}{4}x\sqrt{2-x^2}+C$；（4）$\sqrt{x^2-a^2}-a\arccos\frac{a}{x}+C$.

3.（1）$-xe^{-x}-e^{-x}+C$；（2）$(x^2-1)\sin x+2x\cos x-2\sin x+C$；

（3）$\frac{1}{3}x\sin 3x+\frac{1}{9}\cos 3x+C$；（4）$x\,\text{arccot}\, x+\frac{1}{2}\ln(1+x^2)+C$；

（5）$-\frac{1}{4}x\cos 2x+\frac{1}{8}\sin 2x+C$；（6）$\frac{x}{2}(\cos\ln x+\sin\ln x)+C$；

（7）$x\ln^2 x-2x\ln x+2x+C$；（8）$x\tan x-\frac{1}{2}x^2+\ln|\cos|+C$.

习题 3.5

1.（1）$\frac{\pi}{4}+1$；（2）$1-\frac{\pi}{4}$；（3）$1-\frac{\pi}{4}$.

2.（1）$\frac{51}{512}$；（2）$\frac{\pi}{6}$；（3）$\frac{1}{6}(7\sqrt{7}-3\sqrt{3})$；（4）$\frac{\pi}{2}$；（5）$\frac{1}{3}$；（6）$\frac{\pi}{16}a^4$；（7）$\frac{\sqrt{2}}{2}$；

（8）$-\ln 3-2\ln(\sqrt{2}-1)$；（9）$\frac{\sqrt{3}-\sqrt{2}}{2}$；（10）$2\sqrt{\ln 2+1}-2$；（11）$\frac{1}{6}$.（12）$\frac{1}{2}$.

3. （1）$\frac{1}{4}(e^2+1)$；（2）$-\frac{3}{4}e^{-2}+\frac{1}{4}$；（3）$-2e+6$；（4）$\frac{\pi}{12}+\frac{\sqrt{3}}{2}-1$.

4. （1）0；（2）0；（3）$\frac{3\pi}{2}$；（4）0.

习题 3.6

1.（1）两曲线的交点为 $(-1,1), (1,1)$，取 x 为积分变量，$x\in[-1,1]$，面积元素 $dA=(2-x^2-x^2)dx$，于是所求的面积为

$$A=\int_{-1}^{1}2(1-x^2)dx=2\left(x-\frac{1}{3}x^3\right)\bigg|_{-1}^{1}=\frac{8}{3}.$$

（2）曲线 $y=e^x$ 与 $y=e$ 的交点坐标 $(1,e)$，$y=e^x$ 与 $x=0$ 的交点为 $(0,1)$，取 y 为积分变量，$y\in[1,e]$，面积元素 $dA=\ln y dy$．于是所求面积为

$$A=\int_{1}^{e}ydy=\int_{1}^{e}\ln ydy=(y\ln y-y)\big|_{1}^{e}=1$$

（3）曲线 $y=x^2$ 与 $y=x$ 的交点为 $(0,0), (1,1)$； $y=x^2$ 与 $y=2x$ 的交点为 $(0,0), (2,4)$；它们所围图形面积为

$$\begin{aligned}A&=\int_{0}^{1}(2x-x)dx+\int_{1}^{2}(2x-x^2)dx=\int_{0}^{1}xdx+\int_{1}^{2}(2x-x^2)dx\\&=\frac{1}{2}x^2\Big|_{0}^{1}+\left(x^2-\frac{1}{3}x^2\right)\bigg|_{1}^{2}=\frac{7}{6}\end{aligned}$$

（4）曲线 $y=\frac{1}{x}$ 与 $y=x$ 的交点为$(1,1)$，$y=\frac{1}{x}$ 与 $x=2$ 的交点为 $\left(2,\frac{1}{2}\right)$；取 x 积分变量，$x\in[1,2]$，面积元素 $dA=\left(x-\frac{1}{x}\right)dx$，于是所求的面积为

$$A=\int_{1}^{2}\left(x-\frac{1}{x}\right)dx=\left(\frac{1}{2}x^2-\ln x\right)\bigg|_{1}^{2}=\frac{3}{2}-\ln 2.$$

（5）曲线 $y=e^x$ 与 $y=e^{-x}$ 的交点 $(0,1)$，取 x 作积分变量，$x\in[0,1]$，面积元素 $dA=(e^x-e^{-x})dx$，于是所求图形的面积为

$$A=\int_{0}^{1}(e^x-e^{-x})dx=(e^x+e^{-x})\big|_{0}^{1}=e+\frac{1}{e}-2.$$

2. 总收益函数为 $R(Q)=\int_{0}^{Q}(15-2Q)dQ=15Q-Q^2$.

3.（1）总利润 $(Q)=R(Q)-C(Q)$.

当 $L'(Q)=0$，即 $R'(Q)-C'(Q)=0$，即 $7-2Q-2=0$.

当 $Q=2.5$（百台）时，总利润最大，此时的总成本和总收益分别为

$$C=\int_0^{2.5}C'(Q)\mathrm{d}Q=\int_0^{2.5}2\mathrm{d}Q=2Q\Big|_0^{2.5}=5,$$

$$R=\int_0^{2.5}R'(Q)\mathrm{d}Q=\int_0^{2.5}(7-2Q)\mathrm{d}Q=(7Q-Q^2)\Big|_0^{2.5}=11.25.$$

总利润 $L=R-C=11.25-5=6.25$（万元）.

即当产量为 2.5（百台）时，总利润最大，最大利润是 6.25 万元.

（2）在利润最大的基础上又生产了 50 台，此时产量为 3 百台.

总成本 $C=\int_0^3 C'(Q)\mathrm{d}Q=\int_0^3 2\mathrm{d}Q=6$；

总收入 $R=\int_0^3 R'(Q)\mathrm{d}Q=\int_0^3(7-2Q)\mathrm{d}Q=(7Q-Q^2)\Big|_0^3=12$；

总利润为 $L=R-C=12-6=6$（万元）.

减少了 $6.25-6=0.25$ 万元.

即在利润最大的基础上又生产了 50 台时，总利润减少了 0.25 万元.

综合习题三

1. C；2. D；3. C. 4. $\sin1-\cos1$. 5. $a=\frac{1}{2}$. 6. $2\ln2-2$. 7. $\frac{3}{2}-\ln2$

8. $5\cdot2^{n-1}$. 9. 2. 10. 48. 11. $\frac{1}{2}\ln2$. 12. $\frac{\pi}{12}$.

13.（1）$\frac{1}{2}$；（2）$\frac{1}{2}$；（3）$\frac{3\pi}{8}$；（4）$\frac{\pi^2}{4}$.　　14. 1.

15. 体积为 $V=\frac{18\pi}{35}$，表面积为 $S=\frac{16\pi}{5}$.　　16. $A=\frac{\pi}{8}$.

17. $f'(x)=4x^2-2x$，$f\left(\frac{1}{2}\right)$为最小值，最小值为$\frac{1}{4}$.

18. 2 个.　　19.（1）$\frac{1}{3\pi}$；（2）证明略.

20.（1）定积分的比较.

（2）令 $F(x)=\int_a^x f(t)g(t)\mathrm{d}t-\int_a^{a+\int_a^x g(t)\mathrm{d}t}f(t)\mathrm{d}t$，利用 $F(x)$ 在 $[a,b]$ 上的单调性.

第四章

习题 4.1

1.（1）极限不存在；（2）极限.　　2. $\{(x,y)|y^2-2x=0\}$.

3.（1）$-\frac{1}{2}$；（2）0；（3）e；（4）0；（5）0；（6）2；（7）1；（8）0.

习题 4.2

1. $\frac{2}{5}$.

2.（1）$\frac{\partial z}{\partial x}=ye^{xy}+2xy$，$\frac{\partial z}{\partial y}=xe^{xy}+x^2$；

（2）$\frac{\partial z}{\partial x}=\frac{1}{\sqrt{x^2+y^2}}$，$\frac{\partial z}{\partial y}=\frac{y}{\sqrt{x^2+y^2}}(x+\sqrt{x^2+y^2})$；

（3）$\frac{\partial z}{\partial x}=-\frac{1}{y}\sin\frac{x}{y}e^{\cos\frac{x}{y}}$，$\frac{\partial z}{\partial y}=\frac{x}{y^2}\sin\frac{x}{y}e^{\cos\frac{x}{y}}$；

（4）$\frac{\partial z}{\partial x}=y^2(1+xy)^{y-1}$，$\frac{\partial z}{\partial y}=(1+xy)^y\ln\left[\ln(1+xy)+\frac{xy}{1+xy}\right]$.

3. $\frac{\partial^2 z}{\partial x^2}=\frac{2xy}{(x^2+y^2)^2}$，$\frac{\partial z}{\partial y^2}=-\frac{2xy}{(x^2+y^2)^2}$，$\frac{\partial^2 z}{\partial x\partial y}=\frac{y^2-x^2}{(x^2+y^2)^2}$.

4. 证明略.　　5. $\Delta z=-0.119$，$dz=-0.125$.　　6. 0.25e.

7.（1）$dz=(3x^2-3y)dx+(3y^2-3x)dy$；（2）$dz=\sin 2xdx-\sin 2ydy$.

8. 2.0033.　　9. $1+2\sqrt{3}$.　　10. 极大值 $f(2,-2)=8$.

11. $C(10,35)=1210$.　　12. $x=125$，$y=375$.

习题 4.3

1. $I_1=4I_2$.　　2.（1）$I_1\leqslant I_2$；（2）$I_1\leqslant I_2$；　　3. $0\leqslant I\leqslant 2$.

4.（1）$\frac{1}{2}$；（2）$\frac{6}{55}$；（2）$\frac{64}{15}$.

5.（1）$\pi(e^4-1)$；（2）$\frac{\pi}{4}(2\ln 2-1)$；（3）$\frac{3\pi^2}{64}$.

6.（1）$\frac{9}{4}$；（2）$14a^4$；（3）$\frac{2\pi}{3}(b^3-a^3)$.

综合习题四

1. D；2. A；3. B；4. C；5. B；6. B；7. D.

8. $-dx+2dy$.　　9. $-dx$.　　10. $-\frac{1}{3}(dx+2dy)$.　　11. $\frac{1}{2}(e-1)$.　　12. $\frac{1}{4}$.

13. $-\frac{\pi}{3}$.（提示：$L:\begin{cases}x^2+y^2+z^2=1\\x+y+z=0\end{cases}$，$(x+y+z)^2=x^2+y^2+z^2+2xy+2yz+2xz=0$，所以 $xy+yz+xz=-\frac{1}{2}$，故 $\oint_L xyds=\frac{1}{3}\oint_L(xy+yz+xz)ds=-\frac{1}{6}\oint_L 1ds=-\frac{1}{6}\cdot 2\pi=-\frac{\pi}{3}$).

14. -1.（提示：直接利用格林公式有 $\frac{\partial Q}{\partial x}=\frac{\partial P}{\partial y}$，其中 $P=\frac{x}{x^2+y^2-1},Q=\frac{-ay}{x^2+y^2-1}$）

15. $f(u)=\frac{e^{2u}}{16}-\frac{e^{-2u}}{16}-\frac{u}{4}$.

16.（1）$1-\frac{\pi}{2}$；（2）$\frac{1}{4}\pi-\frac{2}{5}$；（3）$-\frac{2}{3}e^{-1}+\frac{1}{3}$；（4）$-\frac{3}{4}$；（5）$5\pi+\frac{32}{3}$.

17. 极大值为 $z(-1,-1)=1$.　　18. 极小值 $f(0,-1)=-1$.

19. 3.　　20. $\frac{1}{2}$.

第五章

习题 5.1

1.（1）一阶，线性；（2）二阶，线性；（3）一阶，非线性；（4）二阶，非线性；（5）二阶，非线性.

2. 验证略.

3.（1）$-\frac{1}{2}gt^2+C_1t+C_2$；（2）$-\frac{1}{2}gt^2$.

4. $y=0$ 及 $y=x+1$.

习题 5.2

1.（1）$e^x=e^t+C$；　（2）$y=\frac{1}{\ln|x+1|+C}$；

（3）$(1+x^2)(1+y^2)=Cx^2$；　（4）$t-x+\ln|tx|=C$，$x=0$；

（5）$\frac{1}{2}\ln(x^2+y^2)+\arctan\frac{y}{x}=C$；　（6）$x=t[\ln(-t)+C]^2$，$x=0$.

2.（1）$y=\frac{2\pi-1-\cos x}{x}$；　（2）$y=\frac{2-e^{\cos x}}{\sin x}$.

3.（1）$Cx^2e^{t^2}+x^2(t^2+1)=1$，$x=0$；　（2）$x^2(Ce^{-y^2}-y^2+1)=1$；

（3）$y^{\frac{2}{3}}=Ce^{\frac{2}{3}x}-x-\frac{3}{2}$.

4.（1）$\arctan(x+y)=x+C$；　（2）$t^2+x^2-2tx+10t+4x=C$；

（3）$y^2+2xy-x^2-6y-2x=C$；　（4）$x^4+\frac{2x^2}{y^2}=C$.

5. $y=\frac{1}{2}(3x^2-2x+1)$.　　6. $f(x)=\pm\frac{1}{\sqrt{2x}}$.

习题 5.3

1. 略.　　2. 略.

3.（1）e^t, e^{2t}, e^{3t}；　（2）$1, t, e^{2t}$，e^{-2t}；

（3）$e^{-\frac{1}{2}t}, te^{-\frac{1}{2}t}, e^{5t}, te^{5t}$；　（4）$e^t\cos 2t, e^t\sin 2t, e^t$；

（5）$e^{2t}\cos t, e^{2t}\sin t, te^{2t}\cos t, te^{2t}\sin t$.

4.（1）$x=c_1\mathrm{e}^{-t}+c_2\mathrm{e}^{-4t}-\frac{1}{2}t+\frac{11}{8}$；

（2）$x=c_1+c_2\mathrm{e}^{-\frac{5}{2}t}+\frac{1}{3}t^3-\frac{3}{5}t^2+\frac{7}{25}t$；

（3）$x=c_1\mathrm{e}^{\frac{t}{2}}+c_2\mathrm{e}^{-t}+\mathrm{e}^t$；

（4）$x=c_1\cos t+c_2\sin t-2t\cos t$；

（5）$x=c_1\mathrm{e}^t+c_2\mathrm{e}^{2t}+\frac{5t-6}{50}\cos t-\frac{15t+17}{50}\sin t$；

（6）$x=c_1\mathrm{e}^{3t}+c_2t\mathrm{e}^{3t}+6\mathrm{e}^{3t}\sin t-\mathrm{e}^{3t}\cos t$；

（7）当 $a\neq-2$ 时，$x=c\mathrm{e}^{-2t}+c_2t\mathrm{e}^{-2t}+\frac{\mathrm{e}^{at}}{(a+2)^2}$，

当 $a=-2$ 时，$x=c\mathrm{e}^{-2t}+c_2t\mathrm{e}^{-2t}+\frac{t^2}{2}\mathrm{e}^{-2t}$；

（8）当 $a\neq1$ 时，$x=c_1\cos at+c_2\sin at+\frac{\sin t}{a^2-1}$，

当 $a=15$ 时，$x=c_1\cos t+c_2\sin t-\frac{t}{2}\cos t$.

（9）$y=(c_1+c_2\ln|x|)x$；

（10）$y=\frac{1}{x}\left[c_1\cos(2\ln|x|)+c_2\sin(2\ln|x|)\right]$.

5. 略.

6.（1）$x=c_1\mathrm{e}^{2t}+c_2t\mathrm{e}^{2t}+\mathrm{e}^t+\frac{1}{2}t^2\mathrm{e}^{2t}+\frac{1}{4}$；

（2）$x=c_1\cos t+c_2\sin t-\frac{1}{2}t\cos t+\frac{1}{3}\cos 2t$；

（3）$x=c_1\mathrm{e}^{-t}\cos 2t+c_2\mathrm{e}^{-t}\sin 2t+\mathrm{e}^{-t}-4\cos 2t+\sin 2t$.

7. $x''-x'-2x=(1-2t)\mathrm{e}^t$.

习题 5.4

1.（1）$x=C_1\mathrm{e}^t-\frac{1}{2}t^2-t+C_2$；（2）$x=C_1\ln|t|+C_2$；

（3）$x=\left(\frac{1}{2}t+1\right)^4$；（4）$x=\ln(\mathrm{e}^t+\mathrm{e}^{-t})-\ln 2$.

2. $y=\frac{x^3}{6}+\frac{x}{2}+1$.

综合习题五

1. C；2. B；3. A；4. A；5. A.

6. $y=e^{\frac{1}{2}x}(C_1+C_2x)$.　　7. $y'-y=2x-x^2$.　　8. $\ln\frac{y}{x}=2x+1$.

9. $y=e^{3x}-e^{x}-xe^{2x}$.　　10. $e^{-2x}+2e^{x}$.

11. $y=e^{-x}(C_1\cos\sqrt{2}x+C_2\sin\sqrt{2}x)$，$C_1$，$C_2$ 为任意常数.

12. $y(x)=C_1e^x+C_2(2x+1)e^x$，C_1,C_2 为任意实数.

13.（1）略；（2）$\frac{1}{k}$.　　14. $f(x)=-\frac{3}{2}e^x+\frac{1}{2}e^{-x}$.　　15. $f(x)=\frac{8}{4-x}$.

16. 极大值 $f(1)=1$，极小值 $f(-1)=0$.　16. 30 分钟.

第六章

习题 6.1

1.（1）$\frac{3}{2}$；（2）$\frac{1}{2}$；（3）3；（4）$1-\sqrt{2}$.

2. 略.

3.（1）发散；（2）收敛；（3）收敛；（4）发散；（5）$b<a$ 时收敛，$b>a$ 时发散，$b=a$ 时不能肯定.

4.（1）绝对收敛；（2）条件收敛；（3）发散；（4）发散；（5）当 $|x|<e$ 绝对收敛，$|x|\geqslant e$ 发散.

习题 6.2

1.（1）$(-1,1)$；　（2）$[-1,1]$；　（3）$[-2,2]$；

（4）$[-1,1]$；　（5）$(-\infty,+\infty)$；　（6）$\left(-\frac{4}{3},-\frac{2}{3}\right)$.

2.（1）$\frac{1}{2}\ln\frac{1+x}{1-x}$，$x\in(-1,1)$；　（2）$\frac{2x}{(1-x)^3}$，$x\in(-1,1)$.

3.（1）$\sum_{n=1}^{\infty}(-1)^{n+1}\frac{2^{2n-1}x^{2n}}{(2n)!}$，$x\in(-\infty,+\infty)$；

（2）$\sum_{n=0}^{\infty}\frac{(2n-1)!!}{n!}x^{n+1}$，$x\in\left[-\frac{1}{2},\frac{1}{2}\right)$；

（3）$\sum_{n=1}^{\infty}\frac{x^{2n-1}}{(2n-1)!}$，$x\in(-\infty,+\infty)$；

（4）$x+\sum_{n=2}^{\infty}\frac{(-1)^n x^n}{n(n-1)}$ $x\in(-1,1]$；

（5）$\frac{1}{3}\sum_{n=0}^{\infty}[1-(-1)^n 2^n]x^n$，$x\in\left(-\frac{1}{2},\frac{1}{2}\right)$.

4.（1）0.15643；（2）1.0986；（3）1.648.

5.（1）0.5205；（2）0.487.

综合习题六

1．B；2．A；3．B；4．B；5．C；6．B.

7．收敛域 $(-1,1)$ ，$x=0$ ，$s(x)=3$ ，和函数 $s(x)=\dfrac{3-x}{(1-x)^3}$ ，$x\in(-1,1)$.

8．$\ln(2+\sqrt{2})$.　9．略.　10．略.　11．略.

参考文献

[1] 同济大学数学教研室. 高等数学（上册，下册）. 6版. 北京：高等教育出版社，2007.
[2] 韩飞，张汉萍，胡方富. 应用经济数学. 湖南：湖南师范大学出版社，2013.
[3] 宋际平，龙述君. 大学数学. 北京：现代教育出版社，2011.
[4] 张顺燕. 数学的思想、方法和应用. 北京：北京大学出版社，2005.
[5] 李继根. 大学文科数学. 上海：华东理工大学出版社，2012.
[6] 范培华. 微积分. 北京：中国商业出版社，2006.
[7] 王高雄. 常微分方程. 北京：高等教育出版社，2006.
[8] 张伟年,杜正东，徐冰. 常微分方程. 北京：高等教育出版社，2006.
[9] 彭年斌，张秋燕. 微积分与数学模型. 北京：科学出版社，2014.
[10] 牟谷芳，张秋燕，陈骑兵，等. 数学实验. 北京：高等教育出版社，2012.
[11] 曹定华，李建平. 微积分. 上海：复旦大学出版社，2015.